工程造价人员必备工具书系列

广联达计价应用宝典 —— 基础篇

广联达课程委员会　编

中国建筑工业出版社

图书在版编目（CIP）数据

广联达计价应用宝典．基础篇／广联达课程委员会编．--北京：中国建筑工业出版社，2024.1
（工程造价人员必备工具书系列）
ISBN 978-7-112-29612-5

Ⅰ．①广…　Ⅱ．①广…　Ⅲ．①建筑工程-工程造价-应用软件　Ⅳ.①TU723.3-39

中国国家版本馆 CIP 数据核字（2024）第 020280 号

本书中未特别说明的，高度（层高）单位为 m，其他为 mm。

责任编辑：徐仲莉　王砾瑶
责任校对：赵　力

工程造价人员必备工具书系列
广联达计价应用宝典——基础篇
广联达课程委员会　编
*
中国建筑工业出版社出版、发行（北京海淀三里河路9号）
各地新华书店、建筑书店经销
北京光大印艺文化发展有限公司制版
建工社（河北）印刷有限公司印刷
*
开本：787毫米×1092毫米　1/16　印张：12½　字数：293千字
2024年2月第一版　2024年2月第一次印刷
定价：**68.00**元
ISBN 978-7-112-29612-5
（42218）

广联达课程委员会

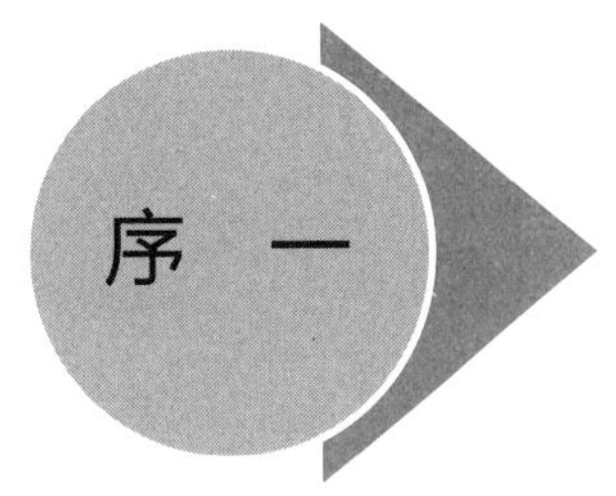

我从事建筑行业信息化领域 20 余年，也见证了中国建筑业高速发展的 20 年，我深刻地认识到，这高速发展的 20 年是千千万万的建筑行业工作者，夜以继日用辛勤的汗水换取来的。同时，高速发展也迫使建筑行业的从业者需要不断学习、不断提升跟上整个行业的发展进程。在这里，我们对每一位辛勤的建筑行业的从业者致以崇高的敬意。

广联达也非常有幸参与到建筑行业发展的浪潮之中，我们用了近 20 年的时间推动造价行业从手算时代向电算化时代发展。犹记得电算化刚普及的时候，大量的从业者还不会使用计算机，我们要先手把手地教会客户使用计算机。如今，随着 BIM、云计算、大数据、物联网、移动互联网、人工智能等技术不断地深入行业，数字建筑已成为建筑业转型升级的发展方向。广联达通过数字建筑平台赋能行业各参与方，从过去服务于岗位为主的业务模式，转向服务于每个工程项目，深入更多的业务场景，服务更多的客户。让每一个工程项目成功，支持中国建筑业数字化转型成功。

数字建筑的转型升级同时会带动数字造价的行业发展，也将促进专业造价人员的职业发展。希望广联达《工程造价人员必备工具书系列》丛书能够帮助更多的造价从业者进行技能的高效升级，在职业生涯中不断进步！

广联达高级副总裁　刘谦

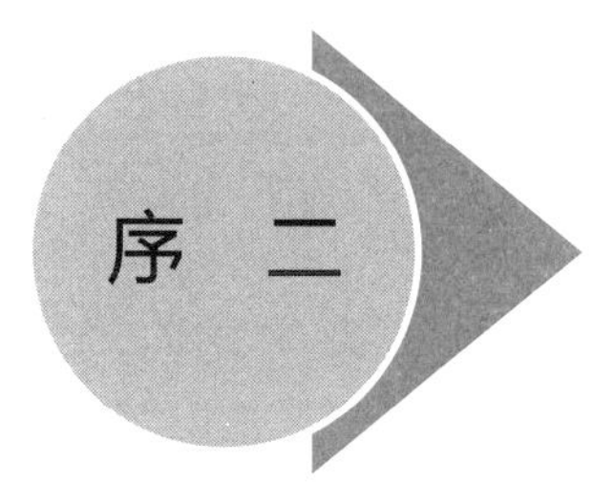

序　二

随着科技日新月异的发展以及建筑行业企业压力的增长，建筑行业转型迫在眉睫；为了更好地赋能行业转型，广联达公司内部也积极寻求转型，其中最为直接的体现就是产品从之前的买断式变为年费制、订阅式，与客户的关系也由买卖关系转变为伙伴关系。这一转型的背后要求我们无论从产品上，还是从服务上，都能为客户创造更多的价值。因此，这几年除了产品的研发投入，公司在服务上也加大了投入。为了改善用户的咨询体验，我们花费大量的人力物力打造智能客服，24 小时为客户服务；为了方便客户学习，我们建立专业直播间，组建专业的讲师团队为客户生产丰富的线上课程……一切能为客户增值赋能的事情，广联达都在积极地探索和改变。

这套《工程造价人员必备工具书系列》丛书由广联达与中国建筑工业出版社联合打造，目的是帮助广大建筑从业者加深对广联达软件的理解，从而更好地将软件应用于自身业务。书本的优势是知识讲解详细、全面，用清晰的目录，引导着读者一步步学习软件操作，可作为工作台上随手查阅的工具书，解决日常工作中遇到的软件应用问题。在边学习边应用的过程中，不断巩固自己的专业功底，提升自己的行业竞争力，从而应对建筑行业日新月异的变化。

谨以此书献给每一位辛勤的建筑行业从业者，祝愿每一位建筑行业从业者身体健康、工作顺利！

广联达副总裁　王剑

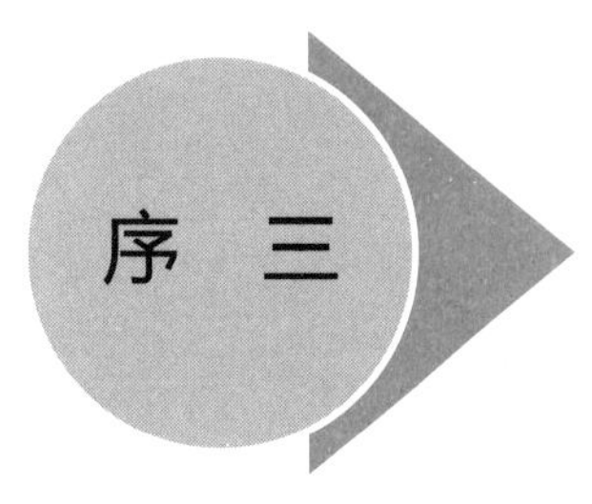

序　三

从事预算的第一步工作是算量，并且能够准确地算量。在科技发展日新月异、智能工具层出不穷的当下，一名优秀的预算员是要能够掌握一定的工具来快速、准确地算量。广联达算量软件是一款优秀的算量软件，学会运用这一工具去完成我们的工作，将会使我们事半功倍。这套《工程造价人员必备工具书系列》丛书整合了造价业务和广联达算量软件的知识，按照用户使用产品的不同阶段，梳理出不同的知识点，不仅能够帮助用户快速、熟练、精准地使用软件，而且还给大家提供了解决问题及学习软件的思路和方法，帮助大家快速掌握算量软件，使大家更好地将软件应用于自身业务中！

广联达副总裁　只飞

怀揣梦想，继续前行

时光荏苒，已在广联达工作 20 多年。

回顾 20 多年的从业经历，从一名普通服务人员到公司的核心骨干，参与及主导数十个项目，为公司庞大的数字建筑信息化系统建设略尽了绵薄之力。感恩公司的信任，让我主导了内部员工成长体系及外部客户成长体系的搭建。这个经历让我不仅在内容架构方面有了很多沉淀，也让我有机会对系统建设建立了清晰、深刻、体系化的认知。2018 年起我担任广联达课程委员会项目总负责人，在此期间，我与 19 名资深的广联达服务人员一起，历经 5 年的时间开发了上百门课程，搭建了完善的造价人员课程体系。该体系覆盖用户已超 500 万人次，累计学习上亿次。这套课程体系的搭建让造价人员的成长周期至少缩短一年的时间，得到了广大业内人士的好评。

2019 年我们开始专业书籍的编写与出版，迄今为止已完成第一套系列丛书。这套丛书包括《工程造价人员必备工具书系列》分册 3 本，二级注册造价工程师考证类分册 3 本，累计销量近 10 万册，并于 2022 年被评为中国建筑工业出版社优秀图书一等奖。这些书都成为造价人员从业必备参考书。因此有很多用户纷纷来信询问能否每个专业都出一本像土建、安装这样的辅导书，这也是我的夙愿。从事服务业务这么多年，一直希望能够把建筑领域的知识做一个体系化沉淀，帮助更多用户系统性地学习。

在这个知识爆炸的时代，信息从不缺乏，计算机、手机中虽然存放了太多的学习资料，却经常让我们迷失方向，只有系统化地学习，才能实现真正的成长。所以系统的课程和高品质的书籍是让我们少走弯路的工具。从 2019 年开始，我们策划了造价人员必备工具书系列，旨在帮助用户用好造价相关的软件工具，提高工作效率。

但我们并不止步于此。为了满足更多用户的需求，更好地帮助建筑从业者，我们决定策划第二系列书籍——建筑人员业务技能成长系列。此系列图书旨在帮助用户提高职业技能，快速掌握工作中的经验。我们发现了大量的专家，他们不仅经验丰富也善于输出，因此我们诚邀广大专业人士加入服务新干线平台，从内容使用者变成内容生产者，把多年的经验沉淀下来、传递出去。

在服务新干线生态体系中，我们一手搭建用户学习体系，另一手搭建用户成长体系，让每一个人都能从价值学习者转化为价值创造者。例如，我们可以成为答疑解惑的专家老师，可以申请为头条栏目的创作者，或者成为广联达课程委员会的签约作者或讲师，让每个人在建筑行业实现最大限度的价值。

再次诚邀广大专业人士加入服务新干线平台，做成长与贡献的合作者，我们一起携手前行，做建筑领域知识沉淀的架构者与输出者，为建筑人的成长贡献自己的一份绵薄之力。

广联达集团服务管理部　梁丽萍

目 录

第1篇 认识系列

第2篇 玩转系列

第 3 篇 高手系列

广联达培训课程体系

广联达课程委员会成立于 2018 年 3 月，汇聚了全国各省市二十余位广联达特一级讲师及实战经验丰富的专家讲师，是一支敢为人先的专业团队，是一支不轻易言弃的信赖团队，是一支担当和成长并驱的创新团队。他们秉承专业、担当、创新、成长的文化理念，怀揣着“打造建筑人最信赖的知识平台”的美好愿望，肩负“做建筑行业从业者知识体系的设计者与传播者”的使命，以“建立完整课程体系，打造广联达精品课程，缩短用户学习周期，缩短产品导入周期”为职责，重视实际工程需求，严谨划分用户学习阶段，持续深入研讨各业务场景，共同打造研磨体系课程，出版造价人系列丛书，分享行业经验知识等，搭建了一套循序渐进，由浅入深，专业、系统的广联达培训课程体系（图 1）。

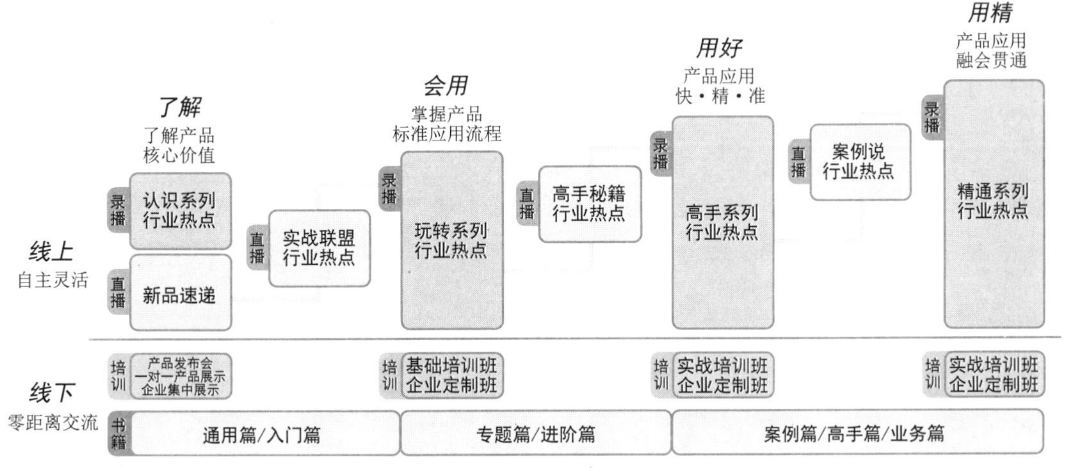

图 1　广联达培训课程体系

经过多方面探讨与研究，用户在学习和使用软件的过程中，根据软件的使用水平不同，可分为了解、会用、用好、用精 4 个阶段。了解阶段是指能够了解软件的核心价值，知道软件能解决哪些问题；会用阶段是指能够掌握产品的标准应用流程和基本功能，拿到工程知道先做什么后做什么；用好阶段是指对软件的应用快、精且准，也就是说不仅功能熟练，而且清晰软件原理，在算量软件中知道如何设置能够达到精准出量，在计价软件中知道如何准确调价；用精阶段是指能够融会贯通地应用软件，算量时可以掌握构件的处理思路，不管遇到何种复杂构件都有清晰的处理思路和方法，从而解决工程的各类问题；计价软件中对于工程的特殊要求、报价技巧等都能够巧妙处理。

第 1 篇

认识系列

认识系列适用于刚接触软件、想要了解软件核心价值的用户；此阶段内容帮助用户快速了解软件及其能够解决的问题，达到了解软件的效果。

第 1 章　认识广联达云计价平台

广联达云计价平台，覆盖了民建工程造价全专业、全岗位、全过程的计价业务场景，通过端 · 云 · 大数据产品形态，解决造价作业效率低、企业数据应用难等问题，助力企业实现作业高效化、数据标准化、应用智能化，达成造价数字化管理的目标。

广联达云计价平台的核心价值为全面、智能、简单、专业，旨在帮助造价从业者提高工作效率，缩短工程完成周期，保障业务完整性、安全性以及准确性，如图 1.1 所示。

图 1.1　广联达云计价平台的核心价值

全面，意为业务全面，广联达云计价平台实现概、预、结、审全业务覆盖，各阶段工程数据互通、无缝切换，且各专业支持多人协作，工程编制及数据流转高效快捷，如图 1.2 所示。

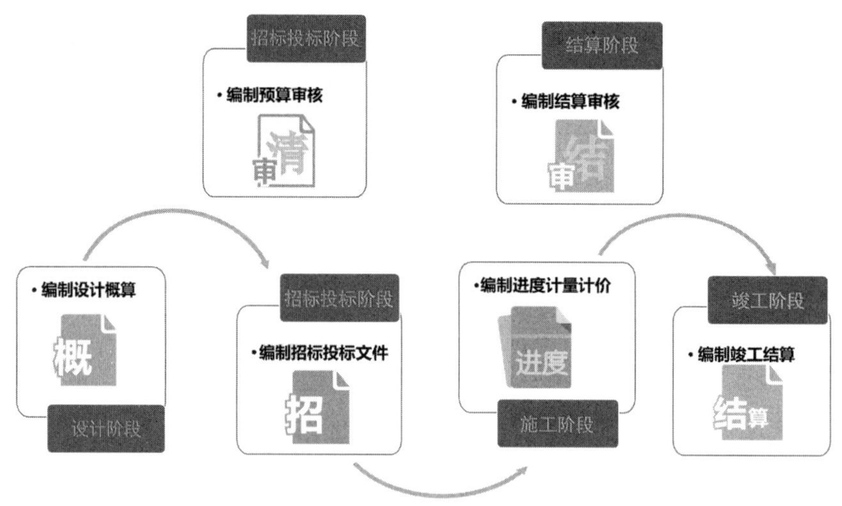

图 1.2　广联达云计价平台业务全面

智能，主要指广联达云计价平台支持智能组价、智能提量（图 1.3）、在线报表，提高组价、提量、成果文件输出等各阶段的工作效率，如图 1.3 所示。

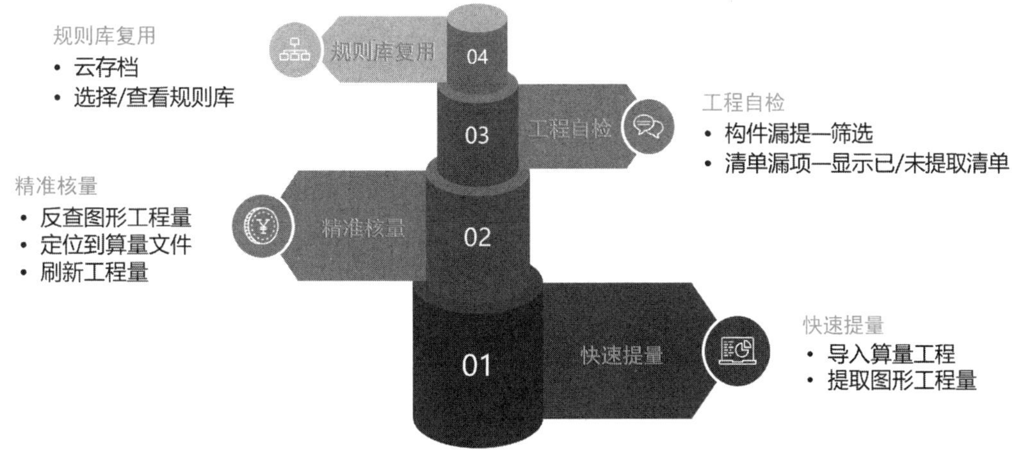

图 1.3　广联达云计价平台智能提量

简单，意为单位工程可快速新建、全费用与非全费用一键转换、定额换算一目了然，计算准确、操作便捷、容易上手。

专业，意为支持全国所有地区计价标准规范，支持各业务阶段专业费用的计算，新文件、新定额、新接口专业快速响应，如图 1.4 所示。

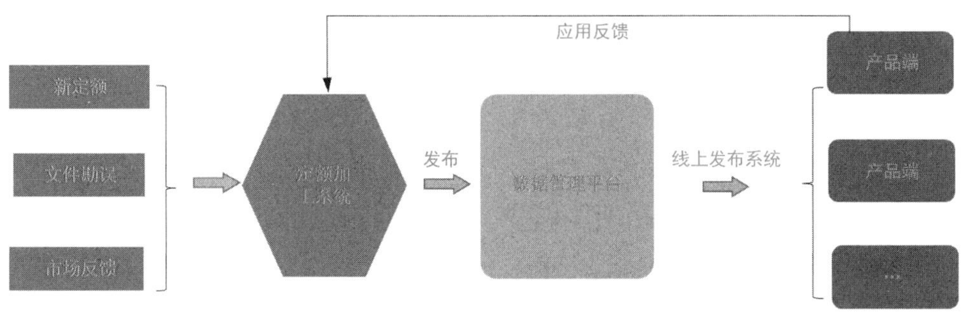

图 1.4　新定额、新文件及时响应

广联达科技股份有限公司（简称广联达）始终坚持以客户为中心，以奋斗者为本，深入理解和分析客户业务，准确识别和挖掘客户需求，不断验证改进，拓展产品的业务深度、细度和智能度，只为给客户提供更好的产品和服务。

第 2 篇

玩转系列

玩转系列适用于已经了解软件价值，但未上手使用软件的用户；此阶段内容帮助用户掌握计价操作流程及各项费用的处理方法及思路，达到能够快速上手使用软件做工程的效果。工程计价文件的编制原理是相通的，但是由于不同省份有不同的计价要求，所以不同地区的广联达云计价平台版本、界面以及费用的计取方式会略有区别，大家在学习的时候要结合当地的计价要求。

第 2 章　概算文件编制

2.1　概算业务基础知识

2.1.1　概算的含义

工程概算书是在初步设计或扩大初步设计阶段，由设计单位根据初步设计或扩大初步设计图纸、概算定额、指标、工程量计算规则、材料、设备的预算单价及建设主管部门颁发的有关费用定额或取费标准等资料，预先计算工程从筹建至竣工验收交付使用全过程建设费用的经济文件，即计算建设项目总费用。

2.1.2　概算的费用组成

概算的费用组成如图 2.1.1 所示。

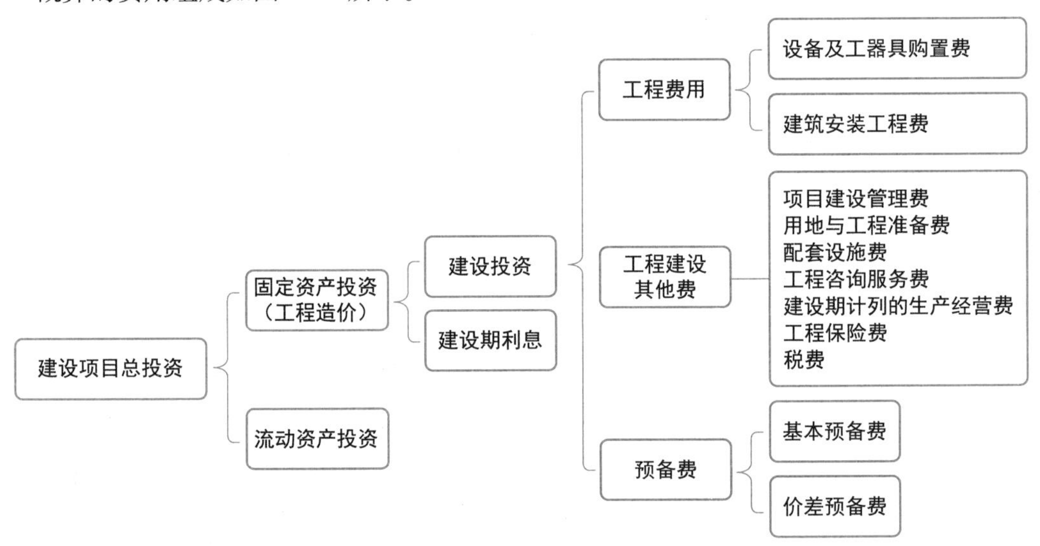

图 2.1.1　建设项目总投资构成

建设项目总投资 = 固定资产投资 + 流动资产投资

固定资产投资（工程造价）= 建设投资 + 建设期利息

建设投资 = 工程费用 + 工程建设其他费 + 预备费

2.1.3　各项费用的含义

1. 工程费用

工程费用包括设备及工器具购置费、建筑安装工程费，其中设备及工器具购置费由设备购置费和工具、器具及生产家具购置费组成，建筑安装工程费（简称建安工程费）是指为完成工程项目建造、生产性设备及配套工程安装所需的费用。工程费用是在软件中编制的主要内容，工程费用组成如图 2.1.2 所示。

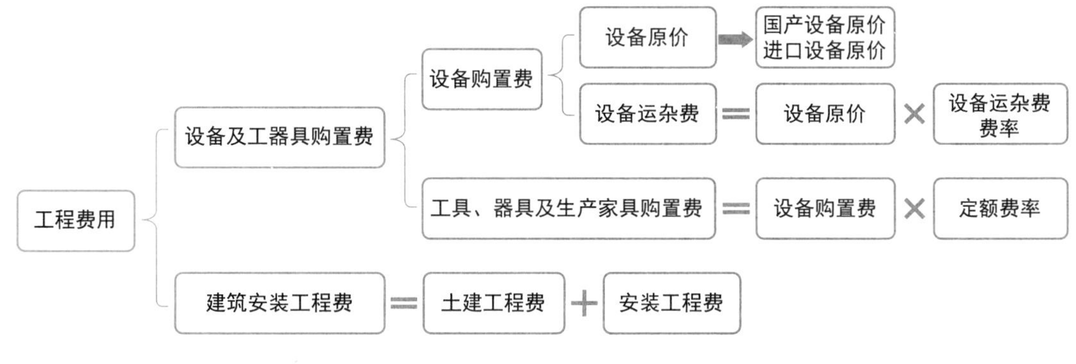

图 2.1.2　工程费用组成

2. 工程建设其他费

是指建设期发生的与土地使用权取得、全部工程项目建设以及未来生产经营有关的，除工程费用、预备费、建设期融资费用、流动资金以外的费用。

3. 预备费

是指在建设期内因各种不可预见因素的变化而预留的可能增加的费用，包括基本预备费和价差预备费。

基本预备费又称不可预见费，是指在项目实施中可能发生的难以预料的支出和需要预留的费用，并主要用于设计变更及施工中可能增加工程量的费用。

基本预备费包括：

（1）工程变更及洽商。在批准的初步设计范围内，施工图设计及施工过程中增加的工程费用；设计变更、工程变更、材料代用、局部地基处理等增加的费用。

（2）一般自然灾害的损失及预防费用（实行保险的，可适当降低）。

（3）不可预见的地下障碍物处理的费用。

（4）超规超限设备运输增加的费用。

价差预备费是指在建设期内利率、汇率或价格等因素的变化而预留的可能增加的费用，亦称为价格变动不可预见费。

价差预备费包括：人工、设备、材料、施工机具的价差费，利率、汇率调整等增加的费用。

2.2　概算软件操作

在广联达云计价平台中，概算文件编制流程为：概算项目建立→编制建安工程费→编制设备购置费→编制建设其他费→结果输出，如图 2.2.1 所示。

2.2.1　概算项目建立

打开广联达云计价平台，在左侧选择“新建概算”，选择工程所在地区，输入项目名称、项目编码，选择对应概算定额，点击“立即新建”即可进入概算文件编制界面，如图 2.2.2 所示。

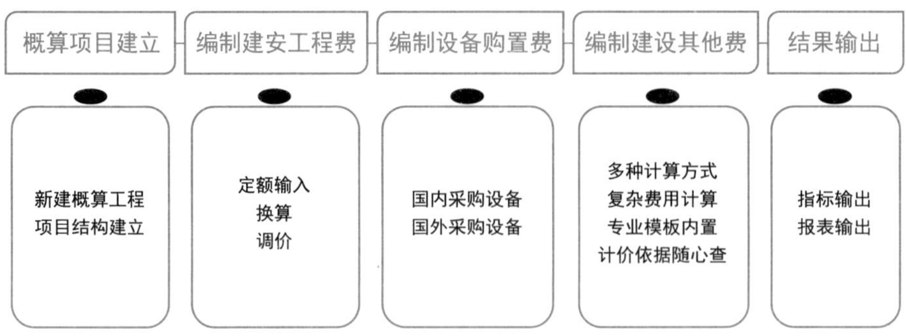

图 2.2.1　概算文件编制流程

图 2.2.2　新建工程

进入软件编制界面，首先要根据实际情况建立项目结构，在左侧项目结构处单击鼠标右键即可新建单项工程及单位工程，如图 2.2.3 所示。

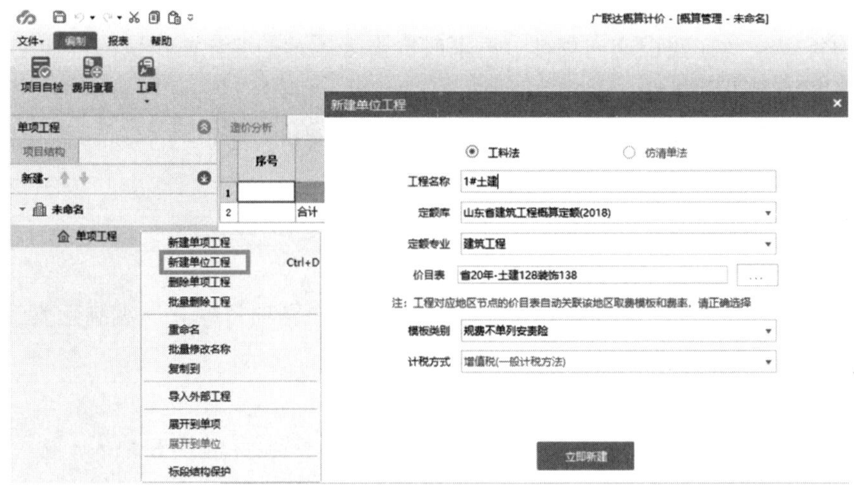

图 2.2.3　项目结构建立

2.2.2　编制建安工程费

编制建安工程费时，需要根据工程情况对每个单位工程进行概算定额套取，点击单位工程名称进入单位工程界面，进行建安工程费的编制。此处需要注意概算书在不同地区有不同的编制方法，有的地区没有概算定额，需要借用预算定额，然后在此基础上进行调整；有的地区有专门的概算定额，采用定额计价的方式；有的地区采用仿清单的方式。在编制概算文件时，需要根据当地情况进行定额的选择，我们以常用的定额计价方式进行阐述，编制流程为：定额输入→换算→调价。

1. 定额输入

在预算书界面点击“查询”按钮，或者直接双击“编码”列，即可弹出“查询定额”对话框（图 2.2.4），在对话框中找到合适的定额，双击即可套取成功。定额选择完成后需要输入工程量。

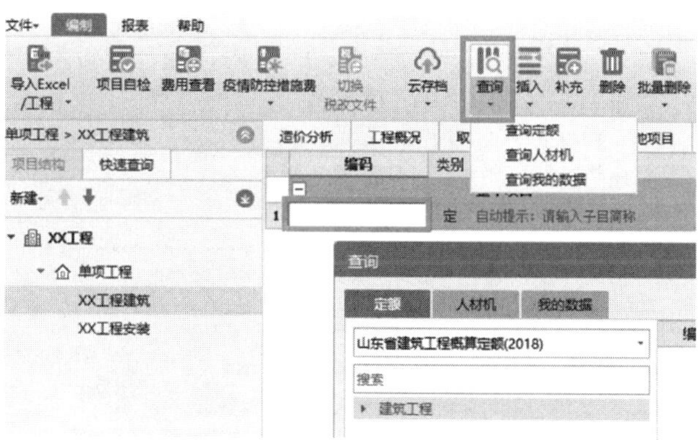

图 2.2.4　查询输入定额

2. 换算

定额中给定的材料、强度等级、配合比等，在实际工程中可能存在差异，所以套取完定额后，需要根据实际情况进行换算。常见的换算为厚度、运距、配合比、强度等级、定额章节说明规定的系数换算，这类换算一般在计价软件的“标准换算”界面执行，以山东省建筑工程概算定额（2018）中 GJ-1-1 的标准换算为例，所有定额说明中关于此条定额的说明均在标准换算中显示，如果实际工程涉及相应情况，在后面“换算内容”列打钩，或输入实际数值即可，如图 2.2.5 所示。

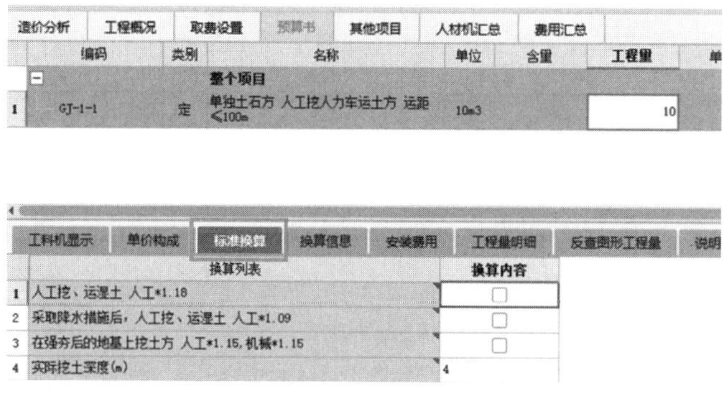

图 2.2.5　标准换算

3. 调价

套取完定额后，需要根据当时的信息价、市场价等信息对材料价格进行调整，在“人才机汇总”界面，点击“载价”，选择对应的价格来源即可快速完成价格调整（也可以双击“市场价”列，手动输入价格或双击“广材助手”中价格单独调整），如图 2.2.6 所示。

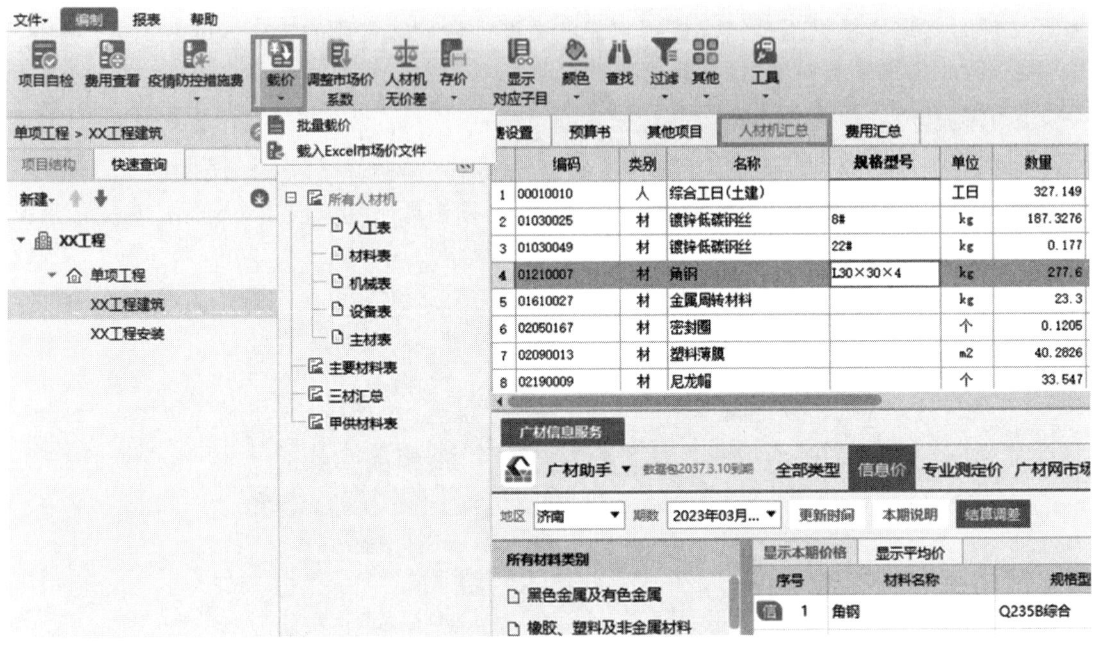

图 2.2.6 人材机载价

2.2.3 编制设备购置费

设备购置费是指为工程建设项目购置或自制的达到固定资产标准的设备、工器具、生产家具等所需的费用，由设备原价和设备运杂费构成。

设备及工器具购置费分为国产设备和进口设备两种情况，国产设备要计算设备的运杂费，进口设备要计算进口设备从属费（进口设备在办理进口手续过程中发生的应计入设备原价的银行财务费、外贸手续费、进口关税、消费税、进口环节增值税及进口车辆的车辆购置税），如图 2.2.7 所示。

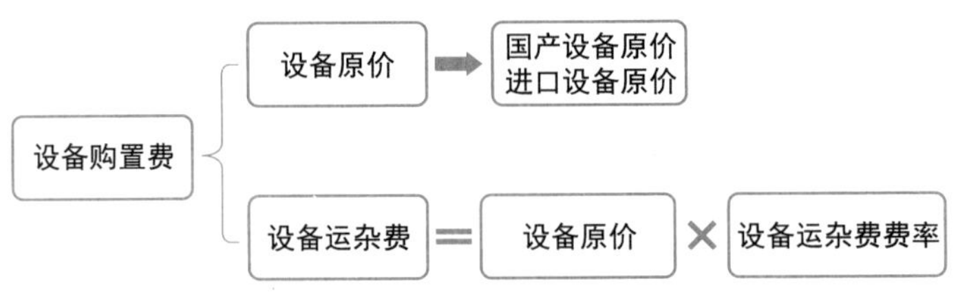

图 2.2.7 设备购置费组成

设备购置费在广联达云计价平台的处理方式：

（1）国内采购设备：在项目节点→设备购置费→国内采购设备→输入国内采购设备的序号、名称、规格型号、计量单位、数量、出厂价、运杂费率等，可自动计算，如图 2.2.8 所示。

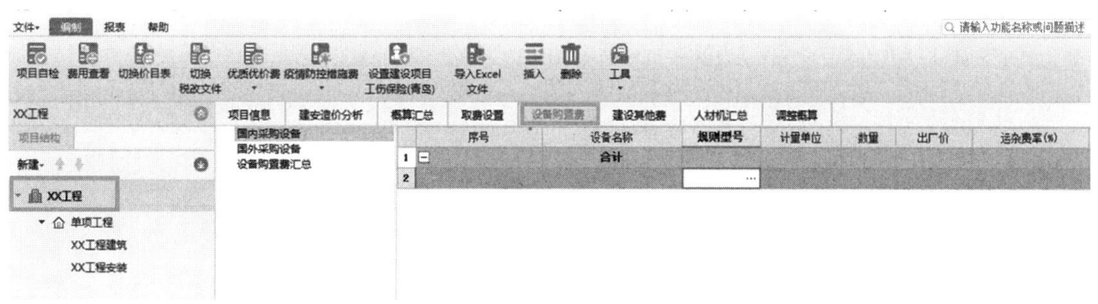

图 2.2.8　国内采购设备购置费

（2）国外采购设备：在项目节点→设备购置费→国外采购设备→输入序号、编码、名称、规格型号、单位、数量、离岸价→点击“进口设备单价计算器”→输入相关信息即可完成计算，如图 2.2.9 所示。

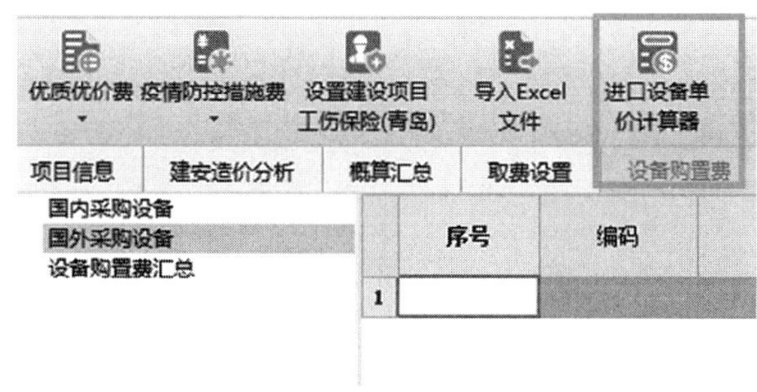

图 2.2.9　国外采购设备购置费

2.2.4　编制工程建设其他费

工程建设其他费一般包含项目建设管理费、用地与工程准备费、配套设施费、工程咨询服务费、建设期计列的生产经营费、工程保险费、税金，如图 2.2.10 所示。

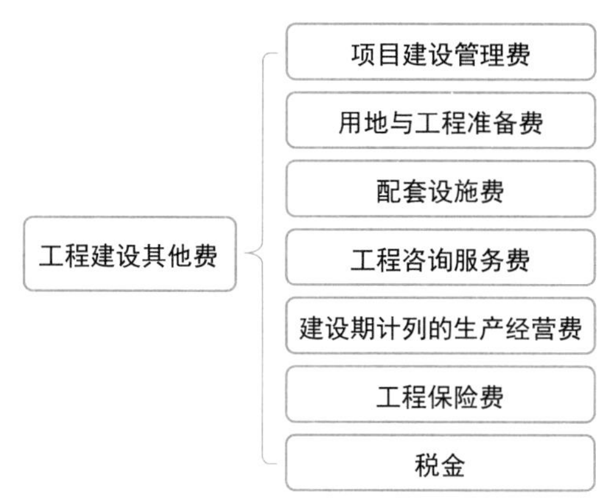

图 2.2.10　工程建设其他费组成

建设工程其他费费用项多，计算公式多样，为了方便大家的输入，广联达云计价平台提供了多样的费用输入方式，如图 2.2.11 所示。

图 2.2.11　工程建设其他费输入

对于特别复杂的建设其他费，软件的“费用计算器”中内置了复杂费用计算模板，可帮助计算“工程设计费”“项目建设管理费”“工程招标费”“工程监理费”“工程造价咨询服务费”等，如图 2.2.12 所示。

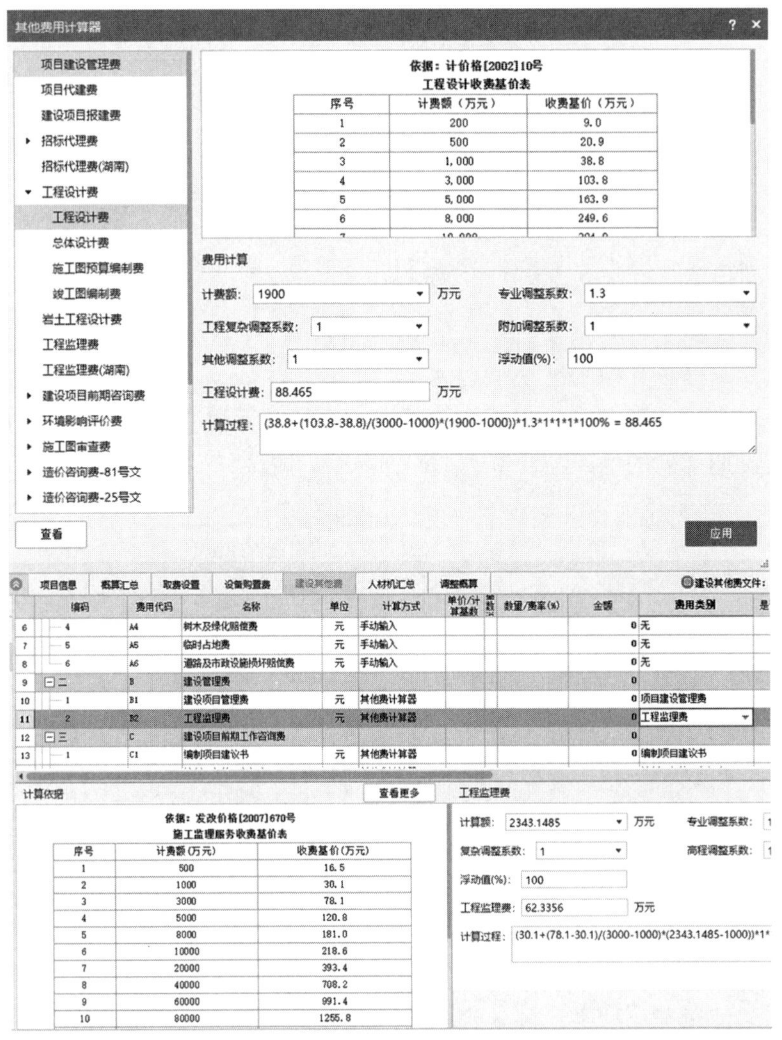

图 2.2.12　其他费用计算器

在编制这些费用的时候，如果对费用要求不清晰，或者编制外地工程时对外地工程的要求不清晰，可以查询软件提供的“概算依据查询”，如图 2.2.13 所示。

图 2.2.13　概算依据查询

预备费、建设期贷款利息、铺底流动资金在广联达云计价平台中的“概算汇总”界面进行输入，如图 2.2.14 所示。

图 2.2.14　概算汇总

2.2.5　结果输出

1. 指标分析

在进行概算编制时，需要输出分部全费指标，一方面可以用来与估算数据进行对比，另一方面可以做指标的积累，形成数据库，或作为后续工程的指标参考。软件中提供了“指标分析”功能，“全费合价”和“单位指标”自动计算，如图 2.2.15 所示。

	编码	类别	名称	专业	单位	含量	工程量表达式	工程量	单价	合价	全费合价	单位指标	取费专业	汇总类别
			整个项目							18623325.69				
B1	1	部	土石方工程		m3					70907.97	151964.59	15196.46		
1	A1-0004	定	人工挖一般土方 基深≤2m 三类土	土建	100m3		111	1.11	3871.27	4297.11	9209.25	[illegible]	[illegible]	
2	A1-0004 *1.43	换	人工挖一般土方 基深≤2m 三类土 先支撑后开挖土方 单价*1.43	土建	100m3		1111	11.11	5535.92	61504.07	131810.86	[illegible]		
3	A1-0005	定	人工挖一般土方 基深≤4m 三类土	土建	100m3		100	1	5106.79	5106.79	10944.48	[illegible]	[illegible]	
B1	2	部	地基处理与基坑支护工程		m3			10		61077.6	74300.36	7430.04		
4	A2-0002	定	填料加固 人工填砂石 机械振动	土建	10m3		100	10	1582.73	15827.3	20314.36	2031.44	建筑工程	
5	A2-0003	定	填料加固 人工填砂石 机械碾压	土建	10m3		100	10	1710.82	17108.2	22439.81	2243.98	建筑工程	
6	A2-0004	定	填料加固 推土机填砂石 机械碾压	土建	10m3		100	10	1389.85	13898.5	15464.84	1546.48	建筑工程	
7	A2-0005	定	填料加固 推土机填砂石 挤淤碾压	土建	10m3		100	10	1424.36	14243.6	16081.35	1608.14	建筑工程	
B1	3	部	砌筑工程		m3			560		16030881.32	24019616.27	42892.17		
8	A4-0001	定	砌筑砖基础	土建	10m3		100	10	4088.48	40884.8	58410.75	5841.08	建筑工程	
9	A4-0003	定	砌筑单面清水砖墙 3/4砖	土建	10m3		1110	111	4903.55	544294.05	849372.58	7652.01	建筑工程	
10	A4-0004	定	砌筑单面清水砖墙 1砖	土建	10m3		11111	1111.1	4594.58	5105037.84	7717153.97	6945.51	建筑工程	
11	A4-0005	定	砌筑单面清水砖墙 1砖半	土建	10m3		22225	2222.5	4519.78	10045211.05	14959433.03	6730.9	建筑工程	
12	A4-0006	定	砌筑单面清水砖墙 2砖及2砖以上	土建	10m3		666	66.6	4436.24	295453.58	435245.94	6535.22	建筑工程	
B1		部	金属结构工程		t			10		2460459	3339345.42	333934.54		
13	A6-0004	定	钢屋架制作 焊接轻钢	土建	t		100	100	6353.96	635396	886659.09	8866.59	建筑工程	
14	A6-0006	定	钢屋架制作 焊接箱形	土建	t		100	100	6177.77	617777	833709.03	8337.09	建筑工程	
15	A6-0006	定	钢屋架制作 焊接箱形	土建	t		100	100	6177.77	617777	833709.03	8337.09	建筑工程	
16	A6-0008	定	钢托架制作 焊接H形	土建	t		100	100	5895.09	589509	785268.27	7852.68	建筑工程	

图 2.2.15　指标分析

2. 生成报表

费用编制完成后，切换到“报表”界面，可根据需要导出或者直接打印报表，如图 2.2.16 所示。

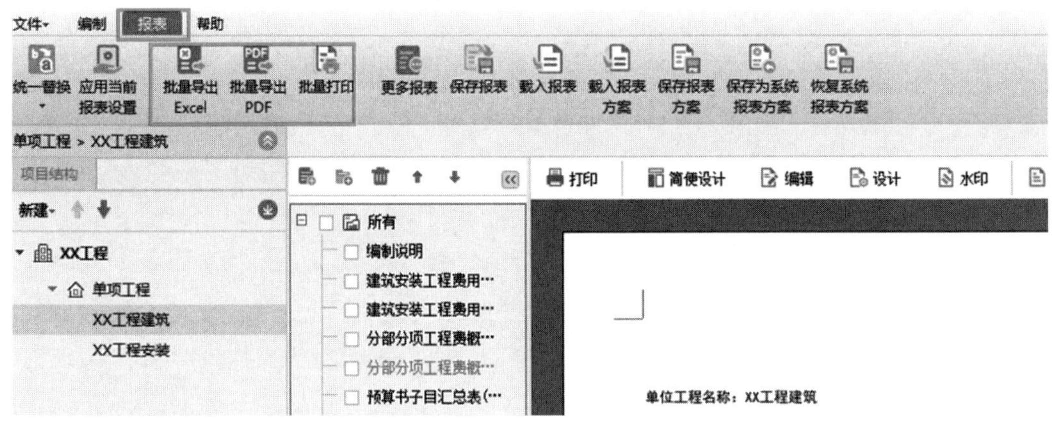

图 2.2.16　生成报表

3. 调整概算

概算编制标准规范规定，对原设计范围的重大变更，由原设计单位核实编制调整概算，并按有关审批程序报批。调整概算的文件组成及表格形式同原设计概算，所调整的内容在调整概算总说明汇总逐项与原概算对比，并编制调整前后概算对比表分析主要变更原因。广联达云计价平台提供了“概算调整”功能，操作方法：编制界面→项目节点→调整概算，如图 2.2.17 所示。

取费设置　设备购置费　建设其他费　人材机汇总　调整概算

原批准概算				调整概算		
安装工程费	设备购置费	其他费用	合计	建筑工程费	安装工程费	设备购置费
0	0		1064.72	1064.72	0	1000
0			1064.72	1064.72	0	
			1064.72	1064.72		
	0		0			1000
		0	0			
			0			
			0			
			0			
			0			
			0			
			0			
			1064.72			

图 2.2.17　概算调整

2.2.6　概算文件编制总结

概算文件编制由 5 个步骤完成：概算项目建立→编制建安工程费→编制设备购置费→编制建设其他费→结果输出。在软件中新建工程时，选择“新建概算工程”完成工程建立；编制建安工程费时，通过“查询”等功能录入当地概算定额或预算定额，完成定额换算及人材机调价；编制设备购置费时，无论是国内采购设备还是国外采购设备，软件均有相应功能辅助完成；编制建设其他费时，软件提供多种计算方式，复杂费用也有对应功能快速完成；最后直接查看指标及报表结果，亦可将结果文件导出。

第 3 章　预算文件编制

3.1　招标投标业务基础知识

3.1.1　招标投标阶段常用术语

1. 工程量清单

载明建设工程分部分项工程项目、措施项目、其他项目的名称和相应数量、规费以及税金项目等内容的明细清单。

2. 招标工程量清单

招标人依据国家标准、招标文件、设计文件以及施工现场实际情况编制的，随招标文件发布供投标报价的工程量清单，包括其说明和表格。

3. 已标价工程量清单

构成合同文件组成部分的投标文件中已标明价格，经算术性错误修正（如有）且承包人已确认的工程量清单，包括其说明和表格。

4. 项目编码

分部分项工程和措施项目清单名称的阿拉伯数字标识。

5. 项目特征

构成分部分项工程项目、措施项目自身价值的本质特征。

6. 综合单价

完成一个规定清单项目所需的人工费、材料和工程设备费、施工机具使用费和企业管理费、利润以及一定范围内的风险费用。

7. 工程造价信息

工程造价管理机构根据调查和测算发布的建设工程人工、材料、工程设备、施工机械台班的价格信息，以及各类工程的造价指数、指标。

8. 工程造价指数

反映一定时期的工程造价相对于某一固定时期的工程造价变化程度的比值或比率。包括按单位或单项工程划分的造价指数，按工程造价构成要素划分的人工、材料、机械等价格指数。

9. 工程变更

合同工程实施过程中由发包人提出或由承包人提出经发包人批准的合同工程任何一项工作的增、减、取消或施工工艺、顺序、时间的改变；设计图纸的修改；施工条件的改变；招标工程量清单的错、漏，从而引起合同条件的改变或工程量的增减变化。

10. 工程量偏差

承包人按照合同工程的图纸（含经发包人批准由承包人提供的图纸）实施，按照国家现行计量规范规定的工程量计算规则计算得到的完成合同工程项目应予计量的工程量与相应的招标工程量清单项目列出的工程量之间出现的量差。

11. 索赔

在工程合同履行过程中，合同当事人一方因非己方的原因而遭受损失，按合同约定或法律法规规定承担责任，从而向对方提出补偿的要求。

12. 现场签证

发包人现场代表（或其授权的监理人、工程造价咨询人）与承包人现场代表就施工过程中涉及的责任事件所作的签认证明。

13. 提前竣工（赶工）费

承包人应发包人的要求而采取加快工程进度措施，使合同工程工期缩短，由此产生的应由发包人支付的费用。

14. 误期赔偿费

承包人未按照合同工程的计划进度施工，导致实际工期超过合同工期（包括经发包人批准的延长工期），承包人应向发包人赔偿损失的费用。

3.1.2　招标投标业务流程

招标投标阶段，招标方的业务流程：审图答疑→计算工程量→编制工程量清单及最高投标限价（招标控制价）→生成招标书→最高投标限价（招标控制价）备案。

投标方的业务流程：响应招标要求→购买招标资料→核对工程量→提出疑问→清单组价→调价→调整取费→策略性调整→生成投标文件。

招标投标业务流程如图 3.1.1 所示。

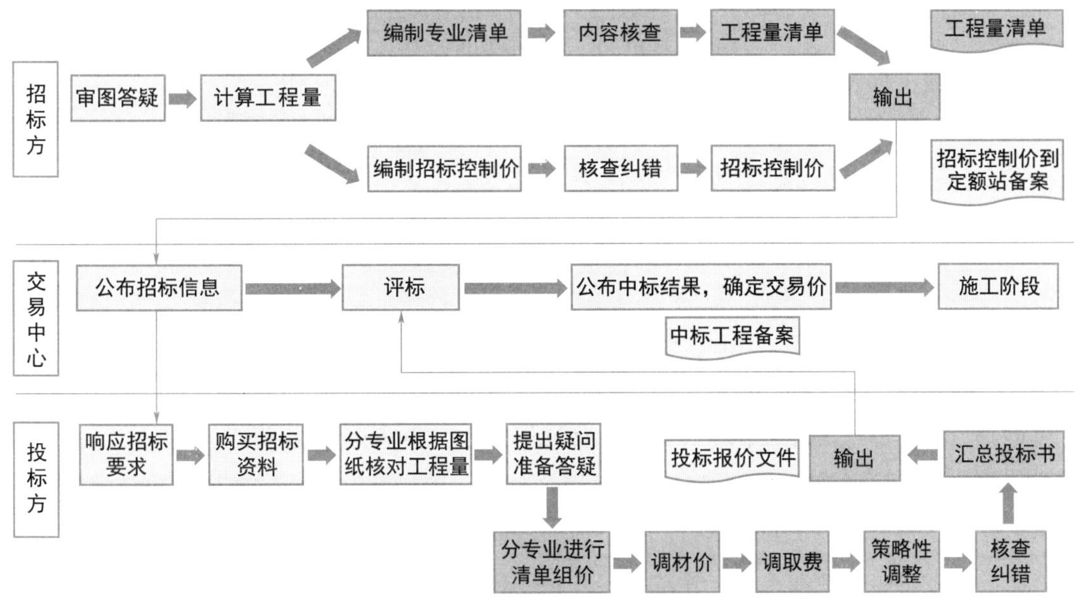

图 3.1.1　招标投标业务流程

3.1.3 编制依据

从招标投标业务流程中可以看到，招标投标阶段工程量清单、招标控制价、投标报价的编制是重要的环节，要想更好地编制这些文件，需要明确编制依据，做好编制准备。

1. 招标工程量清单编制依据

招标工程量清单是招标人依据国家标准、招标文件、设计文件以及施工现场实际情况编制的，随招标文件发布、供投标人投标报价的工程量清单，包括其说明和表格。编制招标工程量清单，应充分体现“实体净量”“量价分离”和“风险分担”的原则。招标阶段，由招标人或其委托的工程造价咨询人根据工程项目设计文件，编制招标工程项目的工程量清单，并将其作为招标文件的组成部分。招标人对工程量清单的准确性和完整性负责；投标人应结合企业自身实际、参考市场有关价格信息完成清单项目工程的组合报价，并对其承担风险。

招标工程量清单编制依据如下：

（1）《建设工程工程量清单计价规范》GB 50500—2013 以及各专业工程量计算规范等；

（2）国家或省级、行业建设主管部门颁发的计价依据、标准和办法；

（3）建设工程设计文件及相关资料；

（4）与建设工程有关的标准、规范、技术资料；

（5）拟定的招标文件；

（6）施工现场情况、地勘水文资料、工程特点及常规施工方案；

（7）其他相关资料。

2. 招标控制价编制依据

招标控制价是指根据国家或省级建设行政主管部门颁发的有关计价依据和办法，依据拟定的招标文件和招标工程量清单，结合工程具体情况发布的招标工程的最高投标限价。

招标控制价编制依据如下：

（1）《建设工程工程量清单计价规范》GB 50500—2013 以及各专业工程量计算规范等；

（2）国家或省级、行业建设主管部门颁发的计价依据、标准和办法；

（3）建设工程设计文件及相关资料；

（4）拟定的招标文件及招标工程量清单；

（5）与建设项目相关的标准、规范、技术资料；

（6）施工现场情况、工程特点及常规施工方案；

（7）工程造价管理机构发布的工程造价信息，但工程造价信息没有发布的，参照市场价；

（8）其他相关资料。

3. 投标报价编制依据

投标报价是投标人根据招标文件编制，希望达成工程承包交易的价格，既不能高于招标控制价，又要保证有合理的利润空间且使之具有一定的竞争性。投标报价要结合施工方案，也要考虑所采用的合同形式。

投标报价编制依据如下：

（1）《建设工程工程量清单计价规范》GB 50500—2013 与工程量计算规范；

（2）企业定额；

（3）国家或省级、行业建设主管部门颁发的计价依据、标准和办法；

（4）招标文件、招标工程量清单及其补充通知、答疑纪要；

（5）建设工程设计文件及相关资料；

（6）施工现场情况、工程特点及投标时拟定的施工组织设计或施工方案；

（7）与建设项目相关的标准、规范等技术资料；

（8）市场价格信息或工程造价管理机构发布的工程造价信息；

（9）其他相关资料。

3.1.4　建筑安装工程费用项目构成

了解编制依据后就可以进行报价文件的编制了。建筑安装工程费有两种构成方式：方式一，按费用构成要素划分（图 3.1.2）；方式二，按造价形成划分（图 3.1.3）。

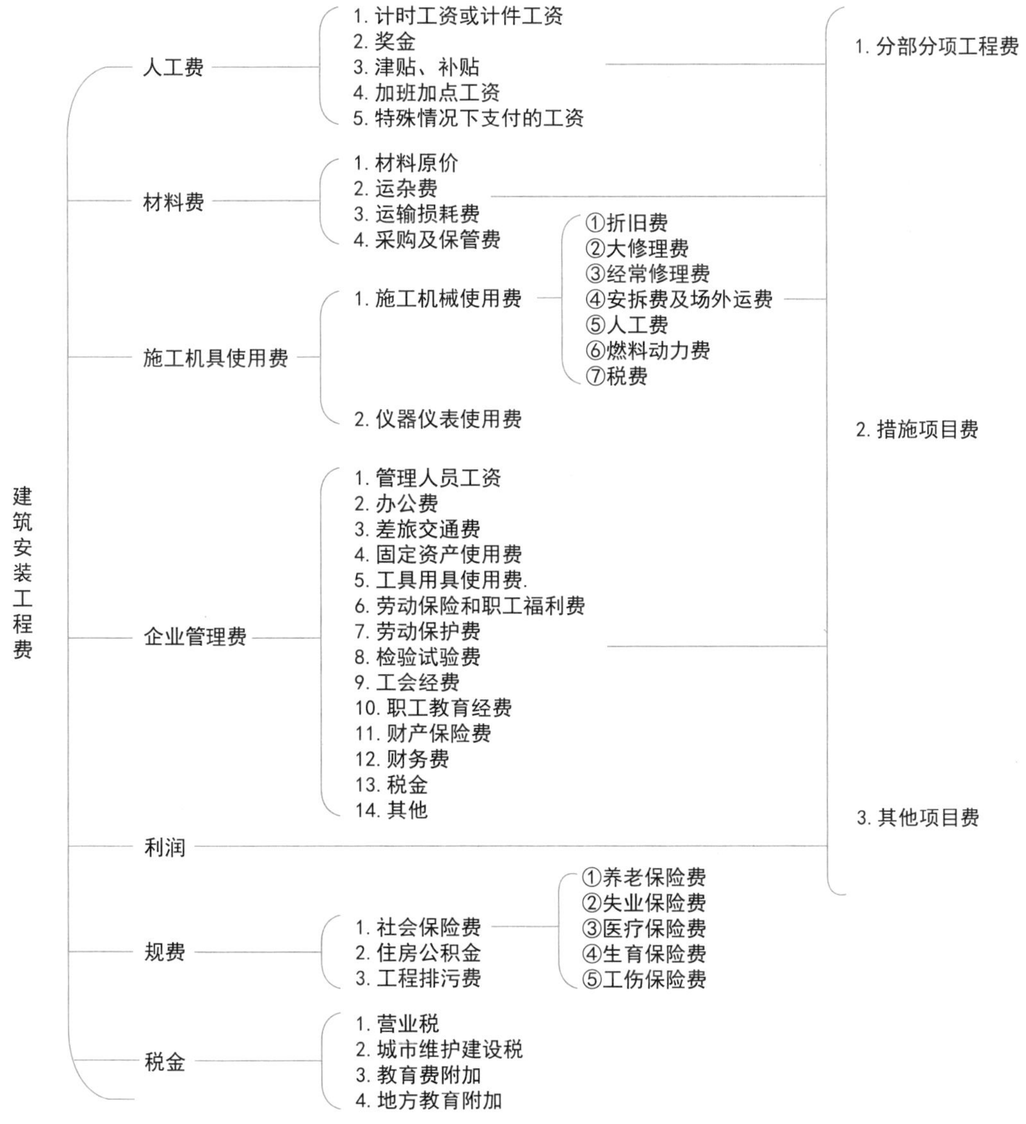

图 3.1.2　建筑安装工程费用组成（按费用构成要素划分）

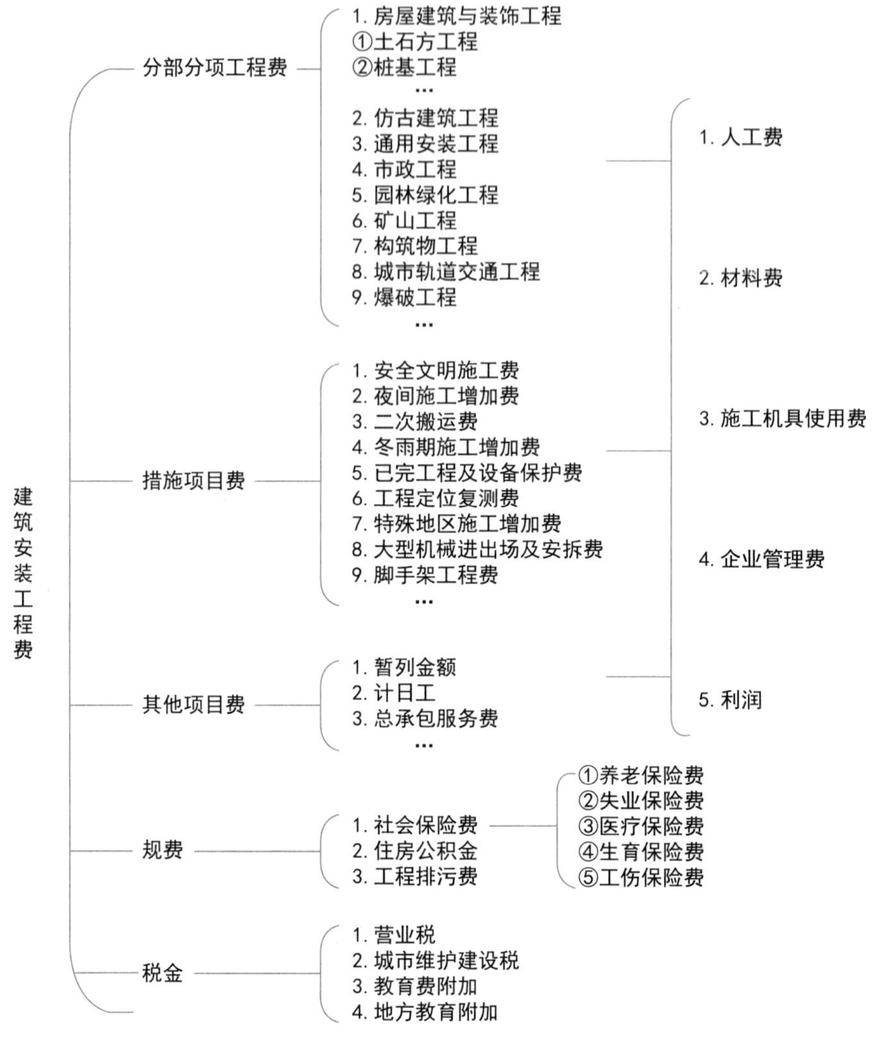

图 3.1.3　建设工程费用项目组成（按造价形成划分）

目前，在编制招标控制价及投标报价时，大多按照方式二进行，现就方式二对各项费用含义进行阐述。

1. 分部分项工程费

分部分项工程费是指各专业工程的分部分项工程应予列支的各项费用。各类专业工程的分部分项工程划分遵循国家或行业工程量计算规范的规定。分部分项工程费通常用分部分项工程量乘以综合单价进行计算。

$$分部分项工程费 = \Sigma（分部分项工程量 \times 综合单价）$$

综合单价包括人工费、材料费、施工机具使用费、企业管理费和利润，以及一定范围的风险费用。

2. 措施项目费

（1）措施项目费的构成

措施项目费是指为完成建设工程施工，发生于该工程施工准备和施工过程中的技术、生活、安全、环境保护等方面的费用。措施项目及其包含的内容应遵循各类专业工程的国家或行业现行工程量计算规范。以《建设工程工程量清单计价规范》GB 50500—2013 中的规定为例，措施项目费可以归纳为以下几项：

1）安全文明施工费是指工程项目施工期间，施工单位为保证安全施工、文明施工和保护现场内外环境等所发生的措施项目费用。通常由环境保护费、文明施工费、安全施工费、临时设施费组成。

2）夜间施工增加费。夜间施工增加费是指因夜间施工所发生的夜班补助费、夜间施工降效、夜间施工照明设备摊销及照明用电等措施费用。

3）非夜间施工照明费。非夜间施工照明费是指为保证工程施工正常进行，在地下室等特殊施工部位施工时所采用的照明设备的安拆、维护及照明用电等费用。

4）二次搬运费。二次搬运费是指因施工管理需要或因场地狭小等原因，导致建筑材料、设备等不能一次搬运到位，必须发生的二次或以上搬运所需的费用。

5）冬雨期施工增加费。冬雨期施工增加费是指因冬雨期天气原因导致施工效率降低、加大投入而增加的费用，以及为确保冬雨期施工质量和安全而采取的保温、防雨等措施所需的费用。

6）地上、地下设施、建筑物的临时保护设施费。在工程施工过程中，对已建成的地上、地下设施和建筑物进行的遮盖、封闭、隔离等必要保护措施所发生的费用。

7）已完工程及设备保护费。竣工验收前，对已完工程及设备采取的覆盖、包裹、封闭、隔离等必要保护措施所发生的费用。

8）脚手架工程费。脚手架工程费是指施工需要的各种脚手架搭、拆、运输费用以及脚手架购置费的摊销（或租赁）费用。

9）混凝土模板及支架（撑）费。混凝土施工过程中需要的各种钢模板、木模板、支架等的支拆、运输费用及模板、支架的摊销（或租赁）费用。

10）垂直运输费。垂直运输费是指现场所用材料、机具从地面运至相应高度以及职工人员上下工作面等所发生的运输费用。

11）超高施工增加费。当单层建筑物檐口高度超过 20m，多层建筑物超过 6 层时，可计算超高施工增加费。

12）大型机械进出场及安拆费。机械整体或分体自停放场地运至施工现场或由一个施工地点运至另一个施工地点，所发生的机械进出场运输和转移费用及机械在施工现场进行安装、拆卸所需的人工费、材料费、机具费、试运转费和安装所需的辅助设施的费用，内容由安拆费和进出场费组成。

13）施工排水、降水费。施工排水、降水费是指将施工期间有碍施工作业和影响工程质量的水排到施工场地以外，以及防止在地下水位较高的地区开挖深基坑出现基坑浸水、地基承载力下降，在动水压力作用下还可能引起流砂、管涌和边坡失稳等现象而必须采取有效的降水和排水措施费用。该项费用由成井和排水、降水两个独立的费用项目组成。

14）其他。根据项目的专业特点或所在地区不同，可能会出现其他的措施项目，如工程定位复测费和特殊地区施工增加费等。

（2）措施项目费的计算

按照有关专业工程量计算规范规定，措施项目分为应予计量的措施项目和不宜计量的措施项目两类。

1）应予计量的措施项目。基本与分部分项工程费的计算方法基本相同，公式为：措施项目费 =Σ（措施项目工程量 × 综合单价）。

不同的措施项目，其工程量的计算单位是不同的，分列如下：

①脚手架工程费通常按建筑面积或垂直投影面积按“m^2”计算；

②混凝土模板及支架（撑）费通常按照模板与现浇混凝土构件的接触面积以“m^2”计算；

③垂直运输费可根据不同情况，用两种方法进行计算：按照建筑面积以“m^2”为单位计算；按照施工工期日历天数以“天”为单位计算；

④超高施工增加费通常按照建筑物超高部分的建筑面积以“m^2”为单位计算；

⑤大型机械进出场及安拆费通常按照机械设备的使用数量以“台次”为单位计算；

⑥施工排水、降水费分两个不同的独立部分计算：成井费用通常按照设计图示尺寸以钻孔深度按“m”计算；排水、降水费用通常按照排、降水日历天数按“昼夜”计算。

2）不宜计量的措施项目。对于不宜计量的措施项目，通常用计算基数乘以费率的方法予以计算。

安全文明施工费计算公式为：

安全文明施工费 = 计算基数 × 安全文明施工费费率（%）

计算基数应为定额基价（定额分部分项工程费 + 定额中可以计量的措施项目费）、定额人工费或定额人工费与施工机具使用费之和，其费率由工程造价管理机构根据各专业工程的特点综合确定。

其余不宜计量的措施项目，包括夜间施工增加费，非夜间施工照明费，二次搬运费，冬雨期施工增加费，地上、地下设施、建筑物的临时保护设施费，已完工程及设备保护费等。计算公式为：

措施项目费 = 计算基数 × 措施项目费费率（%）

公式中的计算基数应为定额人工费或定额人工费与定额施工机具使用费之和，其费率由工程造价管理机构根据各专业工程特点和调查资料综合分析后确定。

3. 其他项目费

（1）暂列金额

暂列金额是指建设单位在工程量清单中暂定并包括在工程合同价款中的一笔款项。用于施工合同签订时尚未确定或者不可预见的所需材料、工程设备、服务的采购，施工中可能发生的工程变更、合同约定调整因素出现时的工程价款调整以及发生的索赔、现场签证确认等的费用。

暂列金额由建设单位根据工程特点，按有关计价规定估算，施工过程中由建设单位掌握使用、扣除合同价款调整后如有余额，归建设单位。

（2）暂估价

暂估价是指招标人在工程量清单中提供的用于支付必然发生但暂时不能确定价格的材料、工程设备的单价以及专业工程的金额。

暂估价中的材料、工程设备暂估单价根据工程造价信息或参照市场价格估算，计入综合单价；专业工程暂估价分不同专业，按有关计价规定估算。暂估价在施工中按照合同约定再加以调整。

（3）计日工

计日工是指在施工过程中，施工单位完成建设单位提出的工程合同范围以外的零星项目或工作，按照合同中约定的单价计价形成的费用。

计日工由建设单位和施工单位按施工过程中形成的有效签证来计价。

（4）总承包服务费

总承包服务费是指总承包人为配合、协调建设单位进行的专业工程发包，对建设单位自行采购的材料、工程设备等进行保管以及施工现场管理、竣工资料汇总整理等服务所需的费用。

总承包服务费由建设单位在招标控制价中根据总承包范围和有关计价规定编制，施工单位投标时自主报价，施工过程中按签约合同价执行。

4. 规费和税金

规费和税金的构成和计算与按费用构成要素划分建筑安装工程费用项目组成部分是相同的 。

3.1.5 工程组价

分部分项工程费通常用分部分项工程量乘以综合单价进行计算，工程量要根据图纸及规范进行计算（注意区分清单与定额计算规则的区别）。综合单价可根据清单的项目特征，结合施工工艺，套取相应的定额，根据需要进行定额换算、调整材料价格及取费来确定，也就是工作中常说的组价。

现以某工程“挖一般土方”清单项为例（表3.1.1），为大家阐述如何组价，分为套定额、调材价、调取费三个步骤。

某工程挖一般土方清单 表3.1.1

项目编码	项目名称	项目特征	计量单位	工程数量
010101002001	挖一般土方	1. 土壤类别：普通土 2. 弃土运距：现场倒运 3. 开挖方式：人工配合机械，包含人工清槽	m^3	4425.66

1. 套定额

因为每个人对定额的理解不同，不同企业有不同的情况，每个工程有不同的施工方案，所以套定额并没有固定的标准和答案，但是套取思路基本一致。套定额的方法可以概述为三个步骤：（1）列出施工工序及工作内容；（2）结合施工方案及工程项目特征选择合适的定额；（3）根据工程情况、项目特征、定额说明等信息进行参数调整，比如调整厚度、运距、配合比等。

以表 3.1.1 中挖一般土方为例进行详细分析：

（1）列出施工工序及工作内容。土石方工程主要包含开挖、人工清槽、装车、运输、卸车、回填工作内容，其中回填有单独的清单项，因此挖一般土方清单选取的定额包括开挖、人工清槽、装车、运输、卸车。以《山东省建筑工程消耗量定额》SD 01-31-2016 为例，挖一般土方定额如图 3.1.4 所示。

工作内容：挖土，弃土于5m以内或装土，清底修边。　　计量单位：10m³

定额编号			1-2-1	1-2-2	1-2-3	1-2-4	1-2-5
项目名称			人工挖一般土方（基深）				
			普通土		坚土		
			≤2m	>2m	≤2m	≤4m	≤6m
名称		单位	消耗量				
人工	综合工日	工日	2.47	3.56	4.73	6.25	7.17

工作内容：挖土，弃土于5m以内（装土）；清理机下余土。　　计量单位：10m³

定额编号			1-2-39	1-2-40	1-2-41	1-2-42
项目名称			挖掘机挖一般土方		挖掘机挖装一般土方	
			普通土	坚土	普通土	坚土
名称		单位	消耗量			
人工	综合工日	工日	0.06	0.06	0.09	0.09
机械	履带式单斗挖掘机(液压) 1m³	台班	0.0180	0.0210	0.0230	0.0270
	履带式推土机 75kW	台班	0.0020	0.0020	0.0210	0.0240

图 3.1.4　挖一般土方定额

（2）结合施工方案及工程项目特征选择合适的定额：

1）根据项目特征中描述，开挖方式是“人工配合机械”，所以应选择机械开挖，此项定额所包含的工作内容（图 3.1.4）：挖土、弃土 5m 以内（装土）；清理机下余土。

再根据项目特征中描述的“土壤类别为普通土”，除了挖土还要装土，所以可以选取定额“1-2-41 挖掘机挖装一般土方 普通土”。

2）“人工清槽”的定额选择。根据定额书中工作内容描述（图 3.1.4），人工挖一般土方的定额包含清底修边。结合图纸和地勘以及施工方案，确定挖土深度，选择定额“1-2-1 人工挖普通土 ≤ 2m”。

根据定额章节说明（图 3.1.5），人工清理修整，系指机械挖土后，对于基底和边坡遗留厚度≤ 0.30m 的土方，由人工进行的基底清理与边坡修整。

机械挖土，以及机械挖土后的人工清理修整，按机械挖土相应规则一并计算挖方总量。但机械挖土和人工清理修正需要乘以相应系数。

3）运土的定额选择。根据施工方案、地勘情况，判断出采用自卸汽车运土，运距是 2km，但是定额书中没有 2km 的自卸汽车运土子目，故先选择定额“1-2-58 自卸汽车运土方 运距≤ 1km”（图 3.1.7），后续再作调整。

（3）根据工程情况、项目特征、定额说明等信息进行参数调整。

1）1-2-41 挖掘机挖装一般土方 普通土，根据定额章节说明需要乘以系数 0.95，如图 3.1.5 所示。

6. 人工清理修整，系指机械挖土后，对于基底和边坡遗留厚度≤0.30m 的土方，由人工进行的基底清理与边坡修整。

机械挖土、以及机械挖土后的人工清理修整，按机械挖土相应规则一并计算挖方总量。其中，机械挖土按挖方总量执行相应子目，乘以下表规定的系数；人工清理修整，按挖方总量执行下表规定的子目并乘以相应系数。

机械挖土及人工清理修整系数表

基础类型	机械挖土		人工清理修整	
	执行子目	系数	执行子目	系数
一般土方	相应子目	0.95	1-2-3	0.063
沟槽土方		0.90	1-2-8	0.125
地坑土方		0.85	1-2-13	0.188

注：人工挖土方，不计算人工清底修边。

图 3.1.5　机械挖土及人工清理修整定额说明

2）1-2-1 这条定额包含挖土、弃土 5m 以内或装土，清底修边，只需要清底修边这一项工作内容就可以，结合定额章节说明（图 3.1.5），人工清底修边需要乘以系数 0.063，但是定额章节说明中给出的执行子目是 1-2-3，当对定额说明内容有疑问时，可以查询当地的定额勘误或者定额调整文件。经过查询，在山东省计价依据动态调整汇编（2021）中修改了此处内容，把原定额说明中的子目“1-2-3”修编为“1-2-1”，（图 3.1.6），所以应对套取的 1-2-1 子目乘以系数 0.063。

《山东省建筑工程消耗量定额》（2016 版）修订

页	表	行	列	原文	修编为
4	上表		人工清理修整执行子目	1-2-3	1-2-1
				1-2-8	1-2-6
				1-2-13	1-2-11

图 3.1.6　计价依据调整

3）前文说到选择定额“1-2-58 自卸汽车运土方 运距≤ 1km”的定额子目，但是实际运距是 2km，这时可以通过套取定额“1-2-59 每增运 1km”来进行调整，如图 3.1.7 所示。

工作内容：1. 运土，弃土；维护行驶道路。
2. 安装井架，搭设便道；20m以内人力车水平运输，15m以内垂直运输，弃土。　　计量单位：10m³

定额编号			1-2-58	1-2-59	1-2-60
项目名称			自卸汽车运土方		卷扬机吊运土方
			运距≤1km	每增运1km	
名称		单位	消耗量		
人工	综合工日	工日	0.03	—	0.33
材料	钢管 ф48.3×3.6	m	—	—	0.0593
	直角扣件	个	—	—	0.0567
	木脚手板 Δ=5cm	m³	—	—	0.0006
	铁件	kg	—	—	0.0434
	红丹防锈漆	kg	—	—	0.0231
	镀锌低碳钢丝 8#	kg	—	—	0.0373
	水	m³	0.1200	—	—
机械	载重汽车 6t	台班	—	—	0.0012
	自卸汽车 15t	台班	0.0580	0.0140	—
	洒水车 4000L	台班	0.0060	—	—
	电动单筒快速卷扬机 20kN	台班	—	—	0.1660

图 3.1.7　自卸汽车运土方定额

结合以上套定额的步骤和思路，最终此项挖一般土方的组价内容如表 3.1.2 所示。

挖一般土方套定额　　表 3.1.2

编码	名称及特征	单位	工程量
010101002001	挖一般土方 1. 土壤类别：普通土 2. 弃土运距：现场倒运 3. 开挖方式：人工配合机械，包含人工清槽	m³	4425.66
1-2-41 × 0.95	挖掘机挖装一般土方 普通土　机械挖土 单价 ×0.95	10m³	
1-2-1 × 0.063	人工挖一般土方 普通土 基深≤ 2m　人工清理与修整 单价 ×0.063	10m³	
1-2-58 + 1-2-59	自卸汽车运土方 运距≤ 1km 实际运距（km）：2	10m³	

综上所述，套定额的过程需要充分考虑企业情况、施工方案、当地规则文件等，所以没有标准答案，以上套取内容仅作思路参考；另外，有的项目清单的计算规则和定额计算规则是不一样的，所以在套定额时还应注意定额工程量的计算。

2. 调材价

定额中包含人工、材料、机械的消耗量，要想计算出综合单价，还应该结合人工、材料、机械的价格。有的地区定额包含价格，有的地区定额是不含价格的，比如山东省消耗量定额（2016）。虽然定额站每年会发布价目表，但是定额或者价目表的价格更新间隔长，这个价格不能体现投标时的价格水平，所以在完成定额组价工作后，要调整材料价格。

在编制招标控制价时，一般会优先采用当地定期发布的信息价，信息价没有的材料会根据市场价确定，市场价大多来源于网站查询（比如广材网）、供应商询价、历史价格参考等。

在编制投标报价时，一般会采用市场价报价的方式，一些零星材料也会参照信息价。

需要注意的是，因为工程工期较长，有些材料价格波动较大，招标投标阶段的材料价格与实际施工过程中采购的价格依然存在很大的差异。为了避免不必要的争议和纠纷，也为了防止双方产生较大的损失，招标文件中会把部分材料设置材料暂估价，这部分材料在招标文件、投标文件编制时采用暂估价，后续结算的时候按实际价格进行调整。

3. 调取费

材料价格调整完成后，可根据需要调整工程的取费费率。可以调整的费率主要是管理费、利润的费率，以及部分总价措施费率，如夜间施工费、二次搬运费、冬雨期施工增加费等。

一般情况下规费是按规定必须缴纳的费用，是不可调整的，但是也要看当地文件的要求，尤其是造价市场化改革的当下，多地有关于不可竞争费用的调整，比如 2020 年《广西建设工程造价改革试点实施方案》中提出在南宁、柳州、桂林、北海、玉林 5 市开展建设工程造价改革试点，取消现行工程量清单计价规范有关安全文明施工费、规费、税金等作为不可竞争费用的规定。

所以大家在招标投标阶段进行取费调整的时候，一定要了解工程当地的要求，合理地进行调整，避免不必要的损失。

3.2　招标文件编制

本小节主要介绍招标文件的编制流程，编制招标文件主要包括工程量清单和招标控制价的编制。招标文件编制的软件操作流程可以分为五个步骤：新建招标项目、编制招标工程量清单、编制招标控制价、调整人材机和结果输出，如图 3.2.1 所示。

图 3.2.1　招标文件编制流程

3.2.1　新建招标项目

新建招标项目包含标段的确定和取费设置，首先需要确定项目标段，实现项目结构的建立。本章节以广联达实训工程为例（图 3.2.2），整个项目分为 1 号楼和 2 号楼两个单项工程，每栋楼都有建筑、装饰、安装三个专业，完成三级项目结构的建立。软件具体操作流程如下：

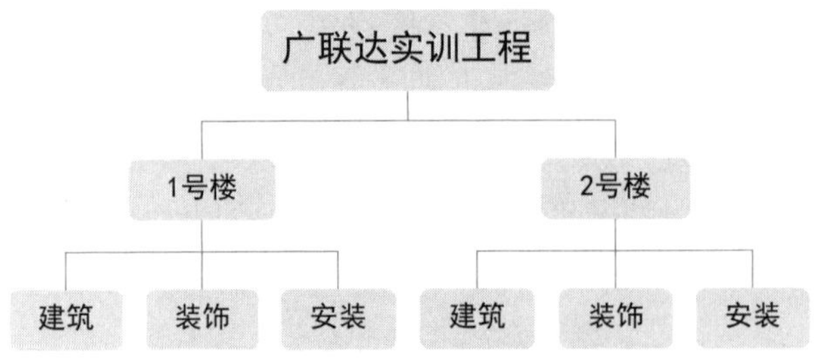

图 3.2.2　广联达实训工程

1. 启动云计价平台，点击“新建预算”→选择相应的地区→“招标项目”，输入项目名称、项目编码、地区标准、定额基本信息后，即可完成招标项目新建，如图 3.2.3 所示。

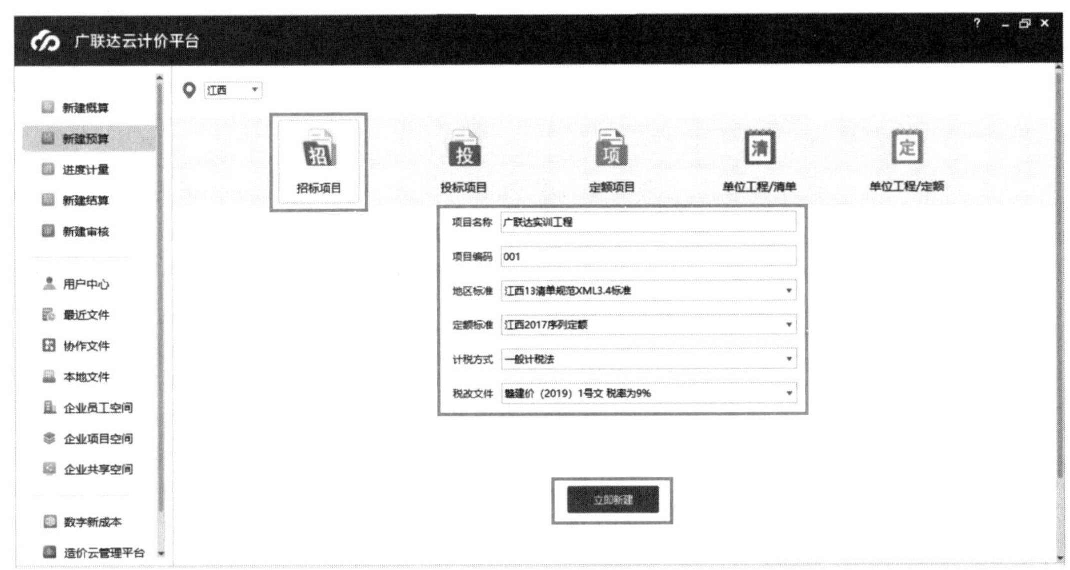

图 3.2.3　新建招标项目

2. 进入主界面以后，软件自动新建三级项目管理，分别为整个项目、单项工程、单位工程；点击整个项目行可以新建单项工程，点击单位工程行，单击鼠标右键选择“快速新建单位工程”，可以按专业快速完成单位工程的建立，如图 3.2.4 所示。

3. 针对群体项目工程，工程名称可以通过“批量修改名称”一键增加前缀及批量修改，单位工程名称可以按当前单项工程添加前后缀，无须逐个修改名称，如图 3.2.5 所示。

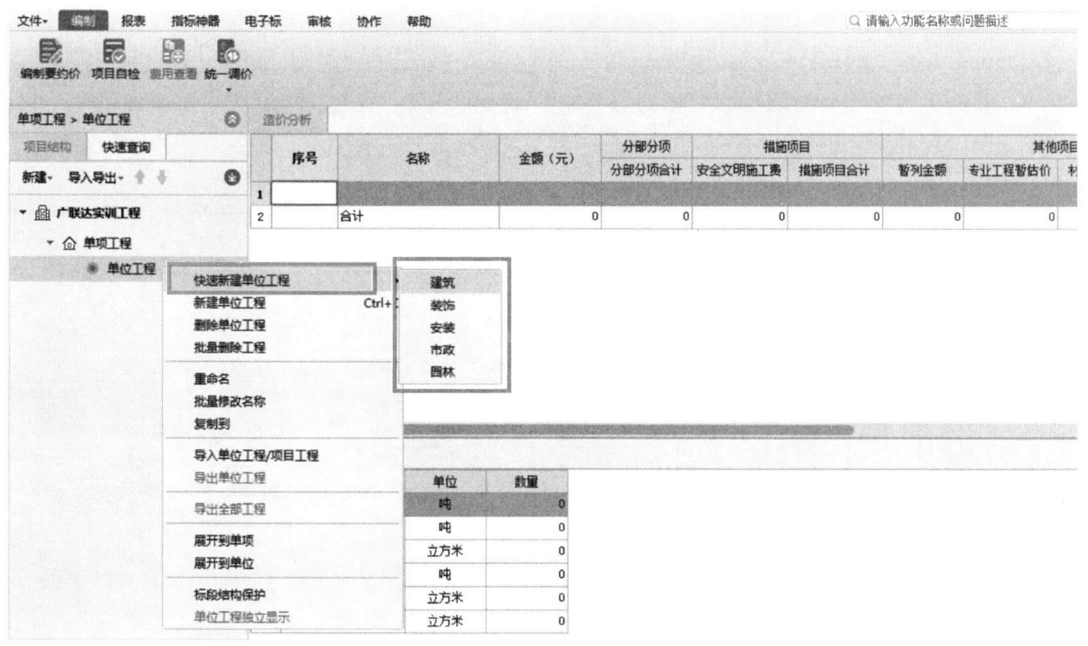

图 3.2.4　快速新建单位工程

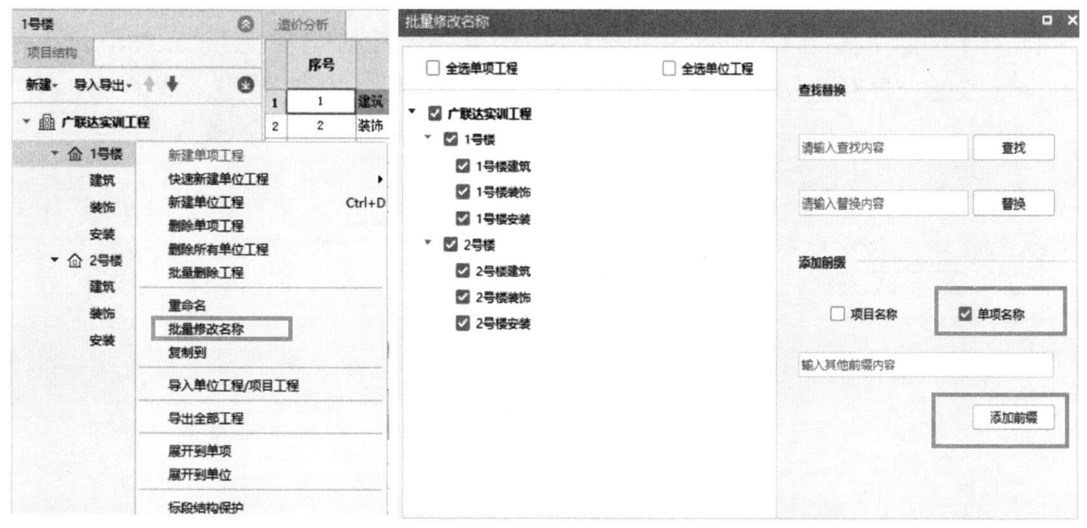

图 3.2.5　批量修改名称

4. 取费设置：新建项目结构后，可以对整个项目进行取费设置，在项目结构界面，点击项目名称，切换到项目界面，点击“取费设置”，即可统一查看及调整整个项目工程的费率，清晰直观（如若单位工程取费设置与整个项目取费设置不同时，各单位工程按其单位工程的取费设置费率取费），如图 3.2.6 所示。

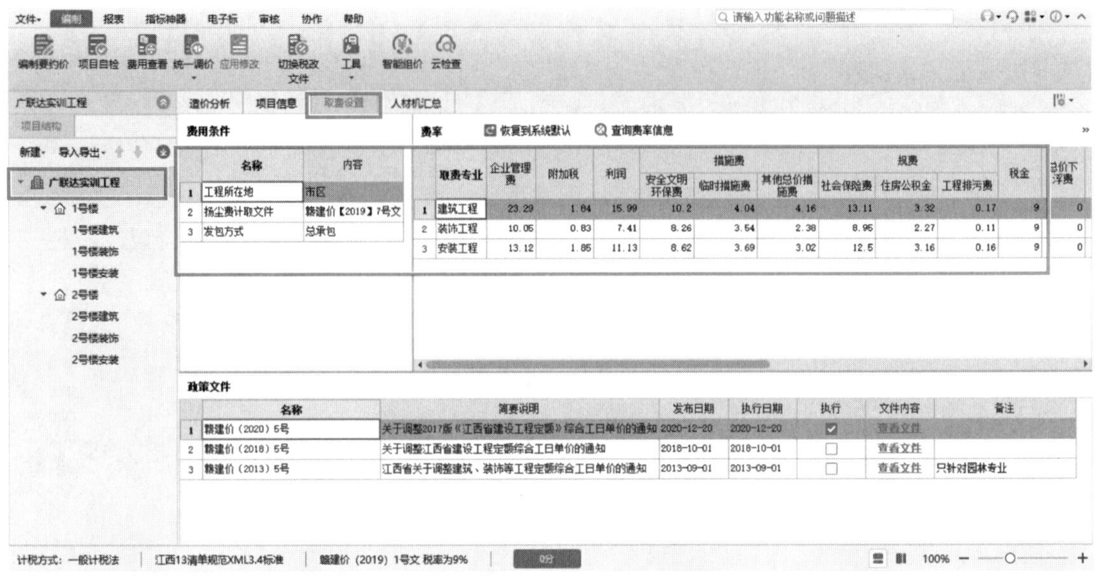

图 3.2.6　取费设置

3.2.2　编制招标工程量清单

招标项目新建完成后，切换到单位工程界面进行具体的编制工作。为了方便大家快速熟悉软件，先简单介绍一下整体界面。软件最上方是菜单栏，在不同阶段选择相应的窗口即可切换不同的功能界面；左边是项目结构窗口，可以清晰地看到三级项目结构，点击相应的单位工程，根据费用构成，按照分部分项、措施项目、其他项目、人材机汇总、费用汇总的顺序，从左往右编辑即可。对于软件新手来说学习很简单，一般按照从左到右、从上往下的思路进行操作即可，如图 3.2.7 所示。

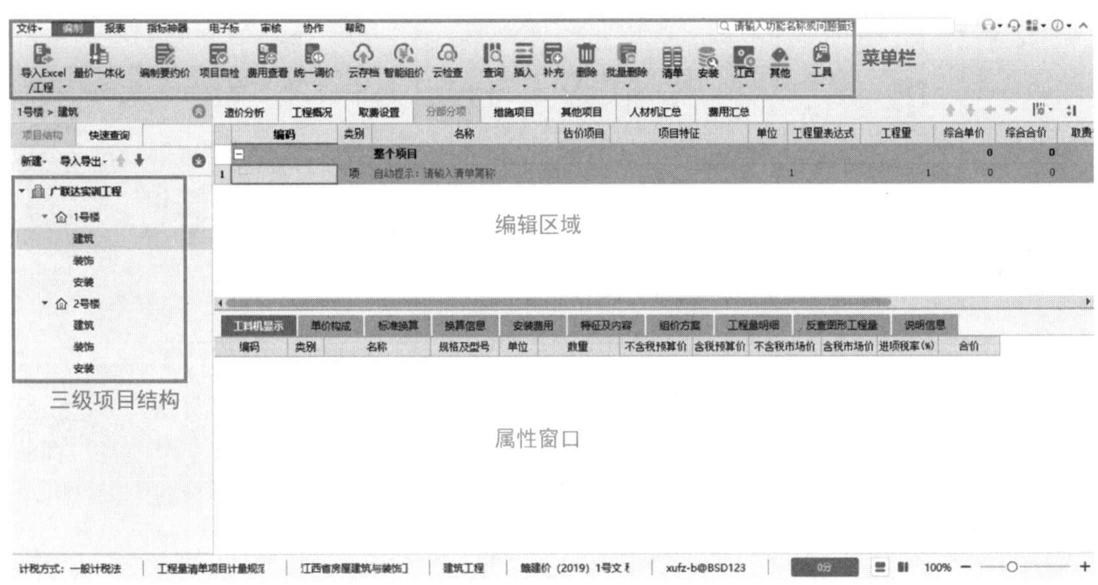

图 3.2.7　界面介绍

接下来，具体讲解软件编制招标工程量清单的流程。招标工程量清单按照建筑工程的费用组成，分为分部分项清单、措施项目清单，以及其他项目清单，具体编制流程如下。

1. 分部分项清单

分部分项清单编制按照清单的五要素进行介绍，分别是清单的编码输入、清单名称的修改、项目特征描述以及单位和工程量的输入。

（1）清单编码的输入：清单编码的输入分为两种，第一种方法可以在编码格直接输入清单的 9 位数编码；第二种方法可以点击“查询”或双击清单编码，自动弹出“查询”对话框，可在对话框中选择所需的清单，如图 3.2.8 所示。

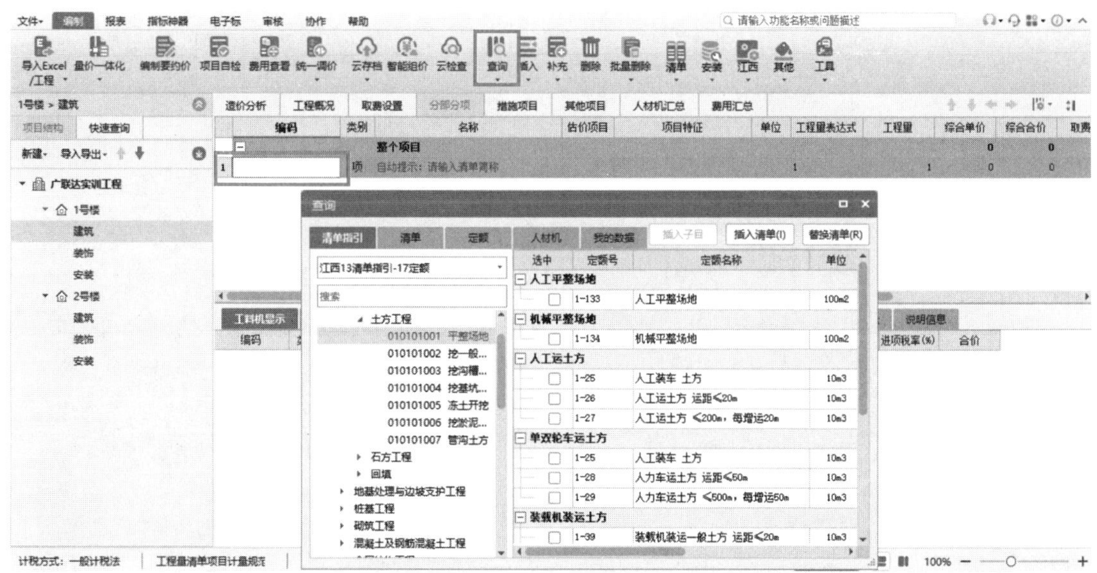

图 3.2.8　清单编码输入

如果遇到特殊情况，清单规范中没有需要的清单项，可以采用补充清单的方式处理，在工具栏中点击“补充”，选择“清单”，也可以在编制界面单击鼠标右键，选择“补充清单”。在弹出的“补充清单”对话框中输入清单信息即可，如图 3.2.9 所示。

（2）清单名称的修改：清单名称如果需要修改，直接点击清单名称进行编辑修改即可。

（3）项目特征描述：项目特征描述要依据图纸的特征进行填写，在项目特征单元格中输入文字描述，或点击“项目特征”后面三个小点展开编辑，或者在下方窗口的“特征及内容”处填写（软件默认有特征描述，招标人只需填写特征值即可，特征描述可以修改、删除及增加），也可以借用“员工存档数据”或“企业数据”中的项目特征方案双击进行复用。以上是项目特征描述填写的三种方式，如图 3.2.10 所示。

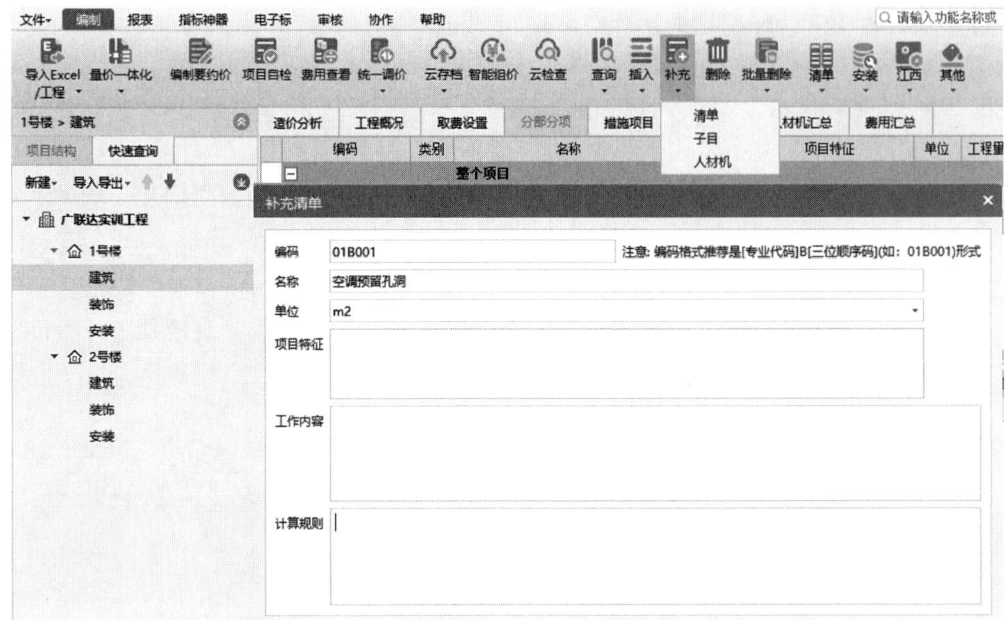

图 3.2.9　补充清单

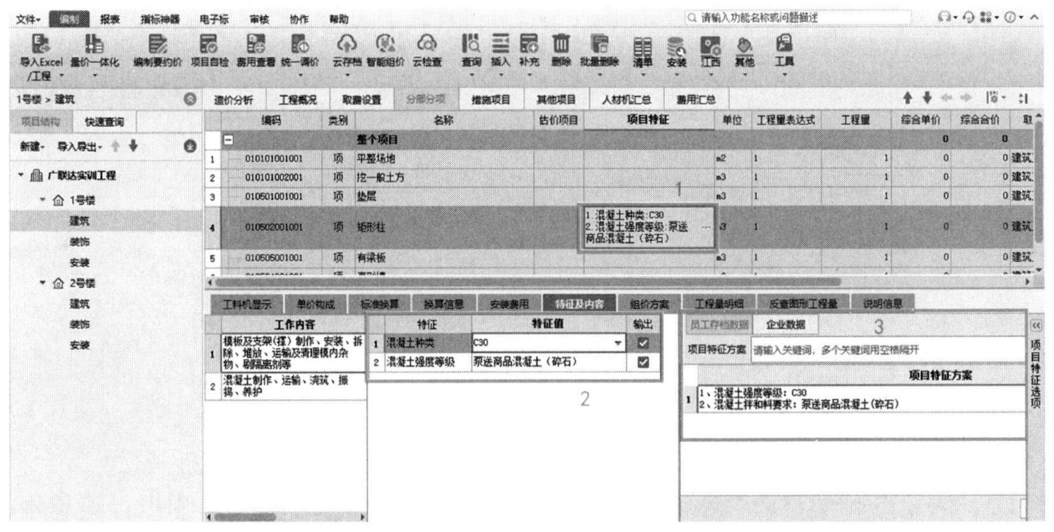

图 3.2.10　项目特征描述

如果想要复用员工存档数据及企业数据，需要前期进行过数据存档。在登录状态下（离线状态无法操作云功能），完成清单编制后，单击鼠标右键“云存档”→组价方案（组价方案数据包括项目特征数据，清单下套取定额方案数据），存储后，此账号下的工程就可以借用存储的数据了。

（4）单位及工程量的输入：对于清单项的单位，在插入清单时单位是自动匹配的，大多数情况下无须修改，对于清单规范中有的清单项有多种单位的，可以直接点击单位格进行修改。对于工程量的输入有三种方式：第一种在“工程量”处直接输入数字；第二种“工程量表达式”中支持四则运算的工程量计算式；第三种为方便对量，明确工程量来源可以在“工程量明细”输入具体工程量明细，如图 3.2.11 所示。

造价分析　工程概况　取费设置　分部分项　措施项目　其他项目　人材机汇总　费用汇总

整个项目

	编码	类别	名称	项目特征	单位	工程量表达式	工程量	综合单价
	⊟		整个项目					442022.63
1	⊞ 010101002001	项	挖一般土方		m3	4355.6	4355.6	6.16
2	⊞ 010401001001	项	砖基础	1、正负零以下墙体 2、干粉砂浆M5	m3	7.47	7.47	478.51
3	⊞ 010401012001	项	零星砌砖	1、正负零以上外墙 2、加砂加气混凝土砌块 3、干粉砂浆M5	m3	5.88	5.88	598.97
4	⊞ 010502001001	项	矩形柱	1、混凝土强度等级：C30 2、混凝土拌和料要求：泵送商品混凝土(碎石)	m3	24.604	24.604	385.76
5	⊞ 010502002001	项	构造柱	1、混凝土强度等级：C25 2、混凝土拌和料要求：非泵	m3	42.23	42.23	451.8

工料机显示　单价构成　标准换算　换算信息　安装费用　特征及内容　组价方案　工程量明细　反查图形工程量　说

	内容说明	计算式	结果	累加标识	引用代码
0	计算结果		0		
1		0	0	✓	
2		0	0	✓	
3		0	0	✓	
4		0	0	✓	
5		0	0	✓	
6		0	0	✓	

说明：在计算式中，如需要注释请填写在 { } 内.

图 3.2.11　单位及工程量输入

（5）插入分部：第一个分部点击“整个项目”行，单击鼠标右键“插入子分部”完成，手动输入分部编码及名称，其他分部的插入可以点击对应位置清单，单击鼠标右键“插入分部”后，会在相应清单上方插入分部行；如果想按章节自动分部，可以选择“整理清单”对所有清单分章节进行自动整理，整理之后清单都按照章节进行排序，自动生成分部标题，如图 3.2.12 所示。

2. 措施项目清单

分部分项工程量清单编制完成后，接下来是措施项目的编制。措施项目分为总价措施和单价措施，总价措施一般包括安全文明环保费、临时设施费等，属于不可竞争费用范畴，按规范自动计算即可，不同地区的总价措施费用项有所区别，一般在软件中选择好地区后会自动按照当地的要求显示。单价措施主要包括模板、脚手架等费用，一般直接找到相应的措施清单编制即可，操作方式与分部分项清单编制的方式是一样的，如图 3.2.13 所示。

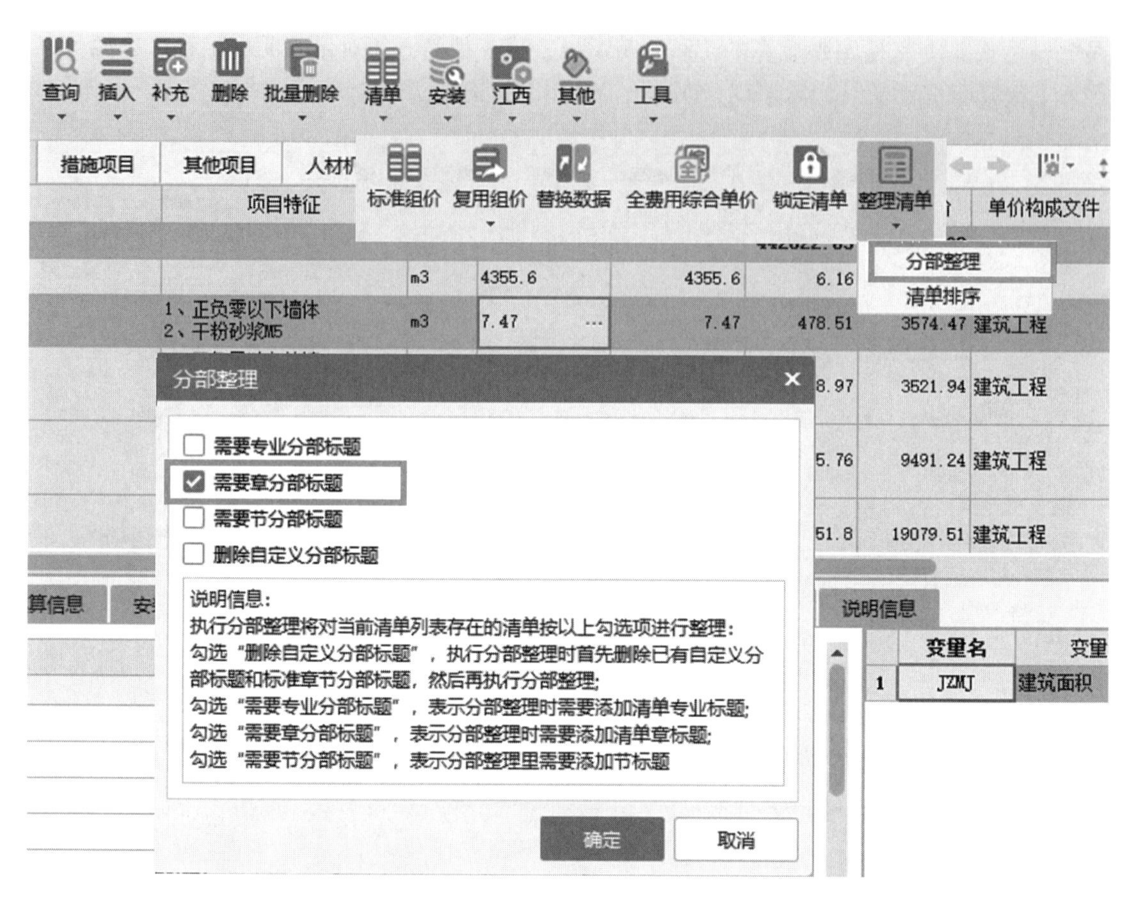

查询　插入　补充　删除　批量删除　清单　安装　江西　其他　工具

标准组价　复用组价　替换数据　全费用综合单价　锁定清单　整理清单

分部整理

清单排序

分部整理

需要专业分部标题

需要章分部标题

需要节分部标题

删除自定义分部标题

说明信息：

执行分部整理将对当前清单列表存在的清单按以上勾选项进行整理：

勾选“删除自定义分部标题”，执行分部整理时首先删除已有自定义分部标题和标准章节分部标题，然后再执行分部整理；

勾选“需要专业分部标题”，表示分部整理时需要添加清单专业标题；

勾选“需要章分部标题”，表示分部整理时需要添加清单章标题；

勾选“需要节分部标题”，表示分部整理里需要添加节标题

确定　取消

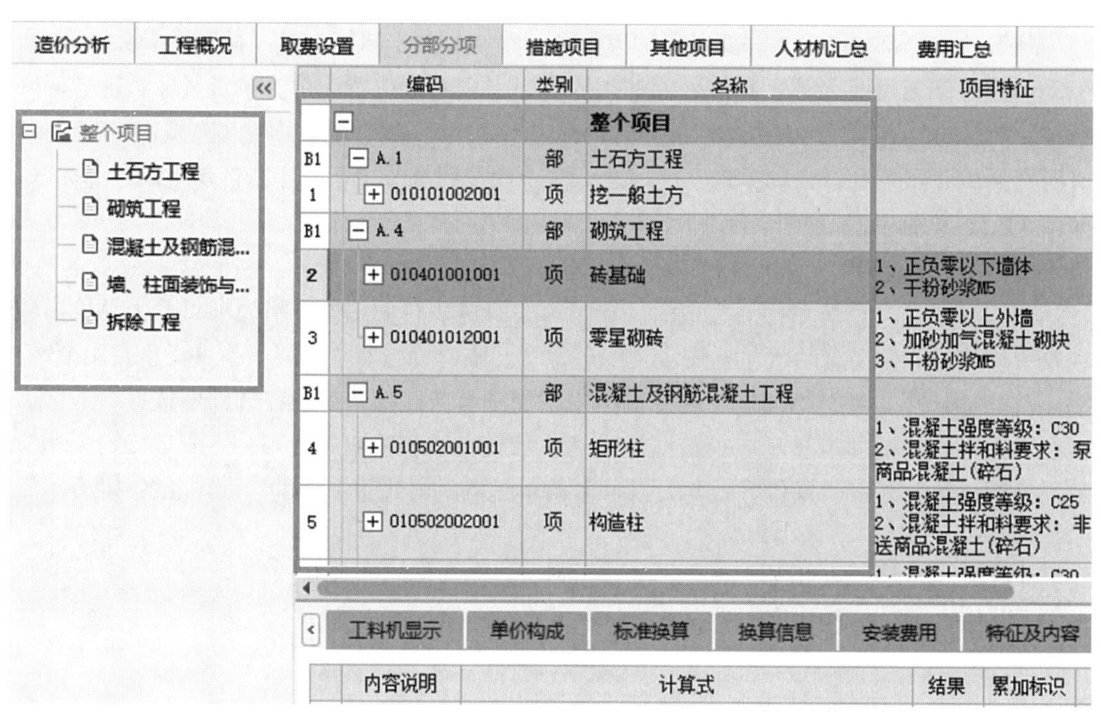

图 3.2.12　整理清单

造价分析 | 工程概况 | 取费设置 | 分部分项 | 措施项目 | 其他项目 | 人材机汇总 | 费用汇总 | 措施模板:建筑工

	序号	类别	名称	单位	项目特征	基数说明	工程量
	−		措施项目				
	−		建筑工程总价措施项目				
1	+ 1		安全文明施工措施费	项			1
4	2		其他总价措施费	项		分部分项定额人工费_建筑+技术措施项目定额人工费_建筑-估价项目定额人工费_建筑	1
5	3		扬尘治理措施费	项		分部分项定额人工费_建筑+技术措施项目定额人工费_建筑-估价项目定额人工费_建筑	1
	−		单价措施项目				
6	+ 011701001001		综合脚手架	m2	外墙砌筑及外墙粉饰、3.6m以内的内墙砌筑及混凝土浇捣用脚手架以及内墙面和天棚粉饰脚手架		5328.11
7	+ 011703001001		垂直运输	m2			1200
8	+ 011702006001		单梁、连续梁模板	m2	1、复合模板钢支撑		143.27
9	+ 011702011001		直形墙模板	m2	1、复合模板钢支撑		5363.03

图 3.2.13　措施项目清单编制

3. 其他项目清单

措施项目清单编制完成后，还需要编制其他项目。其他项目分为暂列金额、专业工程暂估价、计日工费用和总承包服务费。

（1）暂列金额：暂列金额是指发包人在招标工程量清单中暂定并包括在合同价格中用于工程施工合同签订时尚未确定或者不可预见的所需材料、服务采购，施工中可能发生工程变更、价款调整因素出现时合同价格调整以及发生工程索赔等的费用。在软件中切换到“其他项目”，点击“暂列金额”费用行，直接填写暂列金额的名称、计量单位和金额即可，如图 3.2.14 所示。

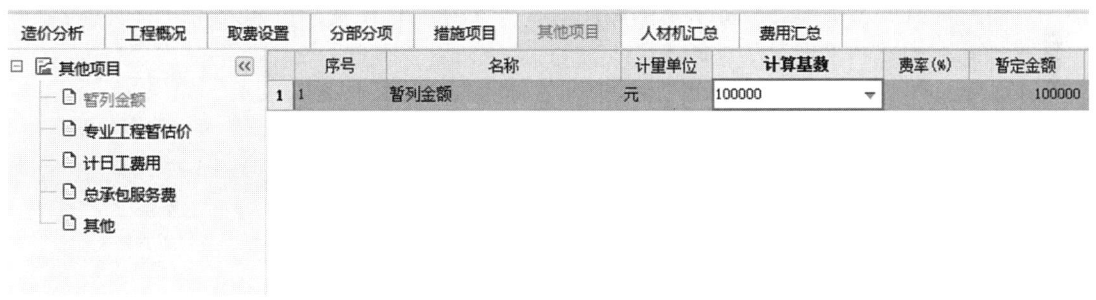

图 3.2.14　暂列金额

（2）专业工程暂估价：暂估价是指发包人在招标工程量清单中提供的，用于支付在施工过程中必然发生，但在工程施工合同签订时暂不能确定价格的材料单价和专业工程金额，包括材料暂估价和专业工程暂估价。对于材料、设备暂估价，其价格已经计算在综合单价中，所以材料、设备暂估价只是在其他项目中呈现，不计入其他项目费；专业工程暂估价的编制和暂列金额类似，直接插入费用行输入金额即可，如图 3.2.15 所示。

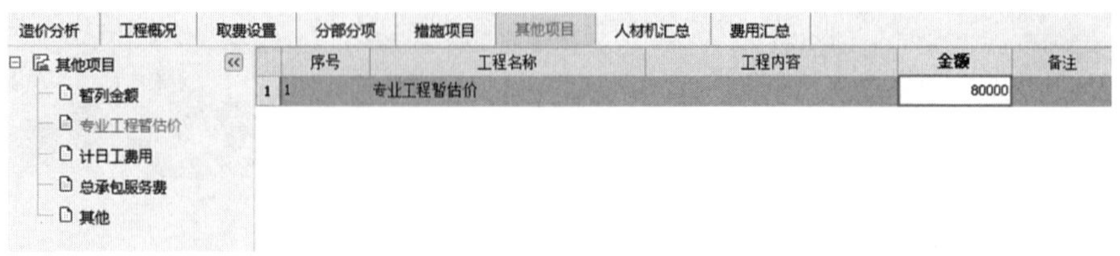

	序号	工程名称	工程内容	金额	备注
1	1	专业工程暂估价		80000	

图 3.2.15 专业工程暂估价

（3）计日工：计日工是指在施工过程中，承包人完成发包人提供的工程合同范围以外的零星项目或工作，按合同中约定的综合单价计价的费用。在计日工费用行直接输入相应明细即可，如图 3.2.16 所示。

	序号	名称	单位	数量	单价	合价	备注
1		计日工费用				0	
2	一	人工				0	
3						0	
4	二	材料				0	
5						0	
6	三	机械				0	
7						0	

图 3.2.16 计日工费用

（4）总承包服务费：总承包人对发包人自行采购的材料等进行保管，配合、协调发包人进行的专业工程发包以及对非包范围工程提供配合协调、施工现场管理、已有临时设施使用、竣工资料汇总整理等服务所需的费用。根据实际工程在费用行输入相应的项目名称、服务内容和费率等明细即可，如图 3.2.17 所示。

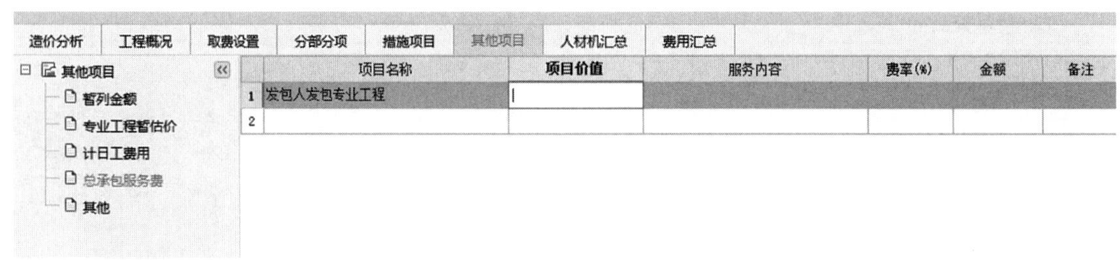

	项目名称	项目价值	服务内容	费率(%)	金额	备注
1	发包人发包专业工程					
2						

图 3.2.17 总承包服务费

3.2.3 编制招标控制价

在编制完工程量清单后，作为招标方还需编制招标控制价。在软件中编制招标控制价主要包括分部分项组价、措施项目组价、其他项目。

1. 分部分项组价

编制招标控制价首先需要针对分部分项清单进行组价，分部分项组价包括定额输入、定额工程量输入和定额换算、调价等内容。

（1）定额输入：定额输入有两种方法，可以在编码直接输入定额编码，也可以通过“查询定额”或“清单指引”的方式进行定额录入，如图 3.2.18 所示。

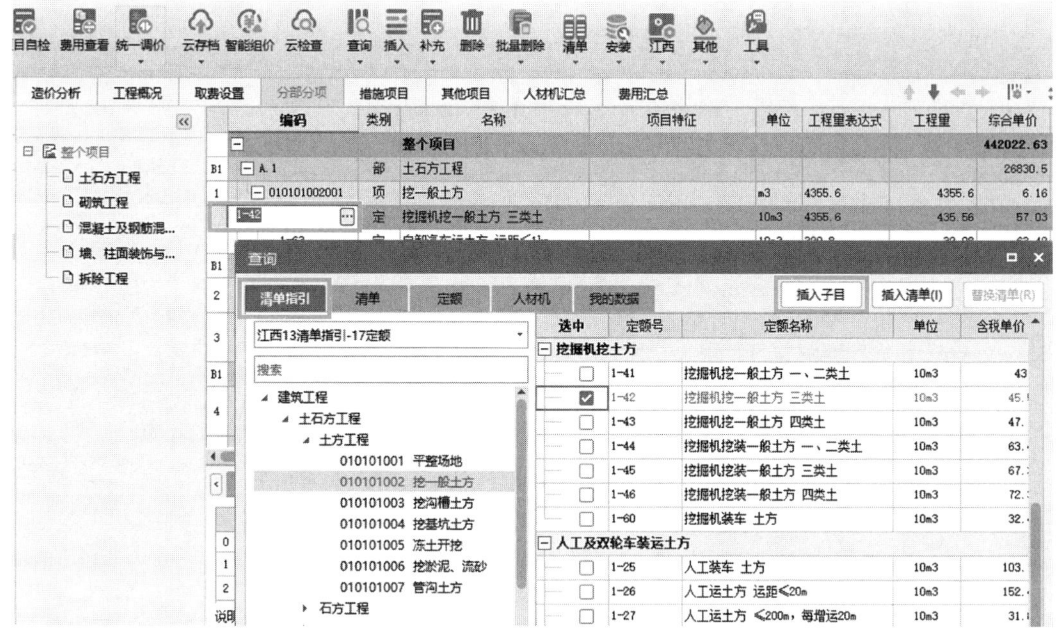

图 3.2.18 定额输入（招标控制价）

如果是定额库中没有的子目，比如本案例工程中的空调洞预留，可以点击工具栏“补充”或单击鼠标右键“补充子目”，通过补充子目的方式输入定额，根据实际工程需要选择相应的计费方式，如图 3.2.19 所示。

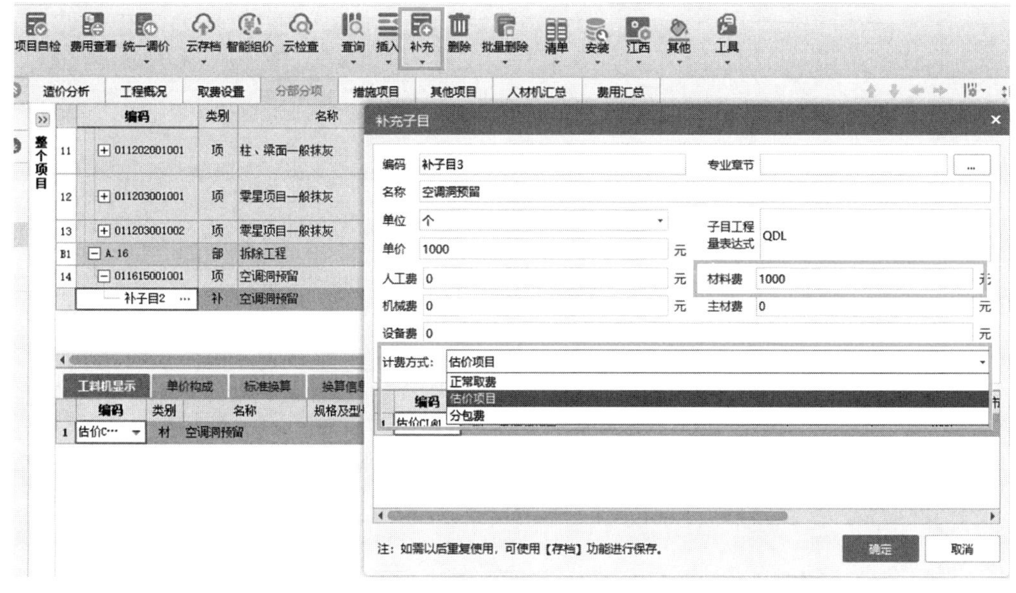

图 3.2.19 补充子目（招标控制价）

（2）定额工程量输入：当定额子目的单位与清单单位相同时，计算规则一般也相同，此时软件中的定额工程量默认为 QDL，即清单量，一般不需要单独修改；如果定额工程量计算规则与清单计算规则不一致，则需要手动修改工程量，可以在工程量表达式或工程量明细中修改定额工程量，如图 3.2.20 所示。

图 3.2.20　定额工程量输入（招标控制价）

（3）定额换算：套取完定额子目后，需要根据实际情况判断是否需要换算。当工程实际情况与标准定额不同时，需要进行定额换算，具体可以分为标准换算、单子目换算和批量换算三种方式，如图 3.2.21 所示。

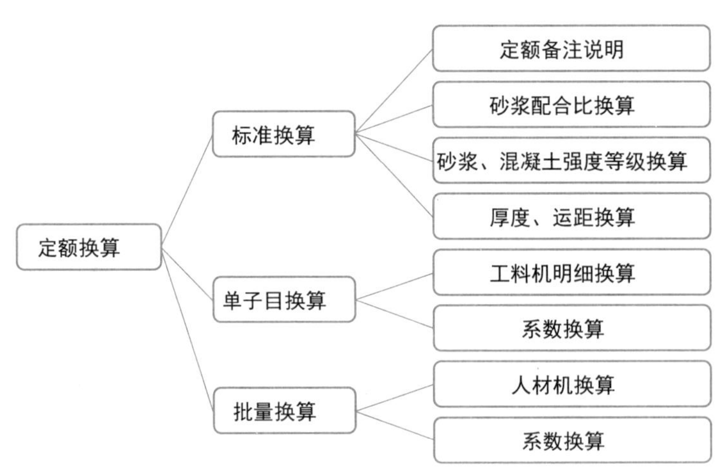

图 3.2.21　定额换算方式（招标控制价）

1）第一种是标准换算，主要包括定额章节说明中备注的换算内容，砂浆配合比换算，砂浆、混凝土强度等级换算，厚度、运距换算等。标准换算内容，均在下方属性窗口的“标准换算”下完成。具体软件操作流程如下：

①定额章节说明中备注的换算内容：

例如土石方工程的章节说明中，第八条中说明“机械挖、运湿土时，相应项目人工、机械乘以系数 1.15”，在软件中对应的定额子目的标准换算窗口，会内置对应的系数换算内容，如果项目特征描述中挖土方为湿土时，在换算内容后面打钩即可，如图 3.2.22、图 3.2.23 所示。

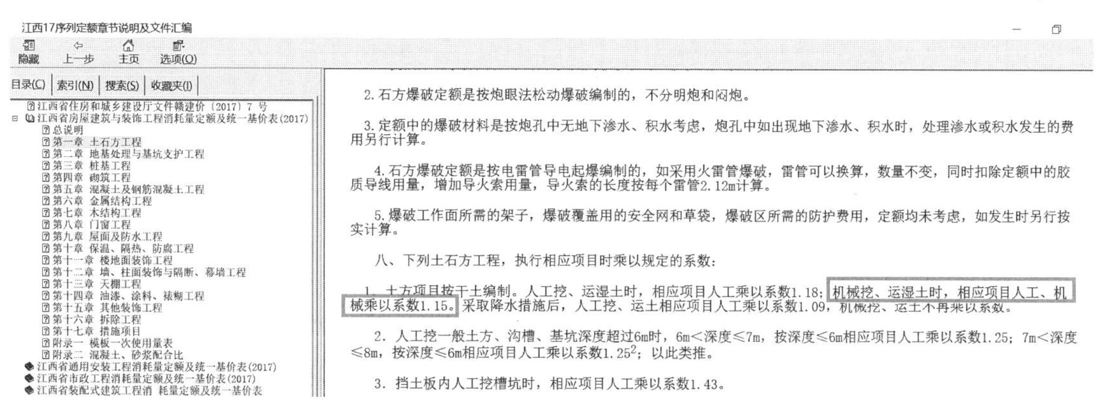

图 3.2.22　定额章节说明（招标控制价）

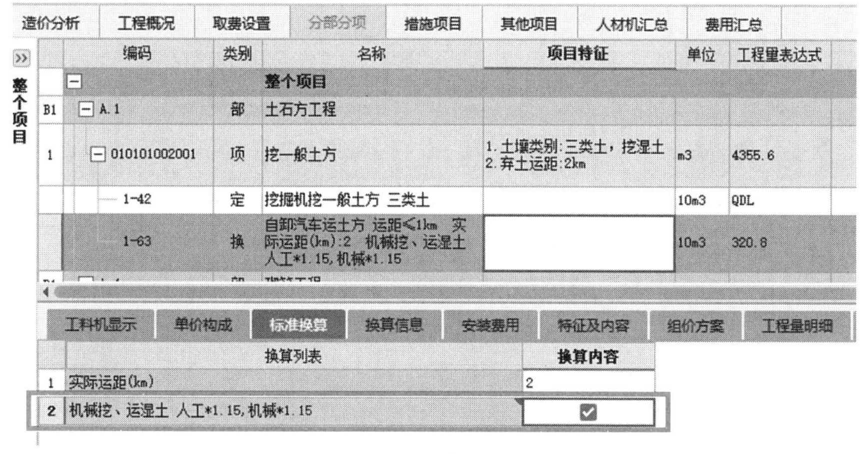

图 3.2.23　定额章节说明换算（招标控制价）

②砂浆、混凝土强度等级换算：

例如砖基础清单中，砖基础定额子目（以江西 17 定额为例）默认的干混砌筑砂浆强度等级为 M10，项目特征描述中的干粉砂浆强度等级为 M5，则需要在下方“标准换算”窗口第 2 行，选择相应的砂浆强度等级，即可完成砂浆强度等级的换算，如图 3.2.24 所示。

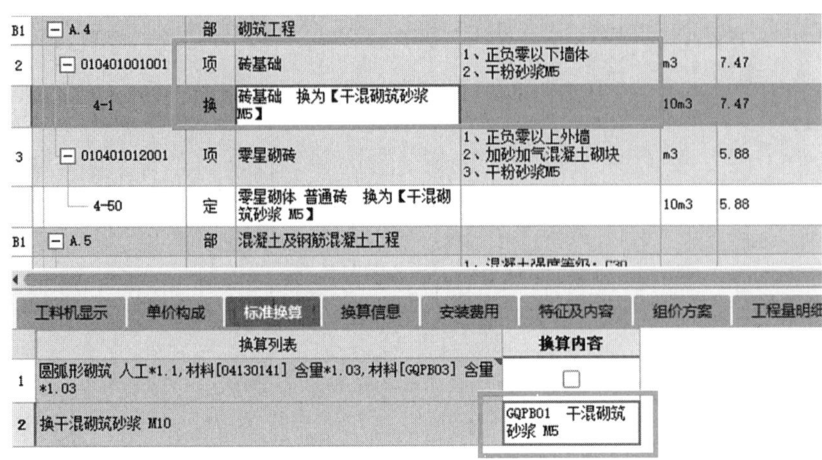

图 3.2.24　砂浆强度等级换算（招标控制价）

③厚度、运距换算：

例如挖一般土方清单的项目特征描述中运距是 2km，套取的基础定额运距是 1km 以内，则需要在“标准换算”中输入实际运距 2，完成运距换算，如图 3.2.25 所示。

造价分析　工程概况　取费设置　分部分项　措施项目　其他项目　人材机汇总　费用汇总

	编码	类别	名称	项目特征	单位	工程量表达式
	整个项目					
B1	A.1	部	土石方工程			
1	010101002001	项	挖一般土方	1.土壤类别:三类土；挖湿土 2.弃土运距:2km	m3	4355.6
	1-42	定	挖掘机挖一般土方 三类土		10m3	QDL
	1-63	换	自卸汽车运土方 运距≤1km 实际运距(km):2 机械挖、运湿土 人工*1.15,机械*1.15		10m3	320.8
B1	A.4	部	砌筑工程			
2	010401001001	项	砖基础	1、正负零以下墙体 2、干粉砂浆M5	m3	7.47
	4-1	换	砖基础 换为【干混砌筑砂浆M5】		10m3	7.47
				1、正负零以上外墙		

工料机显示　单价构成　标准换算　换算信息　安装费用　特征及内容　组价方案　工程量明细

	换算列表	换算内容
1	实际运距(km)	2
2	机械挖、运湿土 人工*1.15,机械*1.15	☑

图 3.2.25　运距换算（招标控制价）

2）第二种是单子目换算，包括工料机明细换算及系数换算。具体软件操作流程如下：

①工料机明细换算：

例如需要进行材料替换，可以直接点击需要换算的子目，在下方属性窗口中“工料机显示”界面，点击材料名称后方三个小点按钮可以进行材料库中的材料替换。如果没有对应材料，可以直接修改材料名称及材料信息，如图 3.2.26 所示。

造价分析 | 工程概况 | 取费设置 | 分部分项 | 措施项目 | 其他项目 | 人材机汇总 | 费用汇总

	编码	类别	名称	项目特征	单位
B1	A.12	部	墙、柱面装饰与隔断、幕墙工程		
10	011201001001	项	浅褐色无机涂料外墙面（外墙1）	1、浅褐色无机面层涂料+罩面涂膜 2、20厚M10干粉砂浆掺防水剂（二度成活） 3、聚合物抗裂砂浆4-6厚（压入一层加强型网格布） 4、30厚无机活性保温砂浆 5、界面剂一道	m2
	12-22	定	墙面界面剂		100m2
	10-54	定	墙、柱面 无机轻集料保温砂浆 厚度(mm) 25 实际厚度(mm):30		100m2
	10-75	定	墙、柱面 热镀锌钢丝网抗裂砂浆 厚度(mm) 4		100m2
	12-2	定	外墙 (14+6)mm		100m2
	补子目1	补	浅褐色无机涂料		m2

工料机显示 | 单价构成 | 标准换算 | 换算信息 | 安装费用 | 特征及内容 | 组价方案 | 工程量明细

	编码	类别	名称	规格及型号	单位	损耗率	数量	不含税预算价	含量
1	00010104	人	综合工日		工日		73.80585	85	16.112
2	80070636	材	膨胀玻化微珠保温浆料		m3		13.22935	556.27	2.888
3	34110117	材	水		m3		15.11664	3.27	3.3
4	QTCLF-1	材	其他材料费		元		8.886752	1	1.94
5	990610…	机	灰浆搅拌机 200L		台班		1.83232	140.61	0.4

图 3.2.26　工料机明细换算（招标控制价）

②系数换算：

针对一些需要自行调整人材机或者子目单价系数的，可以直接在“标准换算”右侧换算窗口输入对应的系数即可，如图 3.2.27 所示。

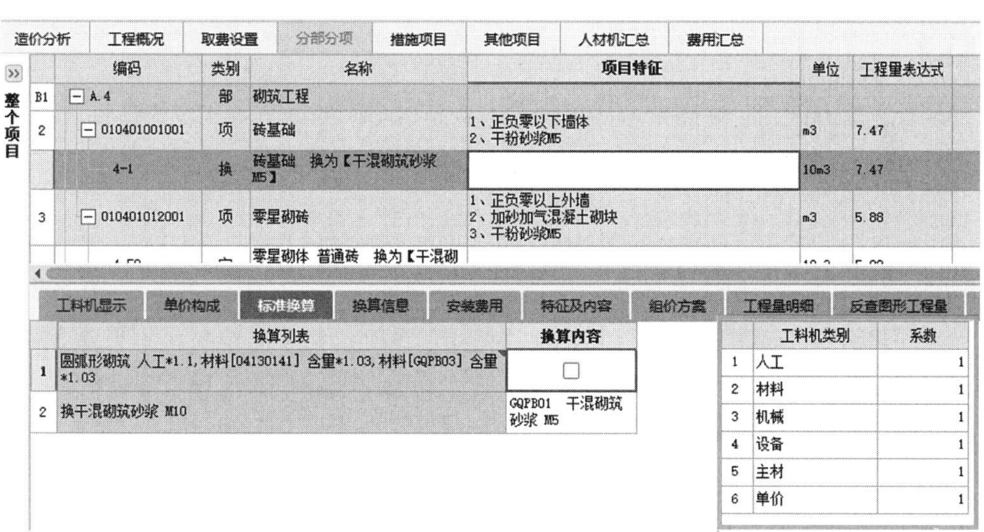

图 3.2.27　系数换算（招标控制价）

3）第三种是批量换算。批量换算可以对多条定额进行统一人材机换算及系数换算，比如需要针对某一分部或某几条子目中的系数批量调整或者材料批量替换时，可以先选择需要换算的子目（支持 Ctrl 键选择多条），点击“其他”功能下“批量换算”功能，进行批量换算，如图 3.2.28 所示。

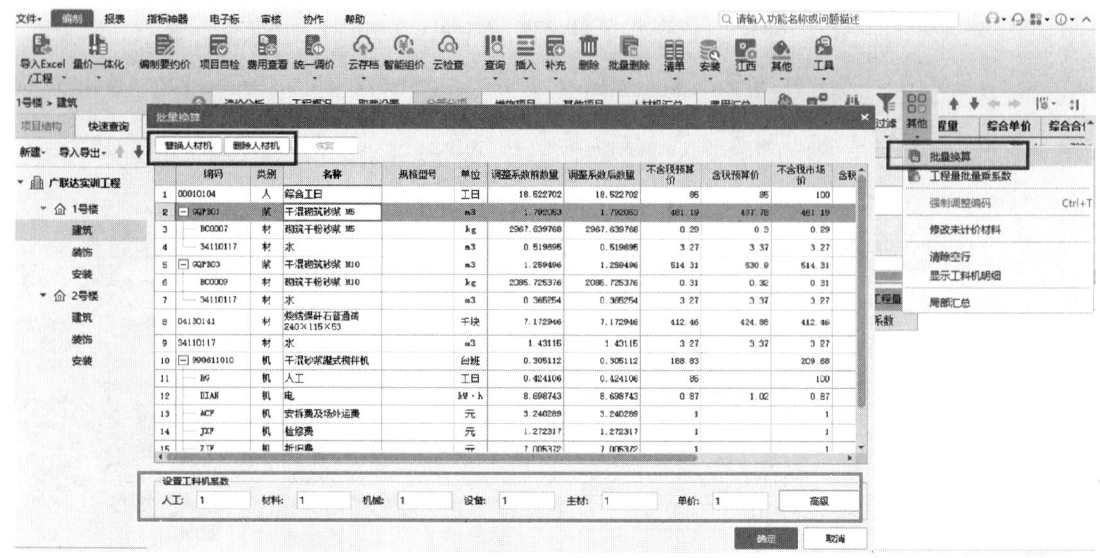

图 3.2.28　批量换算（招标控制价）

2. 措施项目组价

分部分项工程量清单编制和定额组价完成后，接下来是措施项目的编制。措施项目分为总价措施和单价措施，总价措施主要包括安全文明环保费、临时设施费等，属于不可竞争费用范畴，按规范自动计算即可。需要注意的是，不同地区费用项是有区别的，需要根据当地的文件要求，一般在新建工程时候选择对应的地区会自动关联当地的费用模板。单价措施主要包含模板、脚手架等费用，一般直接找到相应的措施清单和子目套取即可，操作方式是和分部分项清单定额编制的方式基本一致。

安装专业略有区别，安装专业的单价措施费是按不同的章节有相应的计算规则，比如脚手架搭拆费、高层增加费、系统调整费等，不能直接套取定额子目。软件中通过“安装费用”，可以对整个工程所有子目计取安装费用。点击“安装费用”功能，在需要计取的安装费用前打钩，即可自动计取安装费用，如图 3.2.29 所示。

3. 其他项目

措施项目编制完成后，再进行其他项目费用的编制。由于其他项目不需要套取定额，编制方法与招标工程量清单中的编制是一样的，直接在软件中其他项目界面的暂列金额、暂估价、计日工和总承包服务费费用明细中输入即可，如图 3.2.30 所示。

图 3.2.29　计取安装费用（招标控制价）

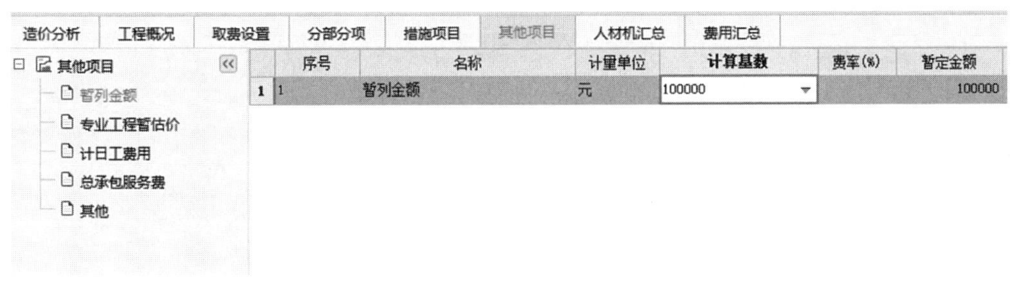

图 3.2.30　其他项目费用

3.2.4　调整人材机

组价完成后，人材机调整也是一个很重要的环节。点击进入人材机界面，下方窗口“广材助手”提供全国各地不同时间的价格信息，包括信息价、专业测定价、市场价等。信息价是政府指导价格，专业测定价是专家 + 大数据分析的综合材料价格，市场价是供应商发布的价格信息。广材网包含海量供应商价格信息，企业材料库是企业内部积累的历史工程价格信息，特殊材料也可进行人工询价（图 3.2.31）。在软件中可以通过“批量载价”功能快速载入材料价格，选择好相应的地区和月份载入，通过设置优先级选择优先使用的价格，材料有多个价格时，会有下拉符号，下拉选择相应价格，检查无误后，确定即可完成载价工作，如图 3.2.32 所示。

图 3.2.31　人材机调整（招标控制价）

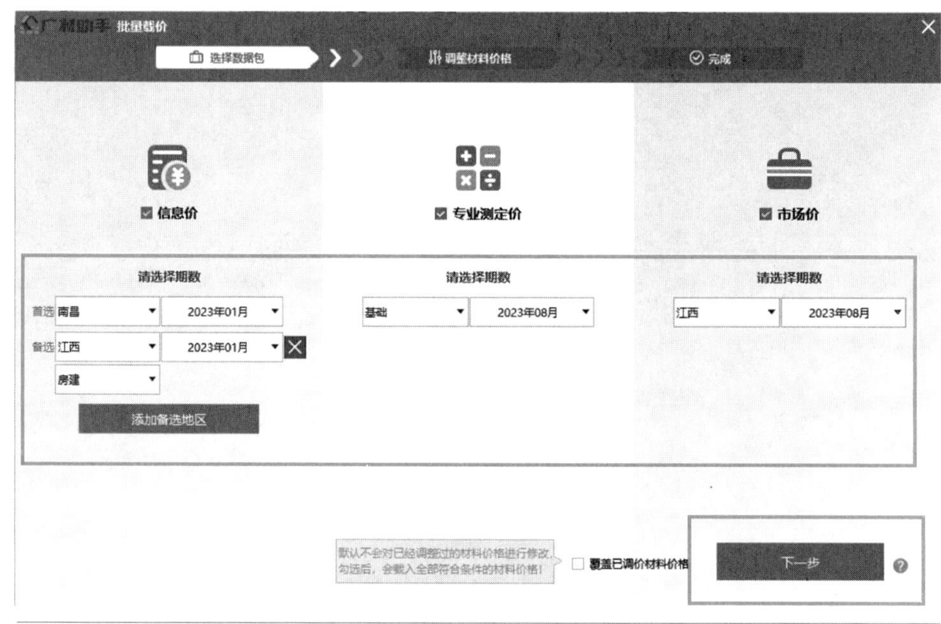

图 3.2.32　批量载价（招标控制价）

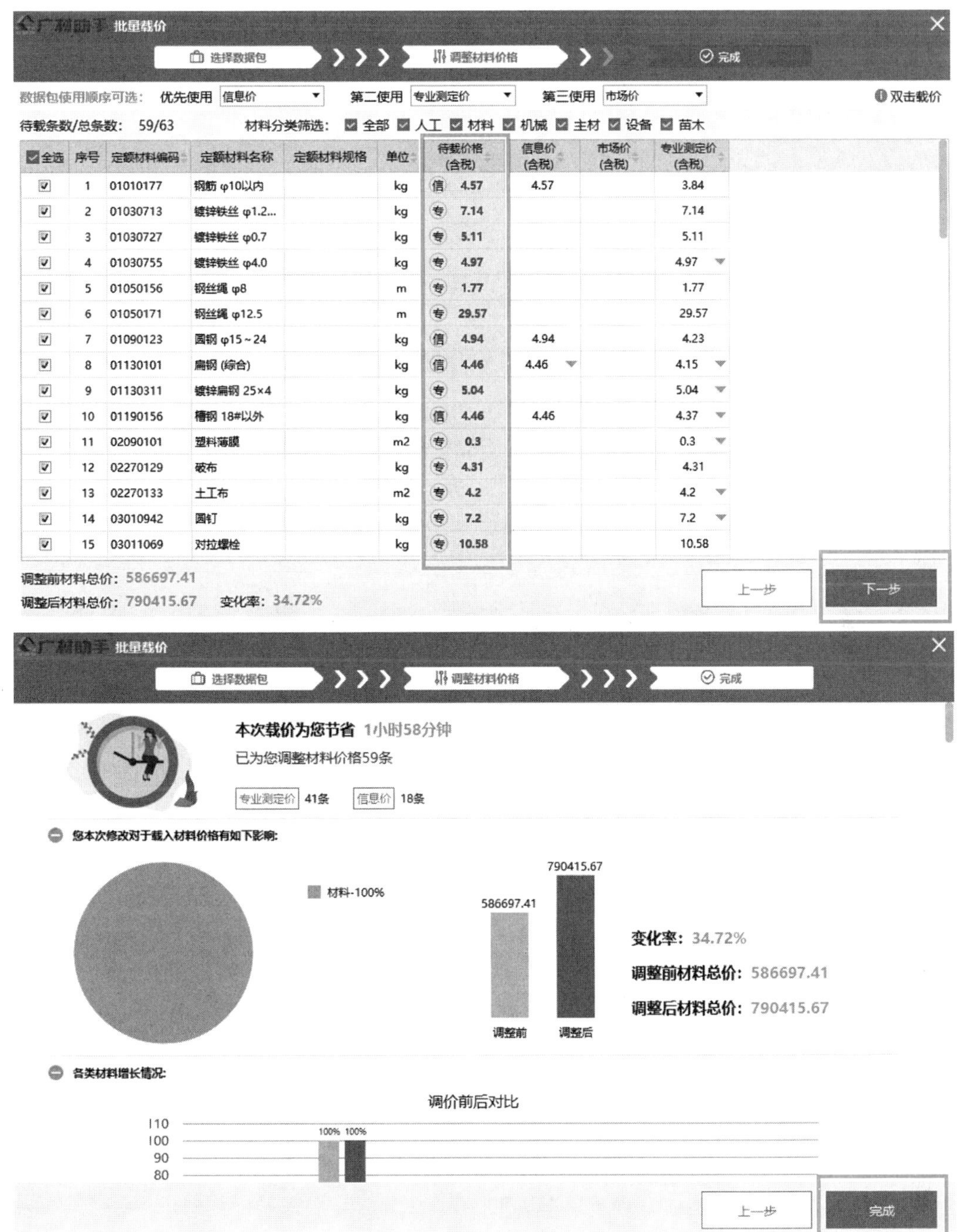

图 3.2.32　批量载价（招标控制价）（续）

编制招标控制价文件需要设置需评审材料、暂估价材料、主要材料时，可以点击整个项目。例如案例中的“广联达实训工程”，在人材机汇总界面统一设置招标材料，在需要设置的人材机中“评、暂、主”勾选设置即可（部分地区实现方式不同），勾选完成后点击“应用修改”，会自动同步到需评审材料表、暂估材料表、主要材料表中，如图 3.2.33 所示。

	评	暂	主	编码	类别	名称	规格型号	单位	不含税预算价	含税预算价	不含税市场价	含税市场价
1	☐	☐	☐	00010104	人	综合工日		工日	85	85	100	100
2	☐	☐	☐	00010105	人	装饰综合工日		工日	96	96	117	117
3	☑	☐	☐	01010177	材	钢筋 Φ10以内		kg	3.23	3.64	3.23	3.64
4	☐	☐	☐	01030713	材	镀锌铁丝 Φ1.2~2.2		kg	7.6	8.57	7.6	8.57
5	☐	☐	☐	01030727	材	镀锌铁丝 Φ0.7		kg	7.6	8.57	7.6	8.57
6	☐	☐	☐	01030755	材	镀锌铁丝 Φ4.0		kg	7.6	8.57	7.6	8.57
7	☐	☐	☐	01050156	材	钢丝绳 Φ8		m	8.27	9.32	8.27	9.32
8	☐	☐	☐	01050171	材	钢丝绳 Φ12.5		m	8.27	9.32	8.27	9.32
9	☑	☐	☐	01090123	材	圆钢 Φ15~24		kg	3.4	3.83	3.4	3.83
10	☑	☐	☐	01130101	材	扁钢（综合）		kg	3.14	3.54	3.14	3.54
11	☐	☐	☐	01130311	材	镀锌扁钢 25×4		kg	3.66	4.13	3.66	4.13
12	☐	☐	☐	01190156	材	槽钢 18#以外		kg	3.14	3.54	3.14	3.54
13	☐	☐	☐	02090101	材	塑料薄膜		m2	0.21	0.24	0.21	0.24
14	☐	☐	☐	02270129	材	破布		kg	5.31	5.99	5.31	5.99
15	☐	☐	☐	02270133	材	土工布		m2	7.29	8.22	7.29	8.22
16	☐	☐	☐	03010942	材	圆钉		kg	5.83	6.57	5.83	6.57
17	☐	☐	☐	03011069	材	对拉螺栓		kg	9.81	11.06	9.81	11.06
18	☐	☐	☐	03011087	材	花篮螺栓 M6×250		个	5.81	6.55	5.81	6.55

图 3.2.33　设置招标材料（招标控制价）

3.2.5　结果输出

最后一步是成果文件输出。在输出结果之前，需要对工程文件进行检查，是否满足招标接口格式要求及规范要求、检查相同清单综合单价是否一致、相同材料价格是否一致等，保证文件完整、准确、价格合理，点击“项目自检”，选择检查方案执行检查，根据检查结果双击定位检查校核即可，如图 3.2.34 所示。

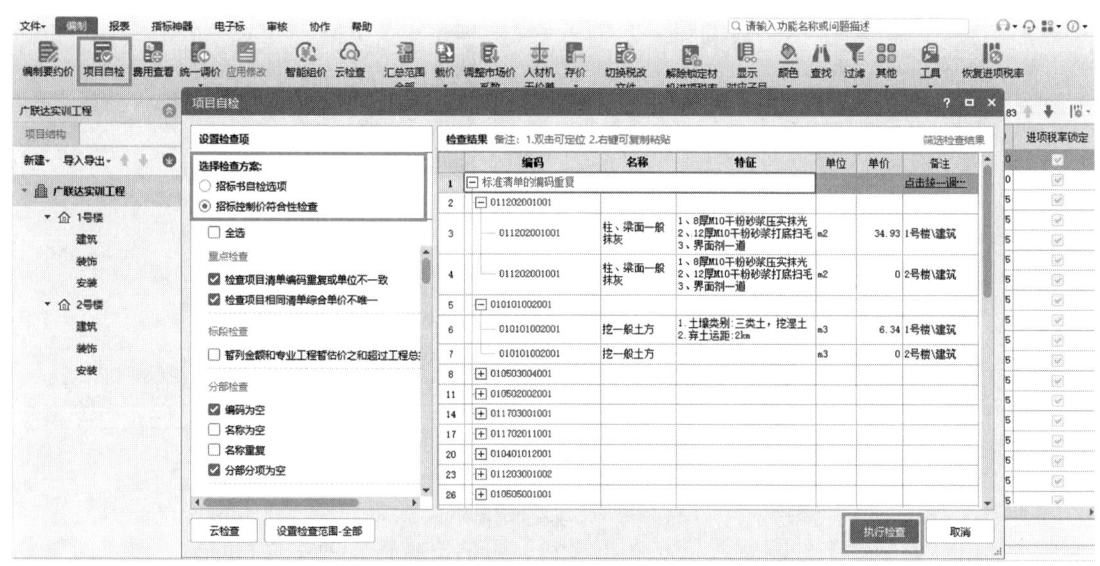

图 3.2.34　项目自检

自检完成后就可以选择生成电子招标书。菜单栏切换到电子标窗口，点击“生成招标书”按钮，选择导出位置，点击“确定”即可生成电子标书接口文件，如图 3.2.35 所示。

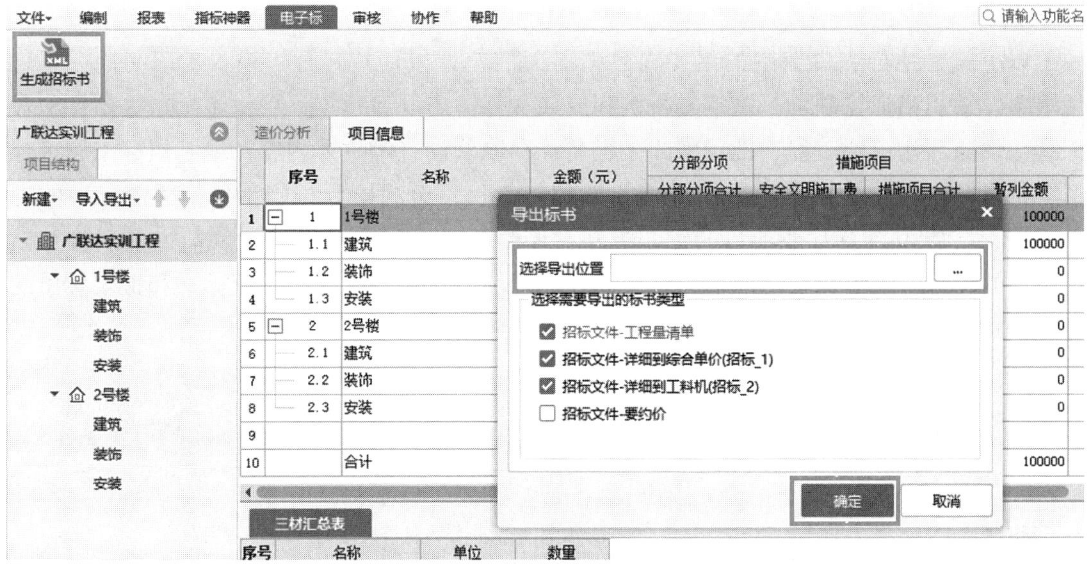

图 3.2.35　生成招标书

此外，也可以导出报表文件。菜单栏切换到报表界面，可以通过批量导出 Excel、批量导出 Pdf、批量打印等功能。当多个单位工程的相同报表都需要导出时，点击“选择同名报表”即可选中多个工程的相同名称的报表，批量导出或打印报表，如图 3.2.36 所示。

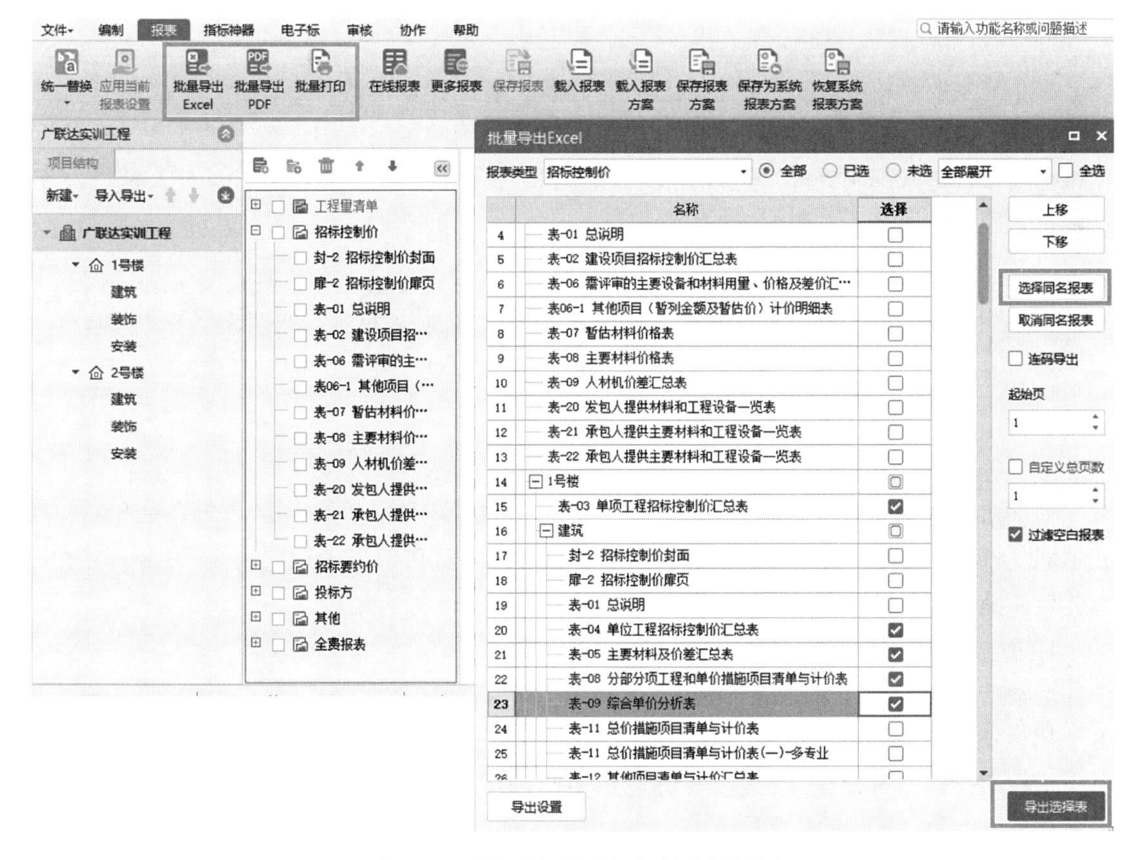

图 3.2.36　批量导出或打印报表（招标控制价）

3.2.6　招标文件编制总结

以上就是招标文件编制的主要内容（图 3.2.37），包括新建招标项目、编制招标工程量清单、编制招标控制价、调整人材机和成果文件输出。新建招标项目包括新建招标项目工程、快速新建单位工程、批量修改工程名称和取费设置等主要内容，编制招标工程量包括分部分项清单、措施项目和其他项目的编制流程，编制招标控制价包括分部分项的定额编制、措施项目及其他项目的编制方法，调整人材机需要重点掌握如何批量载价及招标材料的设置，最后成果文件输出环节需要注意项目自检、生成电子招标书和报表导出的方式。

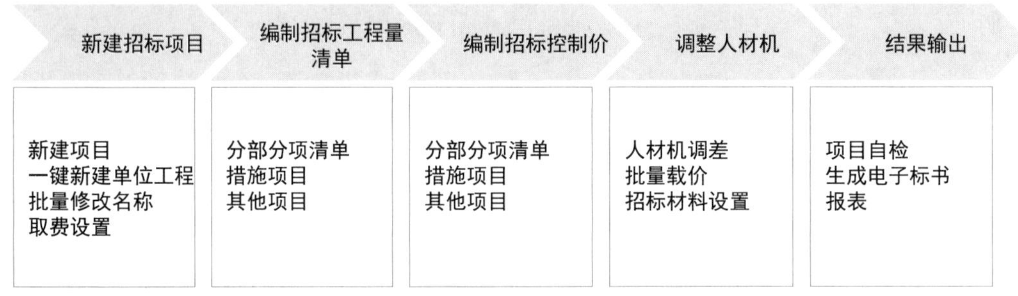

图 3.2.37　招标文件编制总结

3.3　投标文件编制

本小节主要介绍投标文件的编制流程，建筑安装工程费按造价形成分为分部分项工程费、措施项目费、其他项目费、规费、税金，投标报价的编制流程也按上述顺序。首先新建投标项目，进入编制界面，进行分部分项组价、措施项目、其他项目、调整人材机、统一调价，最后结果输出，如图 3.3.1 所示。

图 3.3.1　投标文件编制流程

3.3.1　新建投标项目

根据招标文件要求，需要区分投标项目是电子招标还是纸质标书，二者导入的文件格式不同。电子标必须导入电子招标接口文件，纸质标书则可以导入对应的 Excel 招标清单。具体软件操作流程如下：

1. 电子招标书导入

启动广联达云计价平台后，新建预算文件，选择相应地区，点击“投标项目”，点击电子招标书后方“浏览”按钮，选择相应的电子招标书文件，点击“立即新建”，即完成电子招标的投标项目新建。全国各个地区的电子标接口文件的格式要求不同，但是软件导入流程是一致的，具体操作如图 3.3.2 所示。

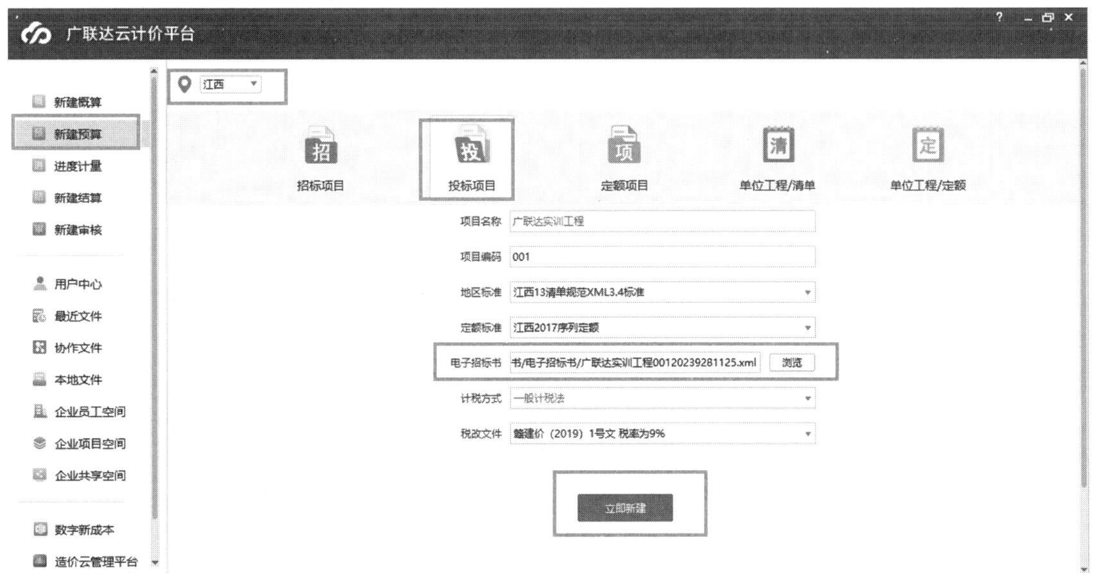

图 3.3.2　新建投标项目——电子标

电子招标书导入完成后，项目基本信息、项目结构和招标清单会自动导入软件中。接下来再对具体的单位工程进行相应的组价即可，如图 3.3.3 所示。

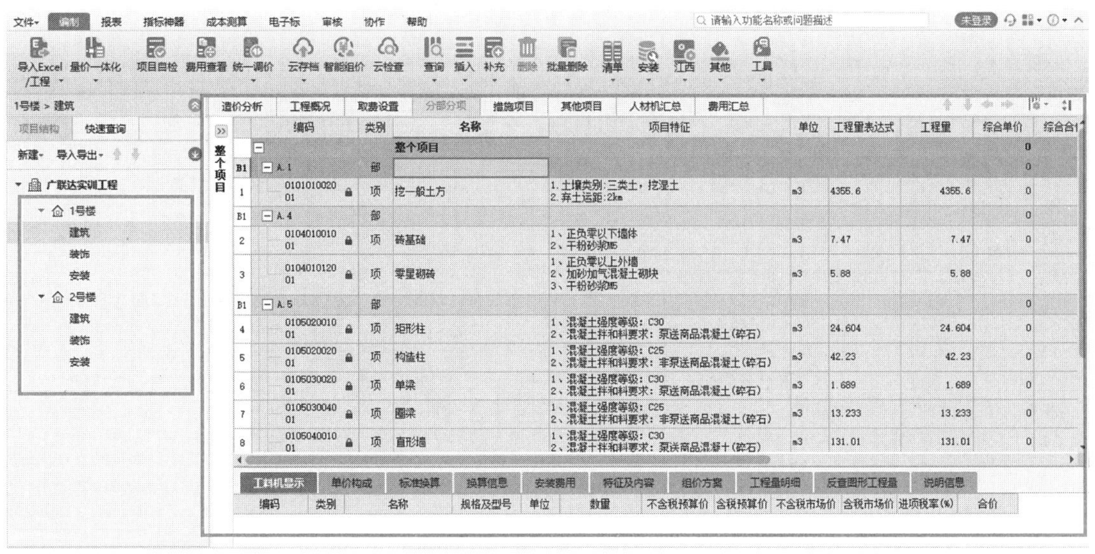

图 3.3.3　电子投标文件编制

2. 纸质标书导入

启动广联达云计价平台后，点击“新建预算”→选择相应的地区→“投标项目”，输入项目名称、项目编码、定额等基本信息后，即可完成投标项目新建。纸质标书新建项目时无须导入招标书，如图 3.3.4 所示。

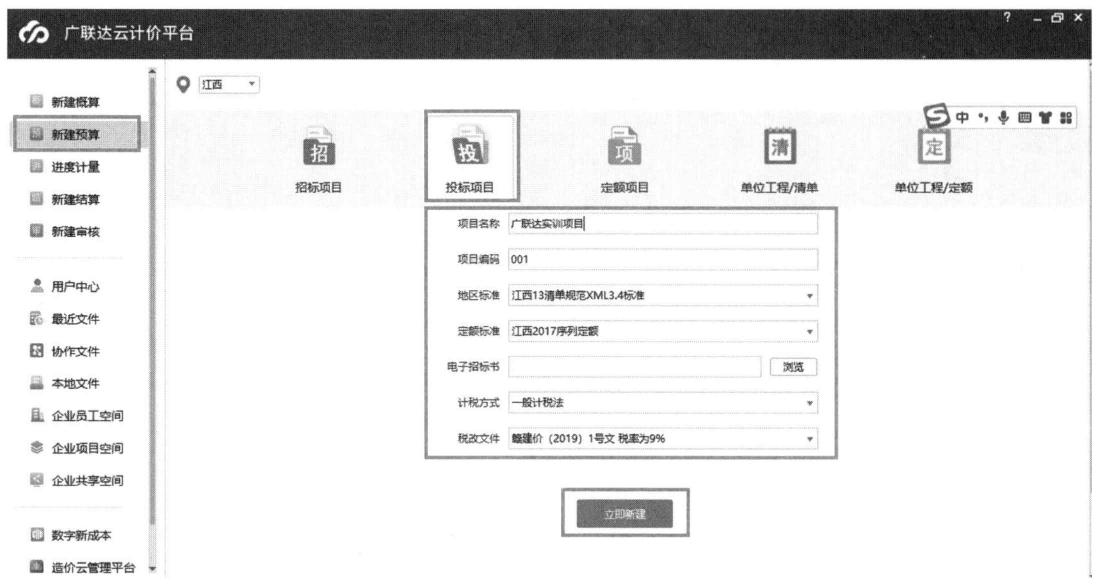

图 3.3.4　新建投标项目——纸质标书

进入主界面以后，软件自动新建三级项目管理，分别为整个项目、单项工程、单位工程；点击整个项目行可以新建单项工程，点击单位工程行，单击鼠标右键选择“快速新建单位工程”，可以按专业快速完成单位工程的建立，如图 3.3.5 所示。

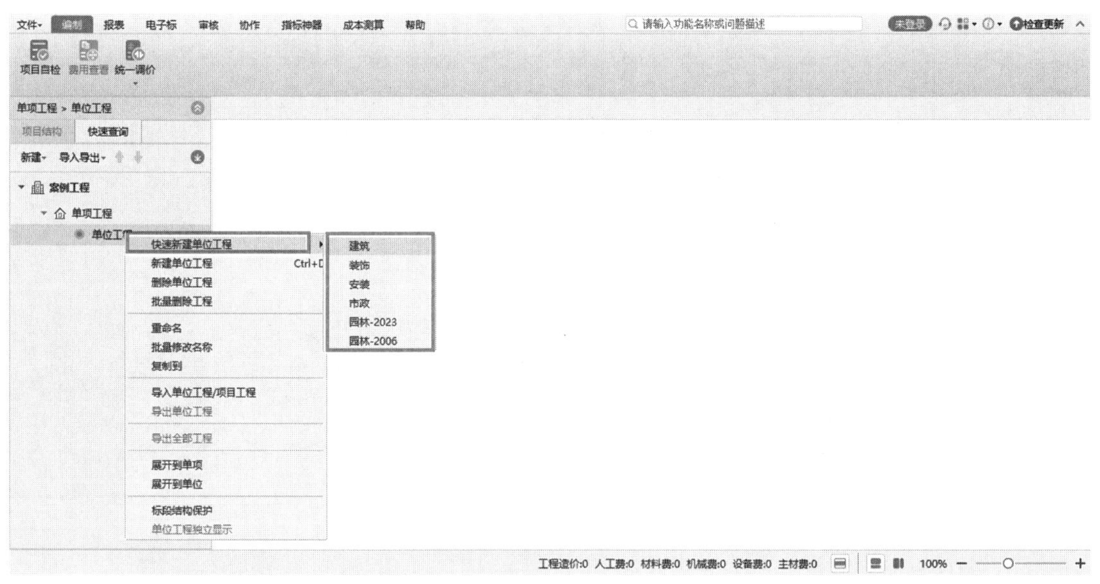

图 3.3.5　投标项目结构建立

投标项目建立完成后，切换到单位工程界面，选择需要编制的单位工程，通过左上角“导入 Excel 文件”，选择 Excel 工程量清单，如果 Excel 表格有多个页签，可以在弹出窗口“选择数据表”切换页签。导入清单后，软件会自动进行数据匹配，首先检查列数据是否匹配正确，包括项目编码、项目名称、项目特征描述、计量单位和工程量，这五列需要一一对应正确，如不正确，点击表头下拉选择正确，列数据检查无误后再点击“识别行”，软件会自动匹配行数据，检查行数据匹配是否正确，如不正确，点击最左侧单元格下拉选择正确数据，检查无误后再点击右下角“导入”即可，如图 3.3.6 所示。

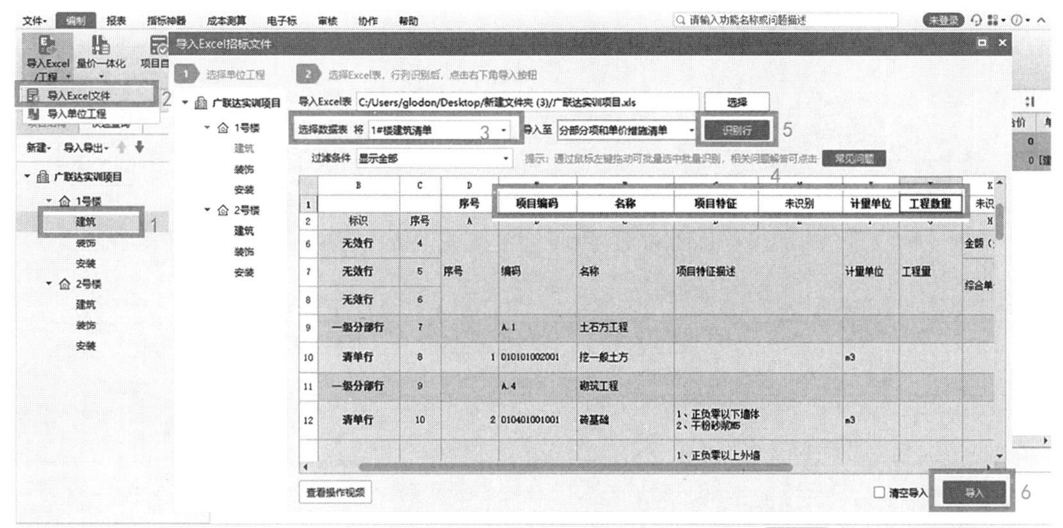

图 3.3.6　导入 Excel 工程量清单

所有单位工程的 Excel 招标清单都导入完成后，再对具体的单位工程编制组价即可，如图 3.3.7 所示。

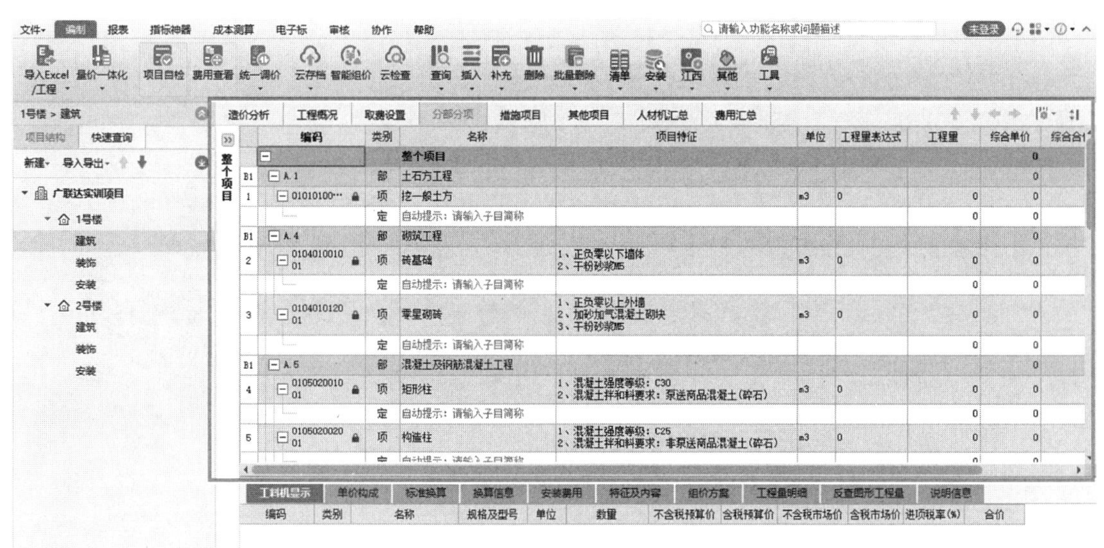

图 3.3.7　投标组价编制

3.3.2　分部分项组价

招标清单导入完成后，再进行分部分项组价，电子标和纸质标书的投标组价编制流程基本一致。

为了方便大家快速熟悉软件，先简单介绍一下整体界面。软件最上方是菜单栏，在不同阶段选择相应的窗口即可切换不同的功能界面；左边是项目结构窗口，可以清晰地看到三级项目结构，点击相应的单位工程，按照分部分项、措施项目、其他项目、人材机的顺序，从左往右编辑即可。对于软件新手来说学习很简单，一般按照从左到右、从上往下的思路进行操作即可，如图 3.3.8 所示。

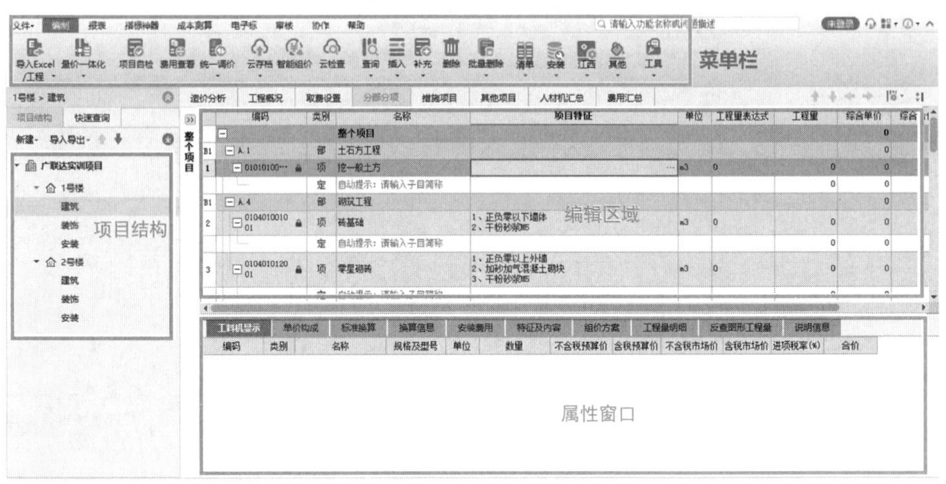

图 3.3.8　投标编制界面介绍

编制投标报价首先需要针对分部分项清单进行定额组价，分部分项的定额组价包括定额输入、定额工程量输入和定额换算、调价等内容。

1. 定额输入

定额输入有两种方法，可以在编码直接输入定额编码，也可以通过“查询定额”或“清单指引”的方式进行定额录入，如图 3.3.9 所示。

图 3.3.9　定额输入（投标组价）

如果是定额库中没有的子目，比如本案例工程中的空调洞预留，可以通过补充子目的方式输入定额，根据实际工程需要选择相应的计费方式，如图 3.3.10 所示。

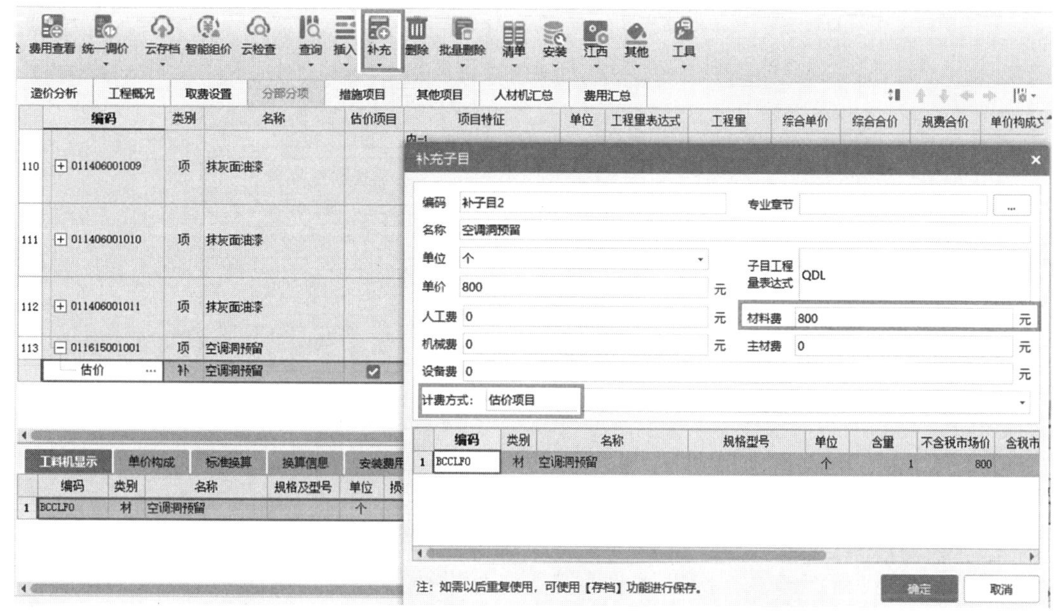

图 3.3.10　补充子目（投标组价）

2. 定额工程量输入

当定额子目的单位与清单单位相同时，计算规则一般也相同，此时软件中的定额工程量默认为 QDL，自动关联清单工程量，不需要单独修改；如果定额工程量计算规则与清单计算规则不一致，则需要手动修改工程量，可以在工程量表达式或工程量明细中修改定额工程量，如图 3.3.11 所示。

造价分析　工程概况　取费设置　分部分项　措施项目　其他项目　人材机汇总　费用汇总

	编码	类别	名称	估价项目	项目特征	单位	工程量表达式	工程量	综合单价	综合合价
95	011201001016	项	墙面一般抹灰		裙-1砖墙面 1.9厚1：3水泥砂浆打底抹平	m2	874.54	874.54	14.54	12715.81
96	011201001017	项	墙面一般抹灰		裙-1轻质墙面 1.9厚1：3水泥砂浆打底抹平 2.界面剂一道	m2	2435.26	2435.26	28.45	69283.15
	12-1	定	内墙（14+6）mm	☐		100m2	QDL	24.3526	2588.46	63035.73
	12-23	定	素水泥浆界面剂	☐		100m2	QDL	24.3526	256.07	6235.97

工料机显示　单价构成　标准换算　换算信息　安装费用　特征及内容　组价方案　工程量明细　反查图形工程量　说明信息

	内容说明	计算式	结果	累加标识	引用代码
0	计算结果		0		
1		0	0	☑	
2		0	0	☑	
3		0	0	☑	
4		0	0	☑	
5		0	0	☑	
6		0	0	☑	
7		0	0	☑	

图 3.3.11　定额工程量输入（投标组价）

3. 定额换算

套取完定额子目后，需要根据实际情况判断是否需要换算。当工程实际情况与标准定额不同时，需要进行定额换算，具体可以分为标准换算和批量换算两种方式，如图 3.3.12 所示。

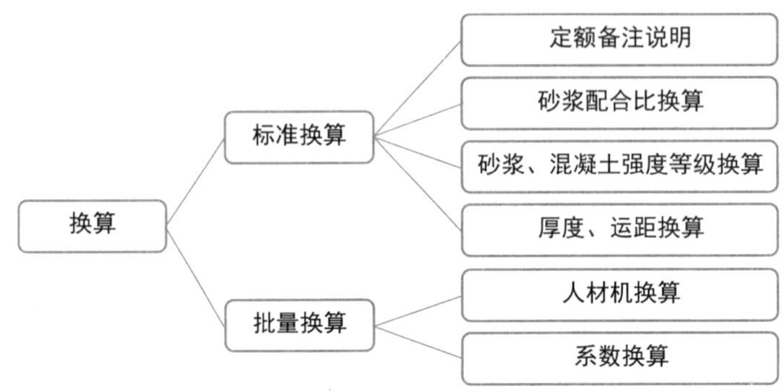

图 3.3.12 定额换算方式（投标组价）

（1）第一种是标准换算，主要包括定额章节说明中备注的换算内容，砂浆配合比换算，砂浆、混凝土强度等级换算，厚度运距换算等。标准换算内容，均在下方属性窗口的标准换算下完成。具体软件操作流程如下：

1）定额章节说明中备注的换算内容：

例如土石方工程的章节说明中，第八条中说明“机械挖、运湿土时，相应项目人工、机械乘以系数 1.15”，在软件中对应的定额子目的标准换算窗口，会内置对应的系数换算内容，如果项目特征描述中挖土方为湿土时，在换算内容后面打钩即可，如图 3.3.13、图 3.2.14 所示。

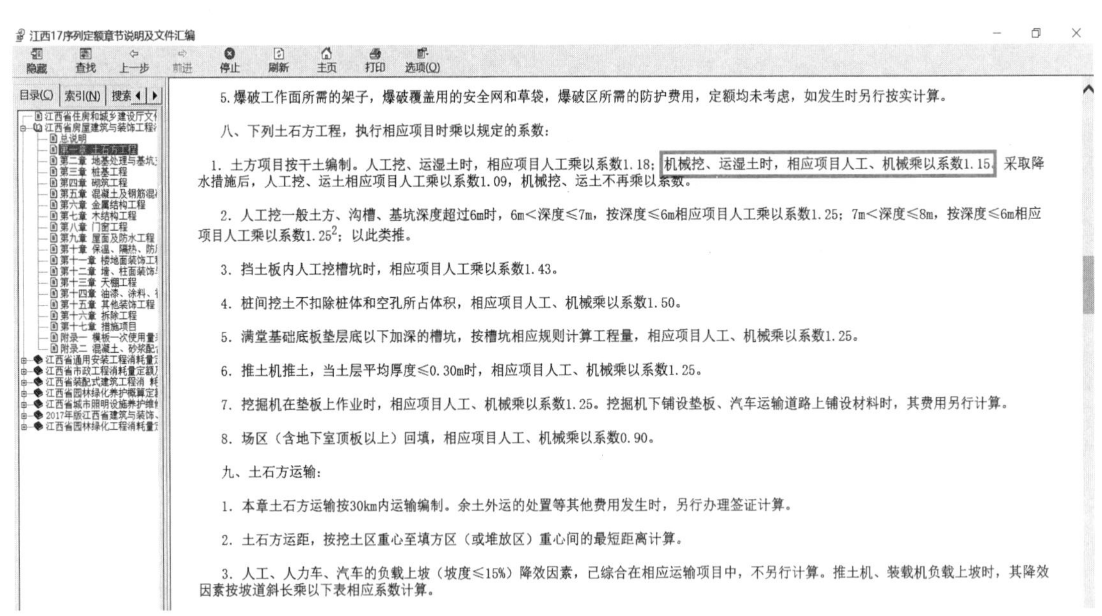

5. 爆破工作面所需的架子，爆破覆盖用的安全网和草袋，爆破区所需的防护费用，定额均未考虑，如发生时另行按实计算。

八、下列土石方工程，执行相应项目时乘以规定的系数：

1. 土方项目按干土编制。人工挖、运湿土时，相应项目人工乘以系数1.18；机械挖、运湿土时，相应项目人工、机械乘以系数1.15。采取降水措施后，人工挖、运土相应项目人工乘以系数1.09，机械挖、运土不再乘以系数。

2. 人工挖一般土方、沟槽、基坑深度超过6m时，6m＜深度≤7m，按深度≤6m相应项目人工乘以系数1.25；7m＜深度≤8m，按深度≤6m相应项目人工乘以系数1.25^2；以此类推。

3. 挡土板内人工挖槽坑时，相应项目人工乘以系数1.43。

4. 桩间挖土不扣除桩体和空孔所占体积，相应项目人工、机械乘以系数1.50。

5. 满堂基础底板垫层底以下加深的槽坑，按槽坑相应规则计算工程量，相应项目人工、机械乘以系数1.25。

6. 推土机推土，当土层平均厚度≤0.30m时，相应项目人工、机械乘以系数1.25。

7. 挖掘机在垫板上作业时，相应项目人工、机械乘以系数1.25。挖掘机下铺设垫板、汽车运输道路上铺设材料时，其费用另行计算。

8. 场区（含地下室顶板以上）回填，相应项目人工、机械乘以系数0.90。

九、土石方运输：

1. 本章土石方运输按30km内运输编制。余土外运的处置等其他费用发生时，另行办理签证计算。

2. 土石方运距，按挖土区重心至填方区（或堆放区）重心间的最短距离计算。

3. 人工、人力车、汽车的负载上坡（坡度≤15%）降效因素，已综合在相应运输项目中，不另行计算。推土机、装载机负载上坡时，其降效因素按坡道斜长乘以下表相应系数计算。

图 3.3.13 定额章节说明（投标组价）

造价分析 | 工程概况 | 取费设置 | 分部分项 | 措施项目 | 其他项目 | 人材机汇总 | 费用汇总

	编码	类别	名称	估价项目	项目特征	单位	工程量表达式
	⊟		整个项目				
1	⊟ 010101001002	项	平整场地		1. 机械平整场地	m2	1113.98
	1-134	定	机械平整场地	☐		100m2	QDL
2	⊟ 010101003002	项	挖沟槽土方		1. 土壤类别：三类土，挖湿土 2. 开挖方式：人机配合	m3	87.56
	1-48	换	挖掘机挖槽坑土方 三类土 机械挖、运湿土 人工*1.15，机械*1.15	☐		10m3	QDL
3	⊟ 010101004002	项	挖基坑土方		1. 土壤类别：三类土 2. 开挖方式：人机配合	m3	1321.33
	1-48	定	挖掘机挖槽坑土方 三类土	☐		10m3	QDL
4	⊟ 010102001001	项	挖一般石方		1. 桩头凿除石渣挖掘机装车 2. 自卸汽车外运15km	m3	20.498
	1-119	换	自卸汽车运石渣 运距≤1km 实际运距(km)：15	☐		10m3	QDL * 1.000098
							QDL *

工料机显示 | 单价构成 | 标准换算 | 换算信息 | 安装费用 | 特征及内容 | 组价方案 | 工程量明细

	换算列表	换算内容
1	机械挖、运湿土 人工*1.15，机械*1.15	☑
2	桩间挖土不扣除桩体和空孔所占体积 人工*1.5，机械*1.5	☐
3	满堂基础底板垫层底以下加深的槽坑 人工*1.25，机械*1.25	☐
4	挖掘机在垫板上作业 人工*1.25，机械*1.25	☐

图 3.3.14　定额章节说明换算（投标组价）

2）砂浆、混凝土强度等级换算：

例如砖基础清单中，砖基础定额子目（以江西 17 定额为例）默认的干混砌筑砂浆强度等级为 M10，项目特征描述中的干粉砂浆强度等级为 M5，则需要在下方标准换算窗口第 2 行，选择相应的砂浆强度等级，即可完成砂浆强度等级的换算，如图 3.3.15 所示。

造价分析 | 工程概况 | 取费设置 | 分部分项 | 措施项目 | 其他项目 | 人材机汇总 | 费用汇总

	编码	类别	名称	估价项目	项目特征	单位	工程量表达式
11	⊞ 010302001006	项	泥浆护壁成孔灌注桩		1. 旋挖钻桩 2. 混凝土种类、强度等级：C30	m3	564.37
12	⊟ 010401001001	项	砖基础		1. 正负零以下墙体 2. 干粉砂浆：M5.0	m3	1
	4-1	换	砖基础　换为【干混砌筑砂浆 M5】	☐		10m3	QDL
13	⊞ 010401004002	项	多孔砖墙		砌筑高度3.6m以下 1. 砖品种、规格、强度等级：MU10页岩多孔砖（200厚） 2. 砂浆强度等级、配合比：M5.0	m3	313.86
14	⊞ 010401004003	项	多孔砖墙		砌筑高度3.6m以上 1. 砖品种、规格、强度等级：MU10页岩多孔砖（200厚） 2. 砂浆强度等级、配合比：M5.0	m3	12.28
					砌筑高度3.6m以下 1. 砖品种、规格、强度等		

工料机显示 | 单价构成 | 标准换算 | 换算信息 | 安装费用 | 特征及内容 | 组价方案 | 工程量明细

	换算列表	换算内容
1	圆弧形砌筑 人工*1.1，材料[04130141] 含量*1.03，材料[GQPB03] 含量*1.03	☐
2	换干混砌筑砂浆 M10	GQPB01　干混砌筑砂浆 M5

图 3.3.15　砂浆强度等级换算（投标组价）

3）厚度运距换算：

例如挖一般土方清单的项目特征描述中运距是2km，套取的基础定额运距是1km以内，则需要在标准换算中输入实际运距2，完成运距换算，如图3.3.16所示。

造价分析 | 工程概况 | 取费设置 | 分部分项 | 措施项目 | 其他项目 | 人材机汇总 | 费用汇总

	编码	类别	名称	估价项目	项目特征	单位	工程量表达式
			整个项目				
1	010101001002	项	平整场地		1.机械平整场地	m2	1113.98
	1-134	定	机械平整场地	☐		100m2	QDL
2	010101002001	项	挖一般土方		1.土壤类别:三类土，挖湿土 2.弃土运距：2km	m3	1
	1-42	定	挖掘机挖一般土方 三类土	☐		10m3	QDL
	1-63	换	自卸汽车运土方 运距≤1km 实际运距(km):2	☐		10m3	QDL
3	010101003002	项	挖沟槽土方		1.土壤类别:三类土，挖湿土 2.开挖方式：人机配合	m3	87.56
4	010101004002	项	挖基坑土方		1.土壤类别:三类土 2.开挖方式：人机配合	m3	1321.33

工料机显示 | 单价构成 | 标准换算 | 换算信息 | 安装费用 | 特征及内容 | 组价方案 | 工程量明细

	换算列表	换算内容
1	实际运距(km)	2
2	机械挖、运湿土 人工*1.15,机械*1.15	☐

图3.3.16 运距换算（投标组价）

（2）第二种是单子目换算，包括工料机明细换算及系数换算。具体软件操作流程如下：

1）工料机明细换算：

例如需要进行材料替换，可以直接点击需要换算的子目，在下方属性窗口中“工料机显示”界面，点击材料名称后方三个小点按钮可以进行材料库中的材料替换。如果没有对应材料，可以直接修改材料名称及材料信息，如图3.3.17所示。

造价分析 | 工程概况 | 取费设置 | 分部分项 | 措施项目 | 其他项目 | 人材机汇总 | 费用汇总

	编码	类别	名称	估价项目	项目特征	单位	工程量表达式
76	011001001003	项	保温隔热屋面		1.保温隔热部位:屋-1 2.保温隔热材料品种、规格、厚度:最薄处30厚LC5.0轻集料混凝土2%找坡	m2	217.68
	10-1	定	屋面 加气混凝土块 干铺	☐		10m3	QDL * 0.066014
77	011001001004	项	保温隔热屋面		1.保温隔热部位:屋-2 2.保温隔热方式:90厚阻燃聚苯挤塑板	m2	1008.92
	10-27	定	屋面 干铺聚苯乙烯板 厚度(mm) 50	☐		100m2	QDL
					1.保温隔热部位:外1、外-4 2.保温隔热面层材料品种、规格、性能:50厚II型发泡水泥保温板		

工料机显示 | 单价构成 | 标准换算 | 换算信息 | 安装费用 | 特征及内容 | 组价方案 | 工程量明细

	编码	类别	名称	规格及型号	单位	损耗率	含量	数量	不含税预算价
1	00010104	人	综合工日		工日		1.97···	19.899434	85
2	15130139@2	材	90厚阻燃聚苯挤塑板		m3		5.1	51.45492	685.75

图3.3.17 工料机明细换算（投标组价）

2）系数换算：

针对一些需要自行调整人材机或者子目单价系数的，可以直接在“标准换算”右侧换算窗口输入对应的系数即可，如图 3.3.18 所示。

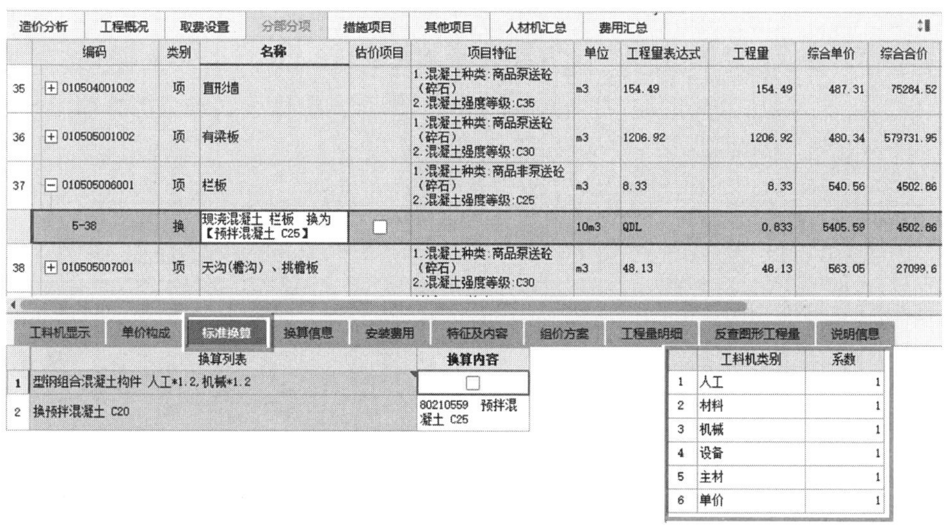

图 3.3.18　系数换算（投标组价）

（3）第三种是批量换算。批量换算可以对多条定额进行统一人材机换算及系数换算，比如需要针对某一分部或某几条子目中的系数批量调整或者材料批量替换时，可以先选择需要换算的子目（支持 Ctrl 键选择多条），点击“其他”功能下“批量换算”功能，进行批量换算，如图 3.3.19 所示。

图 3.3.19　批量换算（投标组价）

3.3.3　措施项目

分部分项组价编制完成后，接下来是措施项目的编制。措施项目分为总价措施和单价措施，总价措施主要包括安全文明环保费、临时设施费等，属于不可竞争费用范畴，按规范自动计算即可。需要注意的是，不同地区费用项是有区别的，需要根据当地的文件要求，一般在新建工程时候选择对应的地区会自动关联当地的费用模板。单价措施主要包含模板、脚手架等费用，一般直接选取相应的措施子目套取即可，操作方式和分部分项组价的方式是一样的，如图 3.3.20 所示。

造价分析　工程概况　取费设置　分部分项　措施项目　其他项目　人材机汇总　费用汇总　措施模板:建筑工

	序号	类别	名称	单位	项目特征	基数说明	工程量
8	1.2		临时设施费	项		分部分项定额人工费_装饰+技术措施项目定额人工费_装饰-估价项目定额人工费_装饰	1
9	2		其他总价措施费	项		分部分项定额人工费_装饰+技术措施项目定额人工费_装饰-估价项目定额人工费_装饰	1
			单价措施项目				
10	011701001001		综合脚手架	m2	外墙砌筑及外墙粉饰、3.6m以内的内墙砌筑及混凝土浇捣用脚手架以及内墙面和天棚粉饰脚手架		200
	17-7	定	多层建筑综合脚手架 混合结构(檐高m以内) 20	100m2			2
11	011703001001		垂直运输	m2			100
	17-130	定	檐高(m以内) 20	100…			0
12	011702006001		单梁、连续梁模板	m2	1、复合模板钢支撑		238
	5-265	定	矩形梁 复合模板 钢支撑	100m2			2.38
13	011702011001		直形墙模板	m2	1、复合模板钢支撑		320
	5-277	定	直形墙 复合模板 钢支撑	100m2			3.2

图 3.3.20　措施项目组价

安装专业略有区别，安装专业的单价措施费是按不同的章节有相应的计算规则，比如脚手架搭拆费、高层增加费、系统调整费等，不能直接套取定额子目。软件中通过“安装费用”，可以对整个工程所有子目计取安装费用。点击“安装费用”功能，在需要计取的安装费用前打钩，即可自动计取安装费用，如图 3.3.21 所示。

	选择	费用项	状态	记取位置	具体项
1		江西省通用安装工程消耗量定额及统一基价表(2017)			
2	☑	脚手架搭拆费	OK	指定措施	031301017002脚手架搭拆
3	☐	操作高度增加费	OK	对应清单	
4	☐	系统调整费	未指定清单项	指定清单	
5	☐	超高增加费	未指定措施项	指定措施	031302007
6	☐	在地下室内进行安装的工程	OK	对应清单	
7	☐	在管井内、竖井内、断面小于或等于2m2隧…	OK	对应清单	

	分册	章节	规则说明(可下拉选择)	计算基数计取方式	计算基数	费率%
1	第一册 机械设备安装工程	4.5	脚手架搭拆费(第一册 机械设备安装工程)	按分摊计取	人工	8
2	第二册 热力设备安装工程	1~9	发电与供热热力设备安装工程脚手架搭拆费(第二册 热力设备安装…	按分摊计取	人工	10
3		11	工业与民用锅炉安装脚手架搭拆费(第二册 热力设备安装工程)	按分摊计取	人工	7.5
4	第三册 静置设备与工艺金…	1~9	脚手架搭拆费(第三册 静置设备与工艺金属结构制作安装工程)	按分摊计取	人工	10
5	第四册 电气设备安装工程	1~8,9.2~9.…	脚手架搭拆费(第四册 电气设备安装工程)	按分摊计取	人工	5
6	第六册 自动化控制仪表安…	1~11	脚手架搭拆费(第六册 自动化控制仪表安装工程)	按分摊计取	人工	5

图 3.3.21　计取安装费用（投标组价）

3.3.4　其他项目

措施项目清单编制完成后，还需要编制其他项目。其他项目分为暂列金额、暂估价、计日工和总承包服务费。如果是电子标，导入电子招标书后，其他项目费用会直接导入；如果是纸质标书，切换到其他项目相应的费用明细，对照招标清单输入相应费用即可。具体费用呈现如下：

1. 暂列金额：暂列金额是指发包人在招标工程量清单中暂定并包括在合同价格中用于工程施工合同签订时尚未确定或者不可预见的所需材料、服务采购，施工中可能发生工程变更、价款调整因素出现时合同价格调整以及发生工程索赔等的费用，如图 3.3.22 所示。

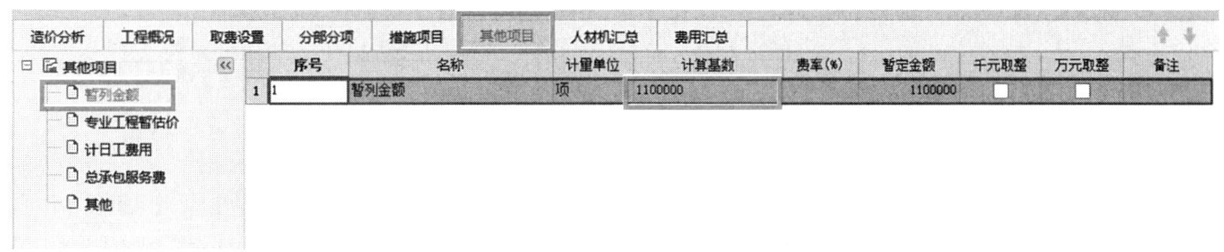

图 3.3.22　暂列金额

2. 专业工程暂估价：暂估价是指发包人在招标工程量清单中提供的，用于支付在施工过程中必然发生，但在工程施工合同签订时暂不能确定价格的材料单价和专业工程金额，包括材料暂估价和专业工程暂估价，如图 3.3.23 所示。

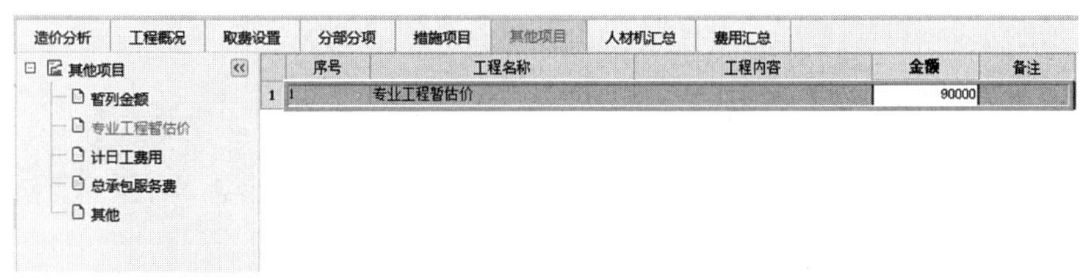

图 3.3.23　专业工程暂估价

3. 计日工：计日工是指在施工过程中，承包人完成发包人提供的工程合同范围以外的零星项目或工作，按合同中约定的综合单价计价的费用，如图 3.3.24 所示。

	序号	名称	单位	数量	单价	合价	备注
1		计日工费用				0	
2	一	人工				0	
3						0	
4	二	材料				0	
5						0	
6	三	机械				0	
7						0	

图 3.3.24　计日工费用

4. 总承包服务费：总承包人对发包人自行采购的材料等进行保管，配合、协调发包人进行的专业工程发包以及对非包范围工程提供配合协调、施工现场管理、已有临时设施使用、竣工资料汇总整理等服务所需的费用。根据实际工程在费用行输入相应的项目名称、服务内容和费率等明细即可，如图 3.3.25 所示。

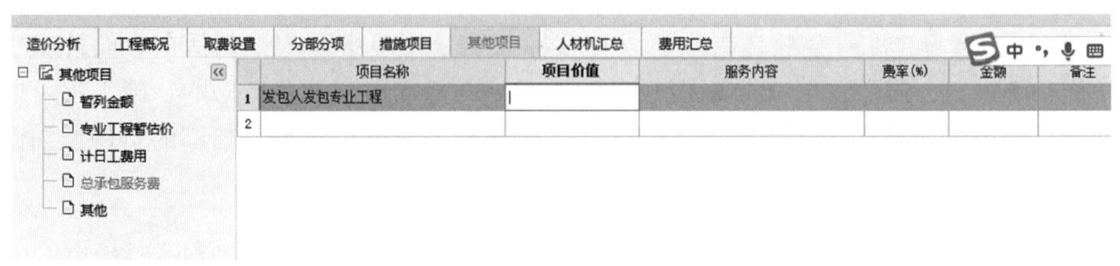

图 3.3.25 总承包服务费

3.3.5 调整人材机

组价完成后，人材机调整也是一个很重要的环节。点击进入人材机界面，下方窗口"广材助手"提供全国各地不同时间的价格信息，提供多种价格，信息价是政府指导价格，专业测定价是专家＋大数据分析的综合材料价格，市场价是供应商发布的价格信息。广材网包含海量供应商价格信息，企业材料库是企业内部积累的历史工程价格信息，特殊材料也可进行人工询价（图 3.3.26）。在软件中可以通过"批量载价"功能快速载入材料价格，选择好相应的地区和月份载入，通过设置优先级选择优先使用的价格，材料有多个价格时，会有下拉符号，下拉选择相应价格，检查无误后，确定即可完成载价工作，如图 3.3.27 所示。

图 3.3.26 人材机调整（投标组价）

人材机调差完成后，还需要注意评审材料、暂估材料、主要材料等招标材料的设置。如果是电子招标，招标文件中设置了招标材料，如评审材料、暂估材料，投标方一定要通过关联招标材料的方式进行处理，电子招标不可修改招标书内容，否则可能会出现与招标书不一致的情况。首先通过“自动关联招标材料”功能自动匹配投标人套取定额中对应材料，匹配后在“关联”列会打钩，如果自动关联未关联成功，可以点击对应材料，在下方“材料名称包含”后面的框中会自动填充材料的名称及规格型号，可以手动删除一些文字，只保留关键字，点击“重新过滤”，在下方筛选出的材料中，在“关联”列进行手动打钩，如图 3.3.28 所示。

图 3.3.27　批量载价（投标组价）

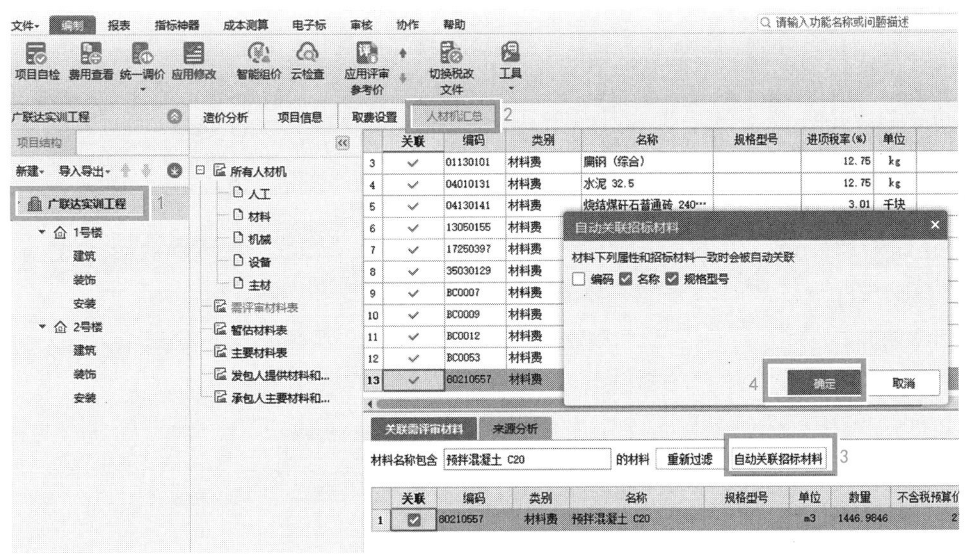

图 3.3.28　关联招标材料

如果是纸质标书需要设置需评审材料、暂估价材料、主要材料时，可以在项目的人材机汇总界面根据招标文件统一设置招标材料，在需要设置的人材机中“评、暂、主”勾选设置即可（部分地区实现方式不同），勾选完成后点击“应用修改”，会自动同步到需评审材料表、暂估材料表、主要材料表中，如图 3.3.29 所示。

	评	暂	主	编码	类别	名称	规格型号	单位	不含税预算价	含税预算价	不含税市场价	含税市场价
1	☐	☐	☐	00010104	人	综合工日		工日	85	85	100	100
2	☐	☐	☐	00010105	人	装饰综合工日		工日	96	96	117	117
3	☑	☐	☐	01010177	材	钢筋 Φ10以内		kg	3.23	3.64	3.23	3.64
4	☐	☐	☐	01030713	材	镀锌铁丝 Φ1.2~2.2		kg	7.6	8.57	7.6	8.57
5	☐	☐	☐	01030727	材	镀锌铁丝 Φ0.7		kg	7.6	8.57	7.6	8.57
6	☐	☐	☐	01030755	材	镀锌铁丝 Φ4.0		kg	7.6	8.57	7.6	8.57
7	☐	☐	☐	01050156	材	钢丝绳 Φ8		m	8.27	9.32	8.27	9.32
8	☐	☐	☐	01050171	材	钢丝绳 Φ12.5		m	8.27	9.32	8.27	9.32
9	☑	☐	☐	01090123	材	圆钢 Φ15~24		kg	3.4	3.83	3.4	3.83
10	☑	☐	☐	01130101	材	扁钢（综合）		kg	3.14	3.54	3.14	3.54
11	☐	☐	☐	01130311	材	镀锌扁钢 25×4		kg	3.66	4.13	3.66	4.13
12	☐	☐	☐	01190156	材	槽钢 18#以外		kg	3.14	3.54	3.14	3.54
13	☐	☐	☐	02090101	材	塑料薄膜		m2	0.21	0.24	0.21	0.24
14	☐	☐	☐	02270129	材	破布		kg	5.31	5.99	5.31	5.99
15	☐	☐	☐	02270133	材	土工布		m2	7.29	8.22	7.29	8.22
16	☐	☐	☐	03010942	材	圆钉		kg	5.83	6.57	5.83	6.57
17	☐	☐	☐	03011069	材	对拉螺栓		kg	9.81	11.06	9.81	11.06
18	☐	☐	☐	03011087	材	花篮螺栓 M6×250		个	5.81	6.55	5.81	6.55

图 3.3.29　设置招标材料（投标组价）

3.3.6　统一调价

完成所有单位工程组价后，根据项目总造价要求进行项目造价快速调整，主要有统一调整取费和造价系数调整两种方式。

1. 统一调整取费

软件提供取费设置界面，可以在取费设置界面集中调整各个专业工程可竞争费率，整个项目统一修改取费后，点击“应用修改”，可以应用到所有单位工程，如图 3.3.30 所示。

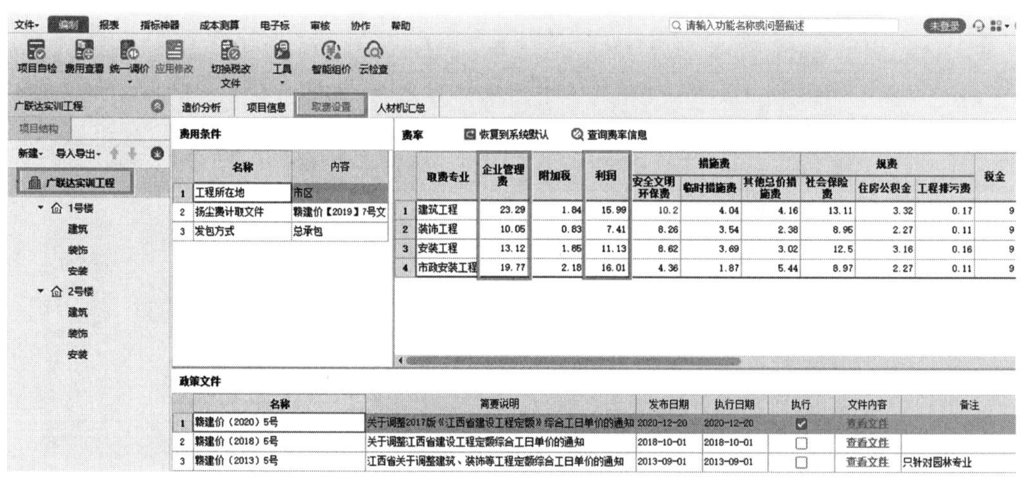

图 3.3.30　统一调整取费

2. 造价系数调整

造价系数调整是根据项目总造价要求，通过调整所选范围所有人材机含量、可竞争费率等方式进行项目造价快速调整（图 3.3.31），注意此项调整无法返回，需要在备份工程后进行。

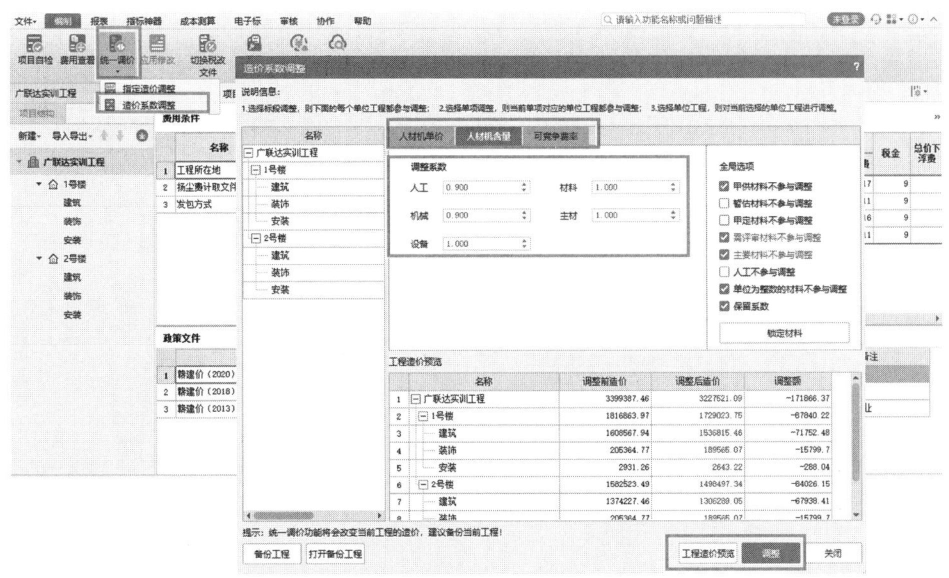

图 3.3.31　造价系数调整

3.3.7　结果输出

完成投标组价后，需要对工程文件进行检查，检查是否满足招标接口格式要求及规范要求，检查相同清单综合单价是否一致、相同材料价格是否一致等，保证文件完整、准确、价格合理。点击“项目自检”，选择检查方案执行检查，根据检查结果双击定位检查校核即可，如图 3.3.32 所示。

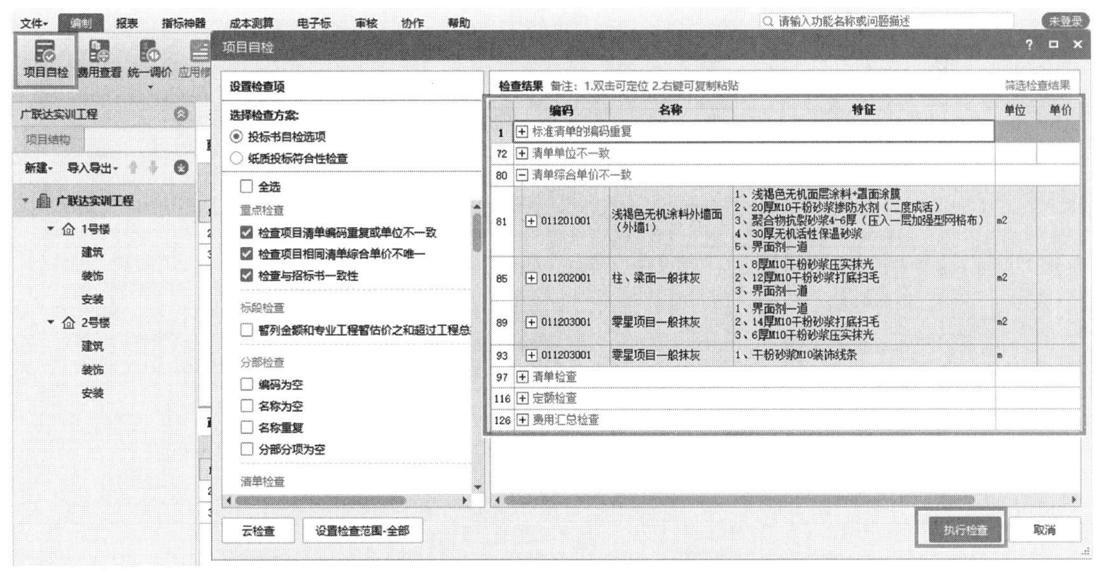

图 3.3.32　项目自检

如果投标过程中招标文件有更新，重新下发了答疑文件，投标方可以点击“更新招标书”，有变化的部分会自动更新过来，同时可以保留已套取的子目，如图 3.3.33 所示。

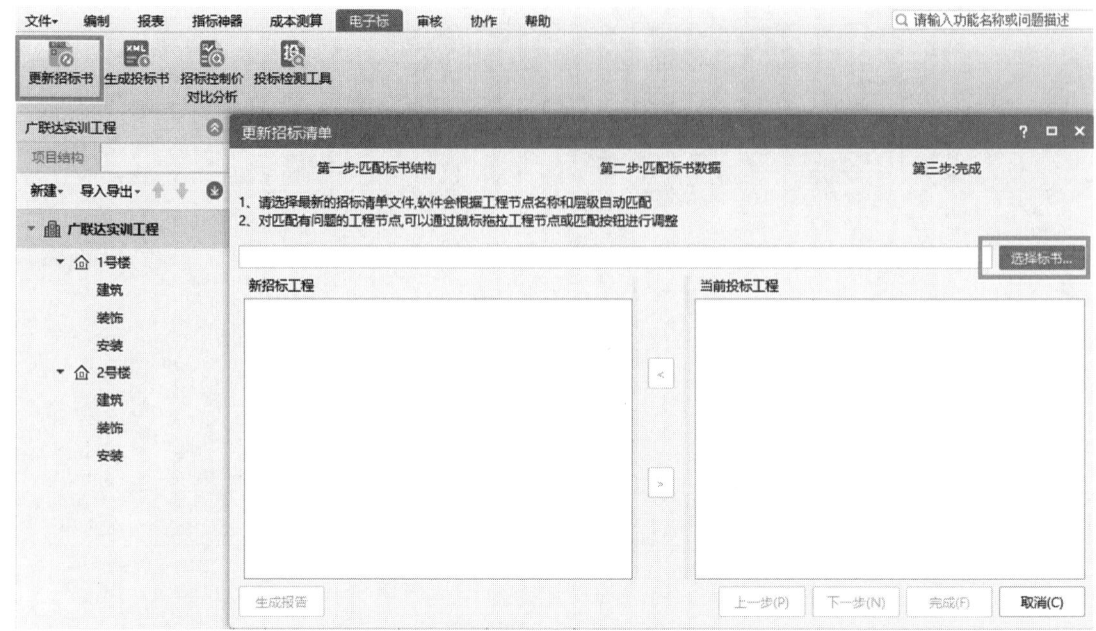

图 3.3.33　更新招标书

针对电子标，还需通过“投标检测”进行文件校验和清标分析（图 3.3.34），保证没有数据异常。项目自检和投标检测都通过后就可以生成电子投标书。菜单栏切换到电子标窗口，点击“生成投标书”，选择导出位置，点击“确定”即可生成电子标书接口文件，如图 3.3.35 所示。

图 3.3.34　投标检测

图 3.3.35　生成投标书

此外，还可以导出报表文件。菜单栏切换到报表界面，可以通过批量导出 Excel、批量导出 Pdf、批量打印等功能。当多个单位工程的相同报表都需要导出时，点击“选择同名报表”即可选中多个工程的相同名称的报表，批量导出或打印报表，如图 3.3.36 所示。

图 3.3.36　批量导出或打印报表（投标组价）

3.3.8 投标文件编制总结

以上就是投标文件编制的主要内容（图 3.3.37），包括新建投标项目、分部分项编制、措施项目编制、其他项目编制、调整人材机、调价和结果输出。新建投标项目包括新建投标项目、导入电子招标书和导入 Excel 清单等主要内容，投标编制包括分部分项、措施项目和其他项目的编制，编制完成后需要调整人材机以及进行整个项目的造价调整，最后成果文件输出环节需要注意项目自检、投标检测以及生成电子投标书和报表导出的方式等。

1. 新建投标项目	2. 分部分项组价	3. 措施项目	4. 其他项目	5. 调整人材机	6. 调价	7. 结果输出
界面介绍 导入电子招标书 导入Excel表格	定额输入 定额换算 标准组价	总价措施 单价措施 安装费用计取	暂列金额 专业工程暂估价 总承包服务费	调整材料价格 相似材料合并 暂估材料	单价构成调整 调整取费设置 统一调价	项目自检 投标检测 生成电子投标书 更新电子招标书 报表导出

图 3.3.37 投标文件编制总结

3.4 清标软件操作

3.4.1 清标软件介绍

广联达清标 GVB6 是一款能够在电子招标投标过程中帮助企业快速整合、分析已标价工程量清单，找出潜在疑义或显著异常项，批量检查优化技术标文档，全面检查资信标文档，是一款提高企业招标投标工作效率的工具型产品。广联达清标 GVB6 针对经济标、技术标和资信标均可进行全面检查。产品整体功能介绍如下：

经济标	技术标	资信标
·《已标价工程量清单》费用项检查分析 · 查软硬件信息、报价规律性 · 查是否响应招标文件 · 查算术逻辑是否正确 · 分析取费、清单、人材机等不平衡报价 · 批量检查多份文件，一键生成报表	·《施工组织设计》Word 格式内容优化 · 删除水印、超链接等特殊标记 · 识别敏感词（地址、单位名） · 调整字样、段落、页面 · 批量优化多份文档 · 批量查重文件之间的段落、图片、敏感信息	·《资信文件》资格评审项检查 · 分析企业资质、人员、业绩是否符合招标要求 · 查证件缺失 · 查招投不一致 · 查上下文不一致 · 查证件逾期

清标软件下载及安装流程如下：

1. 下载软件

打开广联达 G+ 工作台→软件管家→清标软件→选择地区 →下载“广联达清标 GVB6”的最新版安装，如图 3.4.1、图 3.4.2 所示。

图 3.4.1　广联达 G+ 工作台

图 3.4.2　广联达软件管家

2. 下载加密锁驱动（已安装的则跳过该步骤）

软件管家→全部软件→搜索“广联达加密锁驱动”→下载“全国”的最新版，如图 3.4.3 所示。

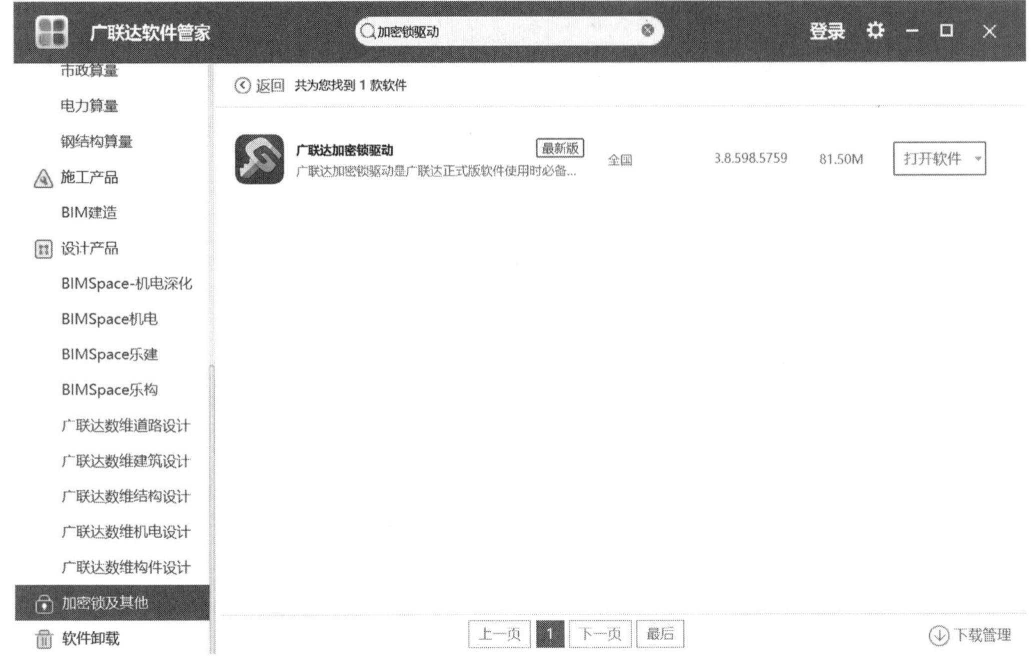

图 3.4.3 下载加密锁驱动

3.4.2 经济标清标

经济标清标主要包括清单的符合性和计算性检查，投标文件的软件、硬件信息使用记录检查，以及不平衡报价对比、规律性分析，全面辅助清标检查。具体软件操作流程如下：

1. 导入数据快速整合

经济标可批量导入电子标 XML、广联达计价 GBQ 格式、Excel 表格等，打开广联达清标 GVB6 软件，点击“经济标”，选择相应格式导入即可，如图 3.4.4 所示。

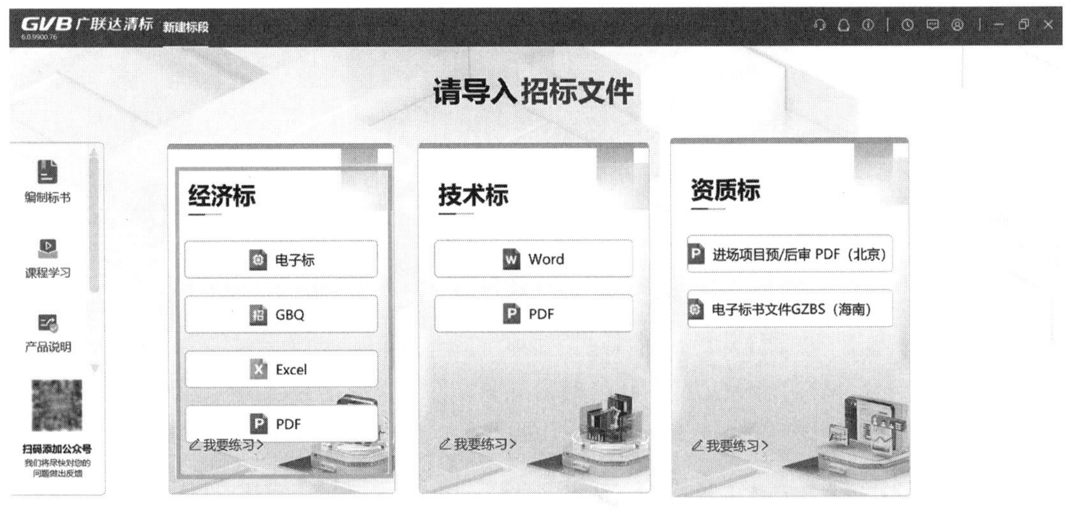

图 3.4.4 经济标文件导入

2. 清标模式选择

可根据具体的清标规则选择不同类型的清标模式，包括政府项目、部队项目和其他自主招标项目，如图 3.4.5 所示。

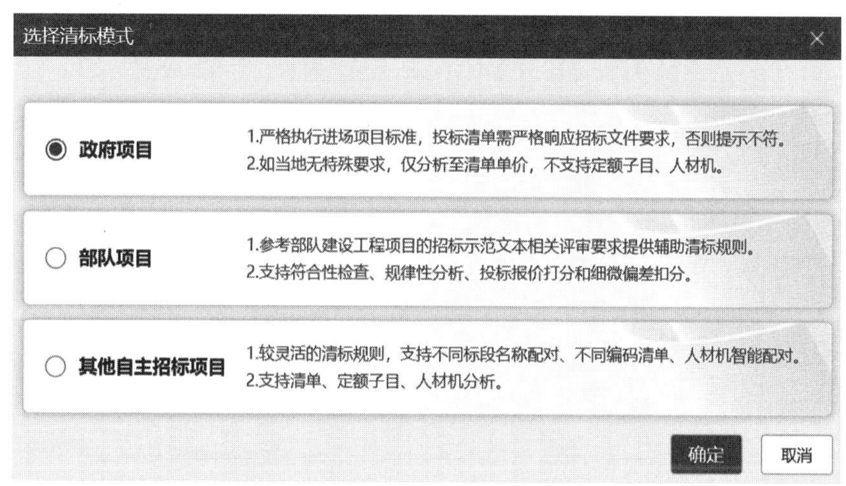

图 3.4.5　清标模式选择

3. 导入文件

导入控制价文件，没有控制价文件也可以不导入；再导入投标文件，导入“投标单位”可以进行修改，点击“一键清标”进行分析，如图 3.4.6 所示。

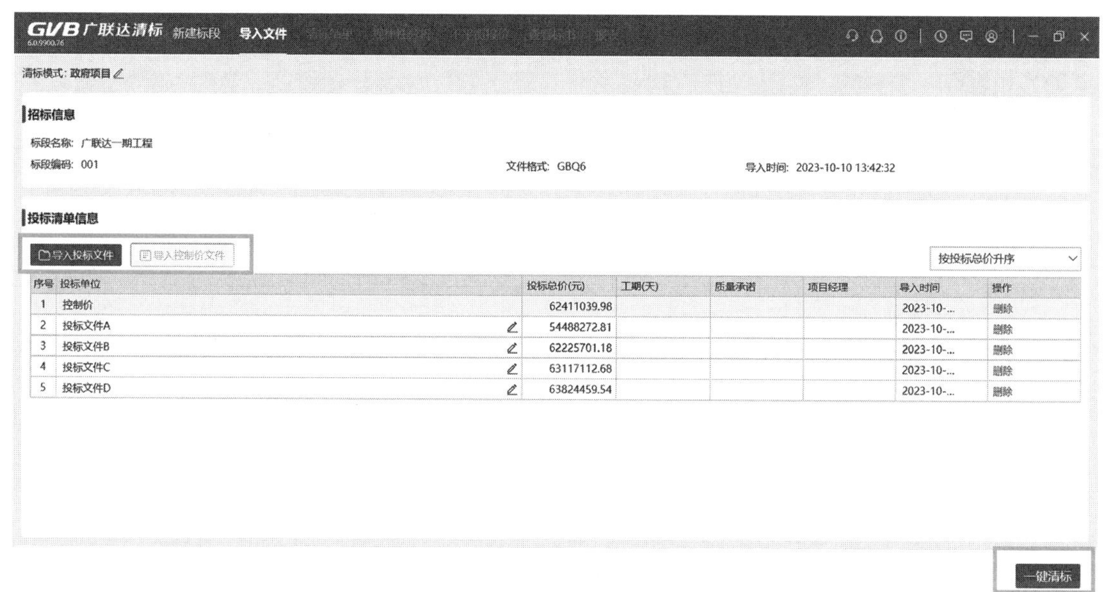

图 3.4.6　导入文件

4. 清标结果分析

清标软件会根据导入的文件自动进行结果分析。清标结果主要包括清标结果汇总、符合性检查结果和计算性检查结果，如图 3.4.7 所示。

GVB 广联达清标 6.0.9900.76 新建标段 导入文件 清标结果 规律性分析 不平衡报价 查看标书 报表

清标结果汇总 | 符合性检查结果 | 计算性检查结果 | 否决投标

检查完成，共有11检查项存在疑问，涉及4份投标文件，双击检查项可直接查看详细信息　显示：☑错误 ☐正确　投标单位：全部

	检查项	投标文件A	投标文件B	投标文件C
	⊟ **符合性检查结果**	**26**	**2**	**6**
1	分部分项工程	1	✓	✓
2	分部分项工程量清单	8	1	4
3	措施项目清单一	2	✓	✓
4	措施项目清单二	3	✓	✓
5	其他项目汇总表	3	1	1
6	暂列金额	1	✓	✓
7	专业工程暂估价	1	✓	✓
8	计日工	3	✓	✓
9	总承包服务费	3	✓	✓
10	材料暂估价	1	✓	1
	⊟ **计算性检查结果**	**2**	**0**	**1**
11	单价为0或负	2	✓	1

图 3.4.7　清标结果汇总

（1）符合性检查结果包括检查投标清单是否完全响应招标要求，查出清单中的增、缺、错项，如图 3.4.8 所示。

图 3.4.8　符合性检查结果

（2）计算性检查主要检查报价是否存在算术性错误项，如图 3.4.9 所示。

图 3.4.9　计算性检查

5. 规律性分析

包括软硬件信息检查、错误一致性分析和报价规律性分析，具体如下：

（1）软硬件信息检查是检查标书软件、硬件信息，对信息相同项进行提示，如图 3.4.10 所示。

规律性分析列表：软硬件信息检查（软硬件信息检查（按…）；错误一致性（错误一致性分析）；报价规律性（清单报价、定额子目、项目人材机汇总）

*是否隐藏招标清单/控制价信息：隐藏　*筛选时间范围：全部　技术标规律性　导出Excel　常见问题

序号	查看日志	时间范围	文件名	总价	加密锁数量	锁号	与其他文件相同的锁号	MAC地址数量	
1	查看	全部	投标文件A	54488272.81	1	ZZ321117759	ZZ321117759：投标文件A；投标文件C	1	E4-0E
2	查看	全部	投标文件B	62225701.18	1	ZZ321120519	无	1	E4-0E
3	查看	全部	投标文件C	63117112.68	1	ZZ321117759	ZZ321117759：投标文件A；投标文件C	1	8C-16
4	查看	全部	投标文件D	63824459.54	1	ZZ321122009	无	1	B4-2E

图 3.4.10　软硬件信息

（2）错误一致性分析主要是检查符合性和计算性中的错误，找出各投标文件中错误雷同的地方，如图 3.4.11 所示。

图 3.4.11　错误一致性分析

（3）报价规律性分析是分析清单单价、定额子目、人材机是否存在大批量乘系数的规律性变化，如图 3.4.12 所示。

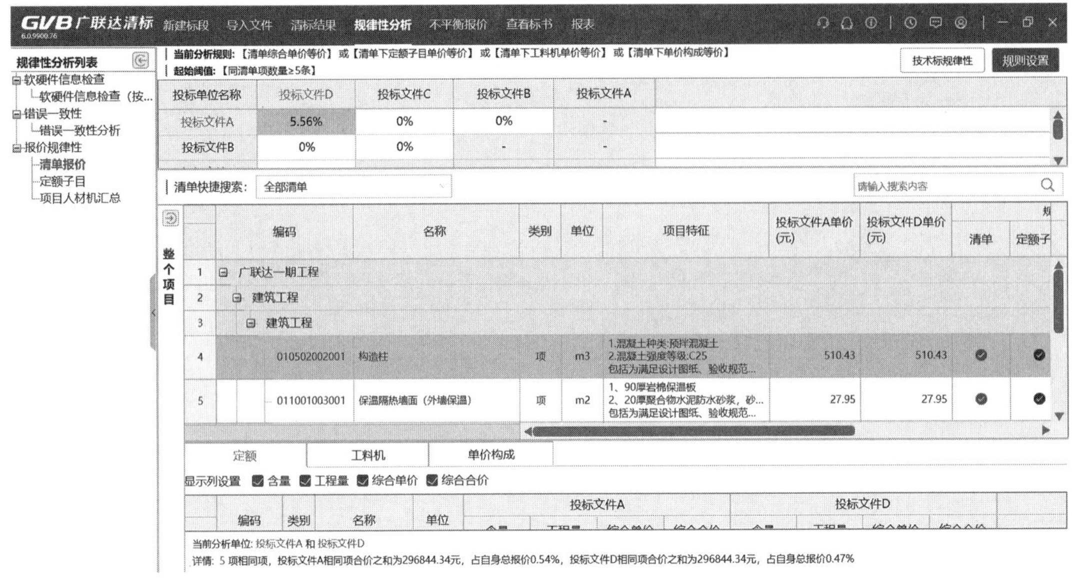

图 3.4.12 报价规律性分析

6. 不平衡报价分析

通过多角度不平衡报价分析，从总到分，逐渐分析投标报价可能存在的异常项；分析报价是否存在远低于成本或者远高于基准价格，辅助报价决策。包括项目总价分析、分部分项报价分析、措施项目分析和其他项目分析等，具体如图 3.4.13 所示。

图 3.4.13 不平衡报价分析

7. 经济标打分

完成清标结果分析和不平衡报价分析后，可按照评标办法中的评标规则模拟打分。

8. 报表导出

所有功能分析结果完成后，均可导出报表，方便二次数据计算提取，或直接用于汇报，如图 3.4.14 所示。

清标结果汇总表

标段名称：广联达一期工程

序号	检查项	投标文件A	投标文件B	投标文件C	投标文件D
1	单位工程费汇总表	0	0	0	0
2	分部分项工程	1	0	0	0
3	分部分项工程量…	8	1	4	1
4	措施项目清单一	2	0	0	0
5	措施项目清单二	3	0	0	0
6	其他项目汇总表	3	1	1	1
7	暂列金额	1	0	0	0
8	专业工程暂估价	1	0	0	0
9	计日工	3	0	0	0
10	总承包服务费	3	0	0	0
11	材料暂估价	1	0	1	0
符合性检查结果（小…		26	2	6	2
1	最低限价检查	0	0	0	0
2	单价为0或负	2	0	1	0
3	合价≠单价*数量	0	0	0	0
计算性检查结果（小…		2	0	1	0
清标结果（合计）		28	2	7	2

图 3.4.14　报表导出

3.4.3　技术标清标

技术标清标主要是进行内容样式检查和规律性分析。

1. 内容样式检查包括敏感内容检查和样式检查。通过敏感内容检查可编辑敏感词库，自动检查地名，多文件内容一键提示潜在风险；通过样式检查批量检查文档格式，一键优化去水印，如图 3.4.15 所示。

检查项	规则	
敏感内容检查	【敏感内容：公司，集团，奖项，街道，；地名；文件属性】	设置
纸张要求	【纸张大小：A4】	设置
颜色要求	【页面：白色页面】；【彩色内容：不允许出现彩色内容（全文）、彩色图片、彩色图形】；【彩色表格：不允许设置表格底纹颜色、彩色边框】	设置
页面要求	【页边距：页上边距2.5厘米、页下边距2厘米、页左边距2厘米、页右边距2厘米】；【页眉页脚：不允许插入页眉（不含页码）、不允许插入页脚（不含页码）】	设置
正文要求	【字体：中文字体宋体、西文字体(使用中文字体)、字号四号】；【段落：固定值(22磅)】	设置
1级标题	【字体：中文字体宋体、西文字体(使用中文字体)、字号三号】；【段落：固定值(22磅)】	设置
表格要求	【字体：中文字体宋体、西文字体(使用中文字体)、字号四号】；【段落：固定值(22磅)】	设置
图片要求	【段落：固定值(22磅)】	设置

图 3.4.15　内容样式检查

2. 规律性分析主要包含多文档一次检查、全文搜索敏感信息、图片检查和文件检查。阅读一次即可总览多文档相似内容，减少重复对比时间，避免内容遗漏。具体规律性分析设置如图 3.4.16 所示。

图 3.4.16 规律性分析设置

敏感信息检查：一键搜索敏感信息，重点提示作者、地名、敏感词，如图 3.4.17 所示。

图 3.4.17 敏感信息检查

图片检查：智能对比找出相似图片，如图 3.4.18 所示。

图 3.4.18 图片检查

文本检查：快速识别多份技术标文件之间的相似文本段落，如图 3.4.19 所示。

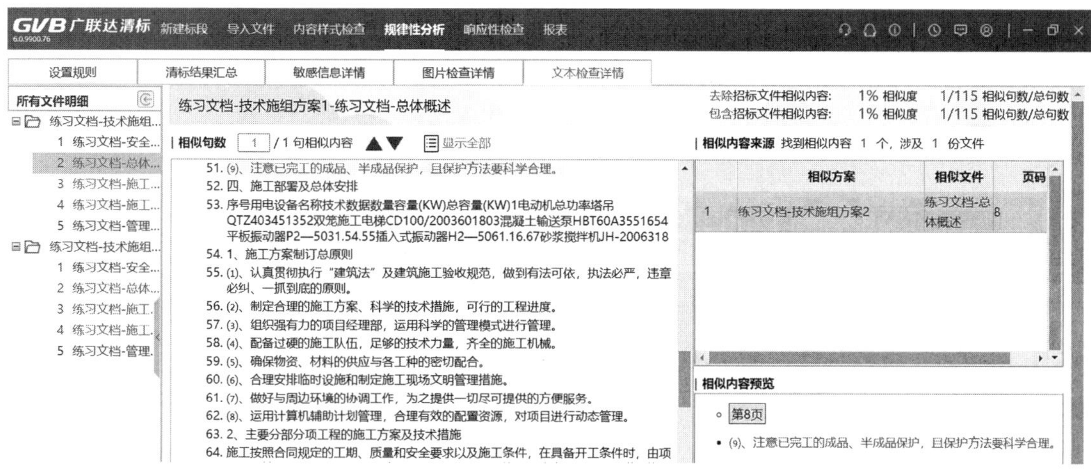

图 3.4.19　文本检查

对应相应检查项进行修复核对后，即可导出规律性分析检查结果，如图 3.4.20 所示。

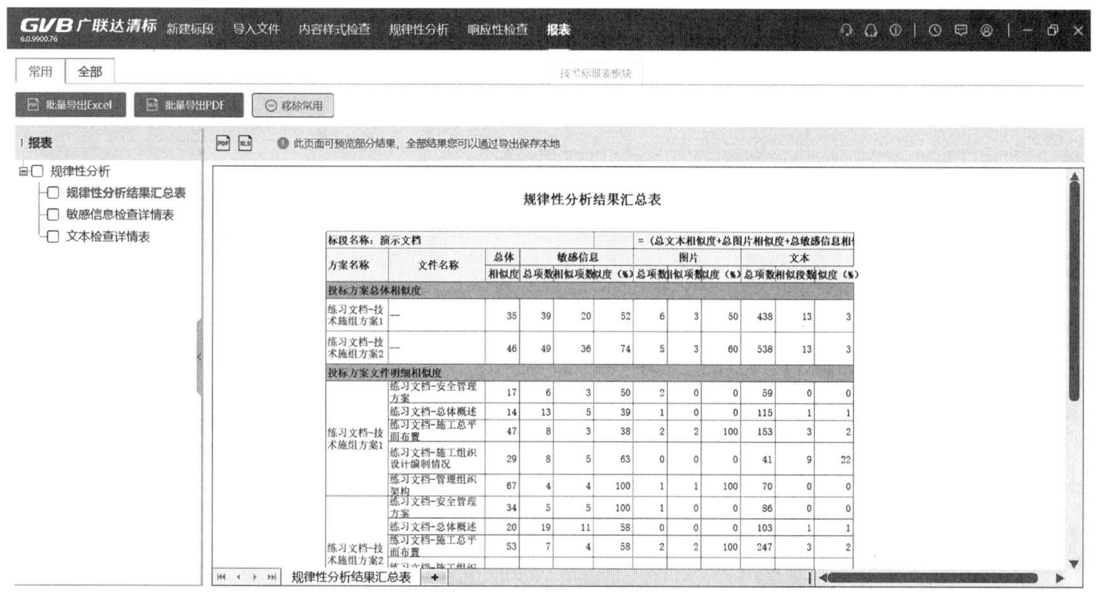

规律性分析结果汇总表

标段名称：演示文档			= （总文本相似度+总图片相似度+总敏感信息相								
方案名称	文件名称	总体	敏感信息			图片			文本		
		相似度	总项数	相似项数	相似度（%）	总项数	相似项数	相似度（%）	总项数	相似段数	相似度（%）
投标方案总体相似度											
练习文档-技术施组方案1	—	35	39	20	52	6	3	50	438	13	3
练习文档-技术施组方案2	—	46	49	36	74	5	3	60	538	13	3
投标方案文件明细相似度											
练习文档-技术施组方案1	练习文档-安全管理方案	17	6	3	50	2	0	0	59	0	0
	练习文档-总体概述	14	13	5	39	1	0	0	115	1	1
	练习文档-施工总平面布置	47	8	3	38	2	2	100	153	3	2
	练习文档-施工组织设计编制情况	29	8	5	63	0	0	0	41	9	22
	练习文档-管理组织架构	67	4	4	100	1	1	100	70	0	0
练习文档-技术施组方案2	练习文档-安全管理方案	34	5	5	100	1	0	0	86	0	0
	练习文档-总体概述	20	19	11	58	0	0	0	103	1	1
	练习文档-施工总平面布置	53	7	4	58	2	2	100	247	3	2

图 3.4.20　导出报表

3.4.4　资信标清标

企业资质、人员、业绩深入“查”，资格检查更全面，查证件缺失、查招投一致、查上下文一致、查证件逾期，深入投标文件进行分析检查，具体检查项如图 3.4.21 所示。

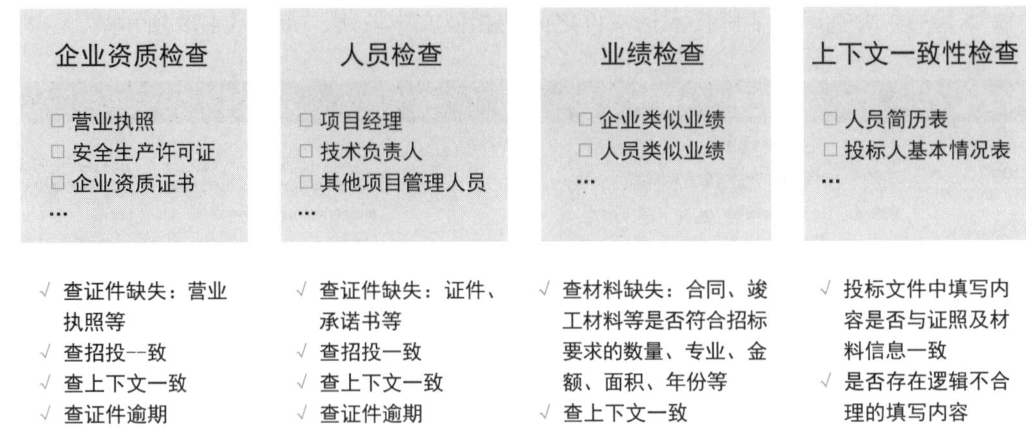

图 3.4.21　企业资格检查项

1. 打开清标软件，新建资信标，导入招标文件和投标文件，如图 3.4.22 所示。

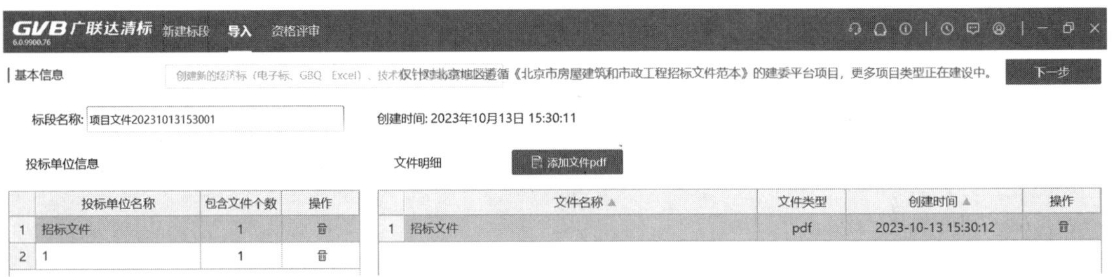

图 3.4.22　导入文件

2. 完善相关信息后，点击“立即清标”进行分析，如图 3.4.23 所示。

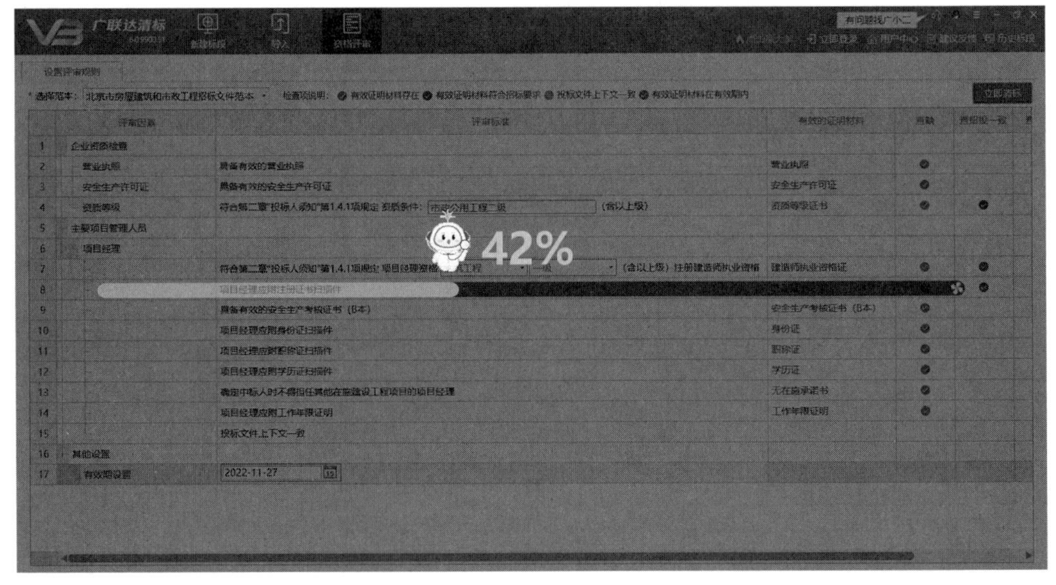

图 3.4.23　清标分析

3. 检查准确率高出人工 10%，一次搞定所有细节检查，仅需一次检查、一次修改，告别反复多轮检查，如图 3.4.24 所示。

图 3.4.24　检查结果

广联达清标 GVB6 能够精准识别不平衡报价等问题，降低履约过程成本风险，帮助企业顺利完成清标。

3.5　输出指标

3.5.1　指标业务知识

1. 指标在工程中的应用

建设工程造价指标是工程造价管理、决策的基础；是制定修订投资估算指标、概预算定额和其他技术经济指标以及研究工程造价变化规律的基础；造价指标在工程建设过程中贯穿工程建设的全过程，在投资估算阶段、设计概算阶段、招标投标与施工阶段、结算阶段，每个阶段都能发挥不同的作用。

（1）投资估算阶段，通过参考行业多个同类型项目的建筑面积单方及单方的含量指标，完成本项目投资估算文件的编制；估算文件编制完成后，通过对比、对标同类型的项目，对估算文件的内容进行调整，确保投资估算的准确性；通过查看行业指标数据的造价占比情况，预估每个阶段的资金投入情况。

（2）设计概算阶段，通过参考行业同类型的指标数据的建筑面积指标、含量指标，完成设计概算文件的编制；编制完成的设计概算文件，通过参考行业指标数据，校验设计概算文件的准确性、完整性。

（3）招标投标与施工阶段，招标方通过参考行业同类型指标数据的含量指标及建筑面积单方指标，完成招标文件的编制；投标方通过参考行业同类型指标数据的含量指标，快速核查待投标项目工程量的偏差，针对不同工程量偏差情况，结合合同类型，制定不同的投标策略。

（4）结算阶段，通过参考行业同类型指标数据，校验结算资料的完整性、合理性，避免丢项、漏项等情况的产生。

2. 常用的指标

工程造价工作中经常需要计算的指标包括成本指标、经济指标、技术指标、含量指标、主要工料指标、分部分项指标等。

3. 指标的计算方法

指标的计算可以理解为用某个想要评估的特定数值除以计算口径，比如单方造价指标，就是用总造价除以总建筑面积，比如要计算砌筑工程的造价指标，需要汇总工程中砌筑工程的清单综合合价，除以建筑面积，就可以得出砌筑工程的单方造价指标。

3.5.2 指标应用工具

广联达提供三大指标工具：指标神器、企业指标库、指标网。三大指标工具在造价工作中既有不同的应用场景，又相互配合，如图 3.5.1 所示。

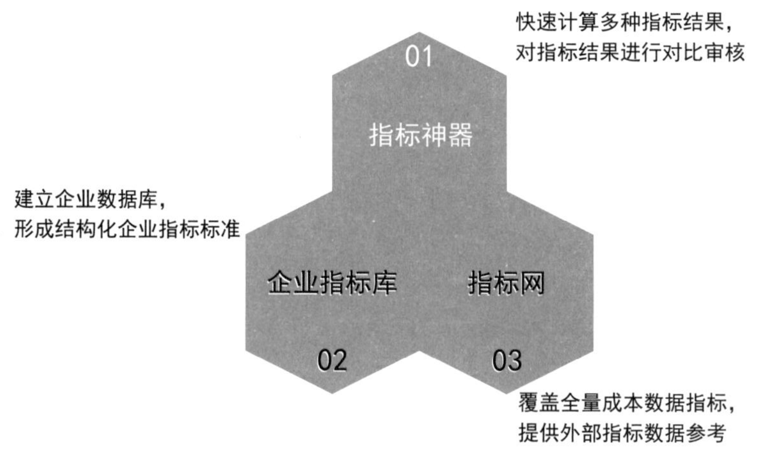

图 3.5.1 三种指标工具介绍

1. 指标神器

为造价人员提供快速计算多种指标结果，对指标结果进行快速对比审核的指标计算服务，帮助造价人员在目标成本测算、招标投标、施工、结算阶段提高指标计算的工作效率和提升造价成果的数据质量。

（1）指标神器的核心价值是多、快、全、准。

1）多：意为解析格式多，支持 GBQ（4、5、6）、XML 、Excel 等计价成果文件解析计算。

2）快：意为计算速度快，可一键导入成果文件，极速完成计算，获取指标结果。

3）全：意为指标结果全，支持计算 6 大指标结果：成本指标、经济指标、技术指标、含量指标、主要工料指标、分部分项指标，覆盖十四大一级工程业态及百余种子工程业态。

4）准：意为结果计算准，从多个业务维度对造价文件进行全面智能快速检查，且相同指标数据自动对比快速发现异常指标项，提升指标审核效率以及对数据质量的把控能力。

（2）指标神器的操作步骤为：导入计价文件→填写计算口径→查看指标结果→指标数据存档。

1）导入计价文件：启动指标神器工具，点击“导入文件”，根据自身情况选择对应的文件格式，支持 GBQ（4、5、6）、XML 、Excel 等计价成果文件解析计算，如图 3.5.2 所示。

图 3.5.2　导入计价文件

2）填写计算口径：导入工程后，在“计算设置”界面填写指标计算口径，如图 3.5.3 所示。

广联达指标神器

我的文件　指标计算　指标对比检查　指标审核　企业指标库　指标学习

项目概况　项目组成　计算设置　指标查看　指标对比

指标模板　计算口径

	名称	建筑面积	地下建筑面积	地上建筑面积	建筑占地面积	总户数
1	1#楼	3072.000	0.000	3072.000	0.000	0.000
2	建筑工程	0.000	0.000	0.000	0.000	0.000
3	安装工程	3072.000	0.000	3072.000	0.000	0.000
4	2#楼	2663.300	0.000	2663.300	0.000	0.000
5	建筑工程	0.000	0.000	0.000	0.000	0.000
6	安装工程	2663.300	0.000	2663.300	0.000	0.000

图 3.5.3　填写计算口径

3）查看指标结果：填写完计算口径，切换到“指标查看”界面，就可以查看指标计算结果了（图 3.5.4），可以在左侧项目结构处点选单项工程或者单位工程名称进行指标查看。除了查看当前工程的指标结果，还可以与其他工程的指标进行对比，切换到“指标对比界面”，选择想要对比的工程，可选择当前工程的其他单项或者单位工程进行对比，也可在个人数据库或者企业数据库选择典型历史工程进行对比，还可以与行业数据进行对比，如

图 3.5.5 所示。

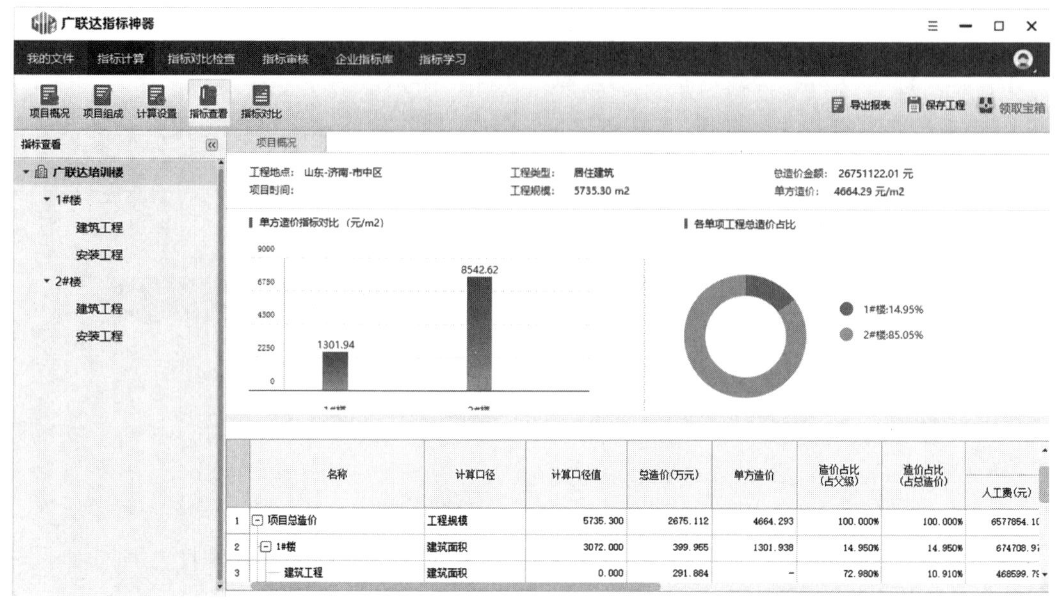

图 3.5.4 查看指标结果

广联达指标神器

我的文件 指标计算 指标对比检查 指标审核 企业指标库 指标学习

基础检查 项目指标检查 单项指标对比 单位指标对比

当前工程 / 广联达培训楼 / 1#楼 / 2#楼；个人库工程；企业库工程；行业数据；开始对比

成本指标 经济技术指标 主要工料指标 展开全部层级 专业 部位 导入工程

	名称	单位	单方造价(元/m2或元/m)			单方含量		
			当前工程	工程对比基准		当前工程	工程对比基准	
			1#楼	平均值	区间值	1#楼	平均值	区间值
1	工程总造价		1301.938	1301.938	1301.938-1301.938	-	-	-
2	主体工程		1301.938	1301.938	1301.938-1301.938	-	-	-
3	土建工程		621.680	621.680	621.680-621.680	-	-	-
4	结构工程		412.930	412.930	412.930-412.930	-	-	-
5	建筑工程		192.044	192.044	192.044-192.044	-	-	-
6	门窗工程		6.119	6.119	6.119-6.119	-	-	-
7	安装工程		263.589	263.589	263.589-263.589	-	-	-
8	电气工程		84.814	84.814	84.814-84.814	-	-	-
9	建筑智能化工程		12.636	12.636	12.636-12.636	-	-	-
10	给排水工程		79.363	79.363	79.363-79.363	-	-	-
11	消防工程		5.568	5.568	5.568-5.568	-	-	-
12	采暖工程		80.966	80.966	80.966-80.966	-	-	-
13	燃气工程		0.241	0.241	0.241-0.241	-	-	-

图 3.5.5 指标对比检查

4）指标数据存档：指标数据计算完成后，既可以保存计算的结果，还可以把指标数据上传到企业指标库，实现数据的存档及共享。点击“保存工程”，保存完成后弹出“同步上传企业指标库”对话框，选择或者新建项目，点击“确定”即可完成数据存档，如图 3.5.6 所示。

图 3.5.6　指标数据入库

2. 企业指标库

前文中提到指标神器计算完成的数据可以保存到企业指标库，随着数据的不断存储，企业数据不断完善，企业数据可以应用到造价工作，造价工作产生的数据又可以完善企业数据，形成数据应用和存储的闭环。

企业数据库的入口在广联达数字新成本产品的“数据中心”，在这里可以按照项目、业态、地点、规模等不同的工程维度进行指标数据的查看，也可按照科目维度进行查看。除了可以在指标神器中进行指标数据入库之外，还可以把 Excel 积累的指标数据导入，完善企业指标库，如图 3.5.7 所示。

图 3.5.7　企业指标库

企业指标库可以实现企业不同部门之间数据的共享，除了查看指标数据外，还有一个重要的应用就是指标对比，点击“指标对比”，可以选择工程添加到对比列表，点击“开始对比”即可对所选工程进行指标数据的对比，如图 3.5.8 所示。

图 3.5.8　企业指标库 - 指标对比

3. 指标网

指标神器和企业指标库是对内部数据的计算及存储，有时需要参考外部行业的指标数据，比如做外地工程，对当地数据不清晰的时候，可以使用的指标工具就是指标网了。

指标网覆盖多维度成本数据指标，提供成本管控多方位服务，涵盖典型案例工程指标、清单综合单价数据、劳务分包数据及政策文件内容。在造价全过程及成本管控中，指标网通过为企业提供标准的数据加工体系，规范成本管控标准，帮助企业梳理成本数据管理思路，同时提供外部数据对比标尺，指导企业对标行业成本管控水平，让成本决策有依有据。

指标网的四个核心模块为：单项工程指标、综合单价、劳务分包报价、政策文件，可在指标网网页点击对应功能按钮切换，如图 3.5.9 所示。

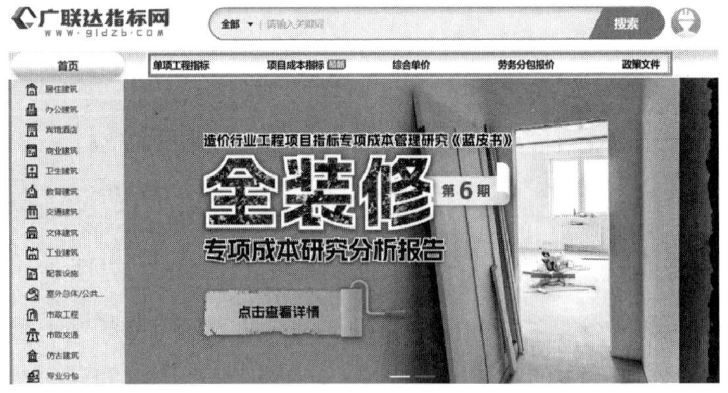

图 3.5.9　广联达指标网

（1）单项工程指标：指标网单项工程模块，通过与本地知名企业合作，获取高质量工程源文件，采用专业的加工人员及先进的指标计算技术、多维度的数据审核标准，为造价全过程阶段的成本（造价）经理、预算（造价）员提供数据多、日期新、覆盖全、结果准的指标数据，帮助成本人员快速、高效地完成指标的对比、对标工作，进一步提高企业成本管控水平。

单项工程指标支持按照不同地区、不同业态、不同造价类型等维度进行行业指标数据的查看，如图 3.5.10 所示。

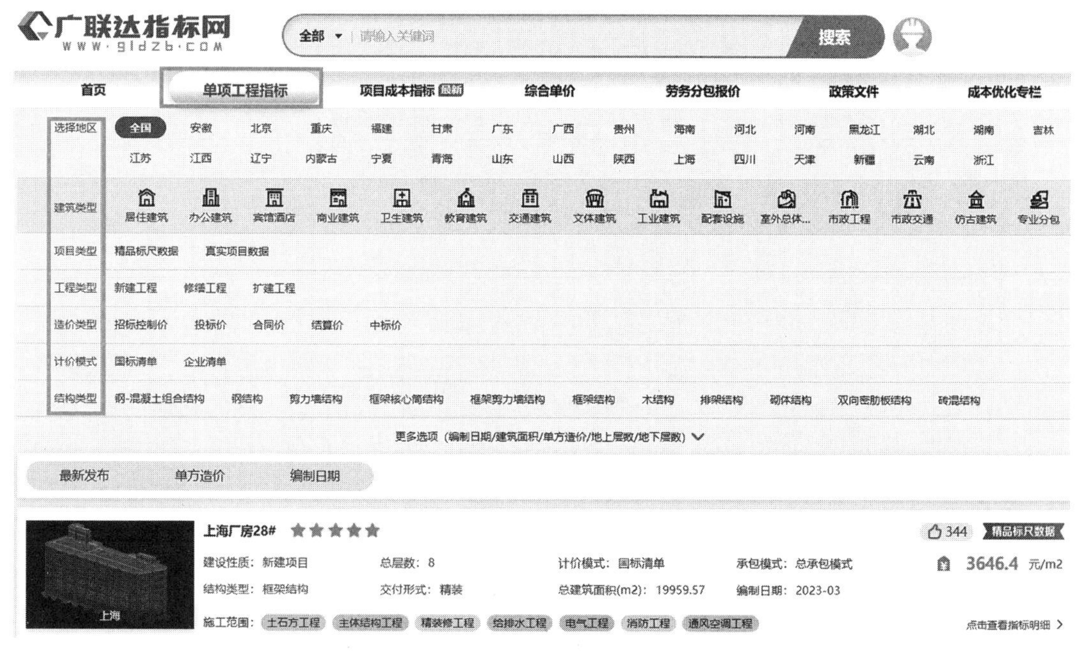

图 3.5.10　指标网单项工程指标

（2）综合单价：指标网综合单价是通过真实项目的数据分析，为各阶段提供真实、全面、准确的常用清单条目的多种组价方案及合理的外部综合单价价格数据，让各项目类型下新技术、新工艺、新做法的清单组价方案和价格有据可依，帮助造价工作者提升编制、审核效率及作业质量。

综合单价模块，可以根据地区、工程类型等维度进行清单综合单价的查看，并且可以查看清单的组价方式，项目特征、定额条目、综合单价构成一目了然，为高效准确组价提供参考，如图 3.5.11 所示。

（3）劳务分包报价：指标网劳务分包是通过与全国不同地区大中型施工单位成本经理合作，采集实际项目劳务分包真实的交易价格，基于统一数据标准结合，通过数据模型验算及业务专家审核，在各阶段为造价用户提供价格准、数据全、更新及时的劳务分包价格，帮助造价工作者提升劳务分包价格查询效率，助力企业实现成本管控。

劳务分包报价支持搜索查询及章节列表查询，如图 3.5.12 所示。

序号	名称	单价（元）
1	人工费	1043.16
2	材料费	49.44
3	机械费	97.34
4	主材费	4310.4
5	直接费	5500.34

材料编码	名称	型号规格	含量	单位	市场价（元）
0001A01B01BC	综合工日		6.14	工日	169.84
0109A03B03BT@1	热轧光圆钢筋	HPB300 φ6	1.02	t	4225.88
0103A03B57CB	镀锌铁丝	22号	10.11	kg	4.89
990503030	电动单筒慢速卷扬机	50kN	0.33	台班	215.57
990702010	钢筋切断机	40mm	0.15	台班	41.21

图 3.5.11　指标网综合单价

首页　单项工程指标　项目成本指标 最新　综合单价　劳务分包报价　政策文件　成本优化专栏

选择地区　河北　河南　黑龙江　湖北　湖南　吉林　江苏　江西　辽宁　内蒙古　北京　宁夏　青海　山东　山西　陕西　上海　四川　天津　新疆　安徽　云南　浙江　重庆　福建　甘肃　广东　广西　深圳　贵州　海南

报价时间　全部　2023年　山东2023年第二季度劳务分包价　山东2023年第一季度劳务分包价

山东2023年第二季度劳务分包价

除税价　含税价　¥ 最低除税价 - ¥ 最高除税价　请输入劳务名称　搜索

分包指导价　总说明　土石方及降水　地基处理与边坡支护

说明　一、适用范围：适用于工业、民建类型建筑的基础开挖回填及降水。　查看更多　全屏查看

序号	项目名称	单位	单价区间	不含税单价	税金	工程量计算规则	工作内容	备注
1	机械土(石)方							
2	机械场地平整	元/m2	1.5~2.5	1.7	3%	按设计图示尺寸以面积计算	场地推平、工作面内排水等全过程	包工包机械

图 3.5.12　劳务分包报价

（4）政策文件：为项目前期成本测算人员，提供全国 31 个省 / 直辖市下的各区、县的各类政策性取费收费标准，如图 3.5.13 所示。

指标数据是工程各阶段数据评估、判断的重要依据，通过指标神器、企业指标库、指标网可以协助造价人员解决指标数据的计算、存储与应用、外部指标数据参考的问题，三者也可实现数据互通，提高指标应用的效率和准确率。

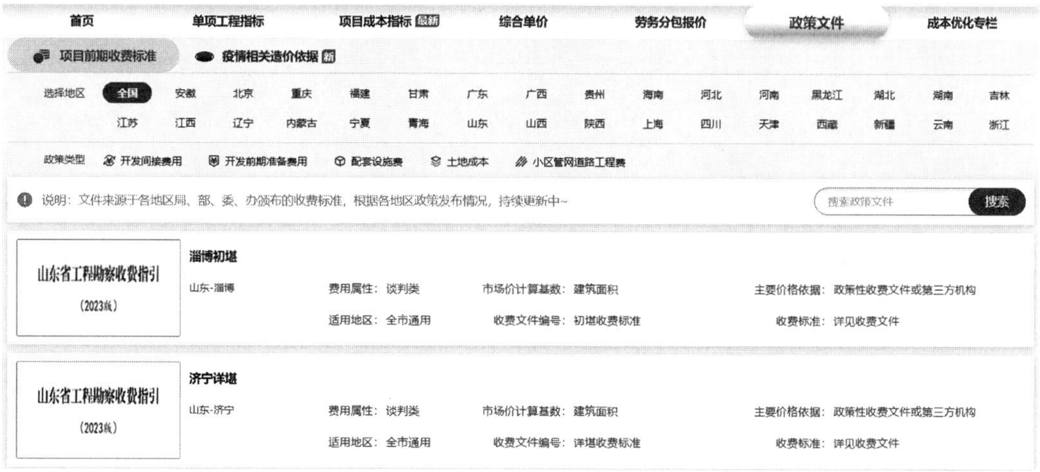

首页　单项工程指标　项目成本指标 最新　综合单价　劳务分包报价　政策文件　成本优化专栏

项目前期收费标准　疫情相关造价依据 新

选择地区　全国　安徽　北京　重庆　福建　甘肃　广东　广西　贵州　海南　河北　河南　黑龙江　湖北　湖南　吉林　江苏　江西　辽宁　内蒙古　宁夏　青海　山东　山西　陕西　上海　四川　天津　西藏　新疆　云南　浙江

政策类型　开发间接费用　开发前期准备费用　配套设施费　土地成本　小区管网道路工程费

说明：文件来源于各地区局、部、委、办颁布的收费标准，根据各地区政策发布情况，持续更新中~　搜索政策文件　搜索

山东省工程勘察收费指引（2023版）

淄博初堪

山东-淄博　费用属性：谈判类　市场价计算基数：建筑面积　主要价格依据：政策性收费文件或第三方机构

适用地区：全市通用　收费文件编号：初堪收费标准　收费标准：详见收费文件

山东省工程勘察收费指引（2023版）

济宁详堪

山东-济宁　费用属性：谈判类　市场价计算基数：建筑面积　主要价格依据：政策性收费文件或第三方机构

适用地区：全市通用　收费文件编号：详堪收费标准　收费标准：详见收费文件

图 3.5.13　指标网政策文件

第 4 章　进度计量文件编制

4.1　进度计量业务基础知识

4.1.1　进度计量含义

根据《建设工程价款结算暂行办法》，建设工程价款结算是指对建设工程的发承包合同价款进行约定和依据合同约定进行工程预付款、工程进度款、工程竣工价款结算的活动。其中，工程进度款是指在施工过程中，按逐月（或形象进度，或控制界面等）完成的工程数量计算的各项费用总和；工程进度款结算即依据合同约定进行工程进度款结算。

4.1.2　进度计量流程

1. 施工单位上报进度计量流程

施工单位按合同中对于进度款的规定，进行当期进度计量文件的上报，需统计当前期完成工程量、累计完成工程量及完成比例，并完成对应的计价文件及其相关证明材料，上报至工程监理，工程监理审核工程形象进度是否符合工程实际，审核合格后上报至建设单位项目部，流程如图 4.1.1 所示。

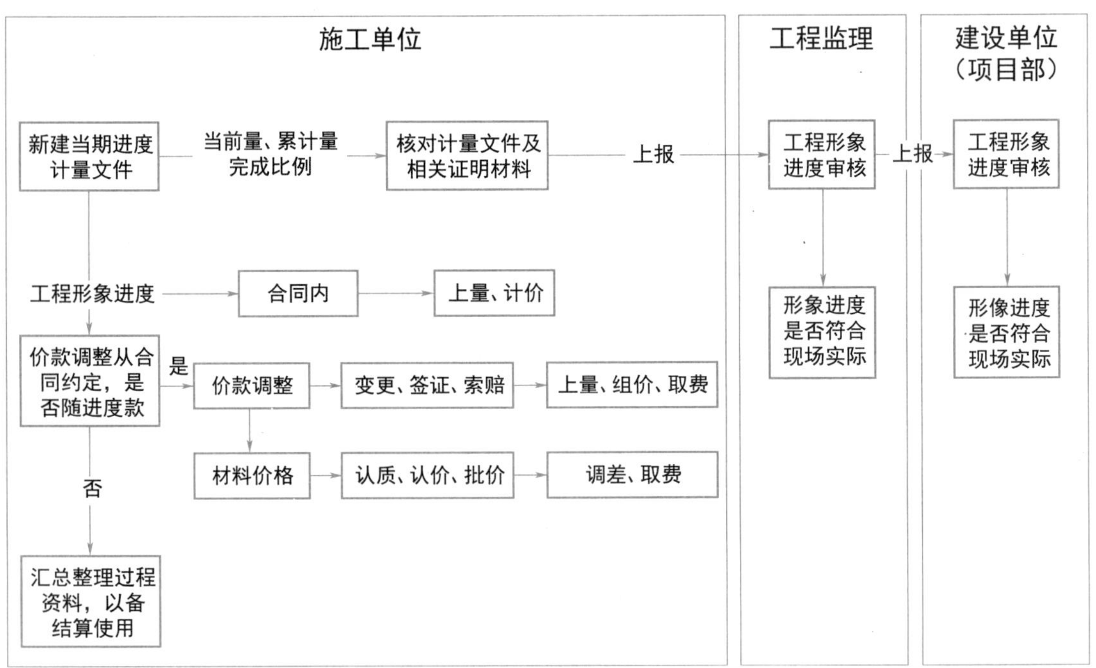

图 4.1.1　施工单位上报进度计量业务流程图

进度款编制按工程形象进度，分为合同内部分和合同外部分，合同内部分需计算对应工程量及计价；合同外部分需要根据合同约定，是否随进度款进行进度支付，如果是，则需要对变更、签证、索赔进行上量、组价及取费；材料价差调整需要进行认质、认价、批价，按合同规定调差方法进行调差和取费；如果不随进度款支付，则整理过程资料，以备在结算时使用。

2. 审核进度计量部分

建设单位项目部审核通过后，建设单位或咨询公司进行进度计量审核，需要审核当期进度计量文件及证明资料，审核通过后按合同约定比例支付进度款，需扣除预付款，审核流程如图 4.1.2 所示。

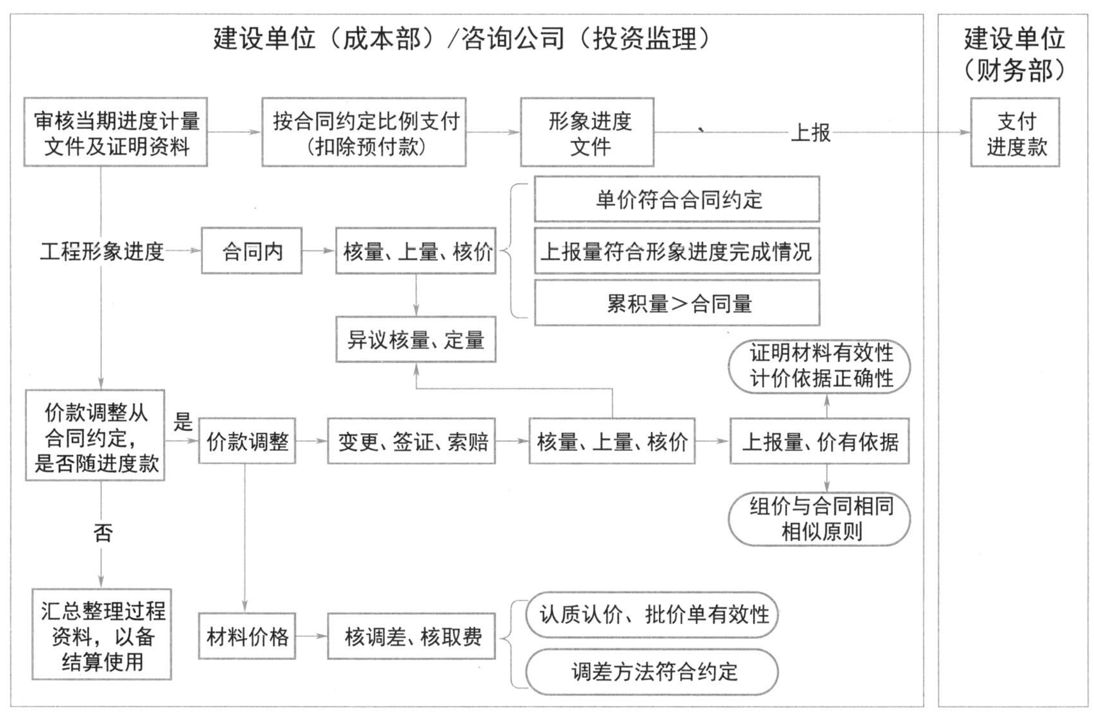

图 4.1.2　审核进度计量业务流程图

审核同样分为合同内及合同外，对于合同内部分，需要核量：上报工程量是否符合形象进度完成情况，累计工程量与合同量对比；核价：单价是否符合合同约定。

合同外部分根据合同约定，是否随进度款，如果随进度款，合同外部分的变更、签证、索赔进行核量、上量、核价，上报的工程量、价要有依据；材料价格调差审核调差方法符合合同约定，审核认质认价、批价单的有效性，审核材差及取费的准确性。

4.1.3　进度计量与过程结算区别

2014 年 10 月，《住房城乡建设部关于进一步推进工程造价管理改革的指导意见》中提出要“完善建设工程价款结算办法，转变结算方式，推行过程结算，简化竣工结算”。除此之外，2020 年 7 月 24 日，《住房和城乡建设部办公厅关于印发工程造价改革工作方案的通知》中提出“严格施工合同履约管理。加强工程施工合同履约和价款支付监管，引导发承包双方严格按照合同，全面推行施工过程价款结算和支付，探索工程造价纠纷的多元化解决途径和方法，进一步规范建筑市场秩序，防止工程建设领域腐败和农民工工资拖欠。”工程过程结算在逐步推行和落地，那么进度计量和过程结算有什么区别呢？

本节从含义、目的、付款比例及在竣工结算的处理上分别讲解，如表 4.1.1 所示。

进度计量与过程结算区别　　表 4.1.1

	进度计量	过程结算
含义	发承包双方应按照约定的时间、程序和方法，根据工程计量结果，支付进度款	发包人和承包人根据有关法律法规规定和合同约定，在过程结算节点上对已完工程进行当期合同价格的计算、调整、确认的活动
目的	维持项目施工过程中正常的材料采购、人工、机械等费用的每月支出	提前进行已完成部分的结算，缩短最终结算的时间，同时减少每年年底项目现金流的压力
付款比例	按照合同约定的过程进度款支付比例，一般为 80%	按照合同约定的结算付款比例支付，一般为 90% 或 95%
竣工结算处理	根据合同结算条款对应进行重新计量计价	《建设工程工程量清单计价标准（征求意见稿）》中规定“经发承包双方签署认可的施工过程结算文件，应作为工程竣工结算文件的组成部分，除按本标准第 10.3.12 条规定的调整外，竣工结算不应对其重新计量、计价。”

从含义上看，进度计量是指“发承包双方应按照约定的时间、程序和方法，根据工程计量结果，支付进度款”；而过程结算是指“发包人和承包人根据有关法律法规规定和合同约定，在过程结算节点上对已完工程进行当期合同价格的计算、调整、确认的活动”；一般工程中进度计量按月度进行支付进度款；过程结算按合同约定的结算节点，对已完工程进行合同价格的计算、调整和确认。

从目的上看，进度计量的目的是施工企业维持项目施工过程中正常的材料采购、人工、机械等费用的每月支出；而过程结算本质上还是结算，只是将竣工结算前移，提前进行已完成部分的结算，缩短最终结算的时间，同时减少每年年底项目现金流的压力。在项目实施过程中办理分阶段结算，将纠纷争议问题前置，让双方有充分的时间协调解决，不至于全部留到最后来解决。问题遗留越久，越不容易解决，以至于结算周期被过度拖长。

从付款比例上看，进度计量按照合同约定的过程进度款支付比例，一般为 80%；而过程结算按照合同约定的结算付款比例支付，一般为 90% 或 95%。

从对竣工结算处理上看，进度计量已计量部分，在竣工结算时根据合同结算条款对应进行重新计量计价；而《建设工程工程量清单计价标准（征求意见稿）》中规定“经发承包双方签署认可的施工过程结算文件，应作为工程竣工结算文件的组成部分，除按本标准第 10.3.12 条规定的调整外，竣工结算不应对其重新计量、计价”。

4.2　进度计量软件操作

广联达云计价平台中对于施工过程中的进度计量提供进度计量模块：以合同清单及单

价为依据，按约定计量周期要求，实现分期计量，多期数据集中管理，合同、当期、累计、未完成数据直观显示，超量实时预警，材料高效调差，且每期进度计量上报、审定清晰对比，审计差异一目了然，让进度款编制、审核更高效。

进度计量软件操作：首先新建进度计量工程→创建分期，设置分期的起始时间→在分部分项界面输入当期上报工程量→措施界面进行措施项目申报→工料机界面进行工料机调差→费用汇总查看本期总费用→设置合同外内容（变更、签证等）→最后查看报表，流程图如图 4.2.1 所示。

图 4.2.1　进度计量软件操作流程

4.2.1　新建进度计量工程

进度计量的编辑一般基于合同清单，因此编制进度计量文件，需要先准备好对应的合同清单预算文件，以“广联达大厦”合同清单为例，新建进度计量工程有三种方式。

1. 第一种打开广联达云计价平台，在左侧新建部分选择第三项“进度计量”，浏览对应的预算文件，点击“立即新建”即可，如图 4.2.2 所示。

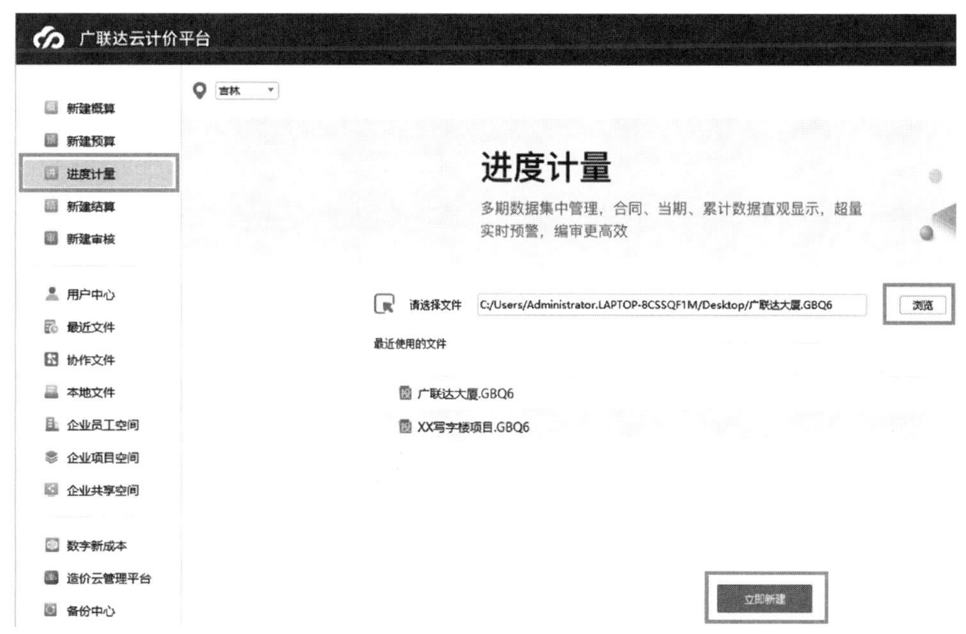

图 4.2.2　新建进度计量方式一

2. 新建的第二种方式，预算文件可以直接转为进度计量，打开预算文件，点击左上角“文件”，在下拉的选项中选择“转为进度计量”即可快速完成预算到进度计量之间的转换，如图 4.2.3 所示。

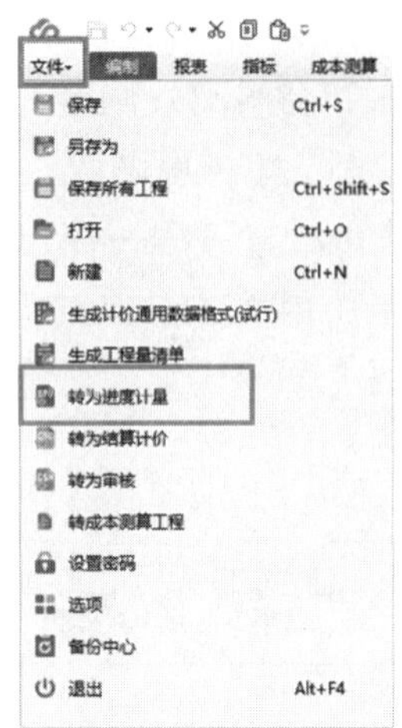

图 4.2.3　新建进度计量方式二

3. 新建的第三种方式，在广联达云计价平台中，从最近文件的列表里找到需要转换的预算文件，鼠标右键点击该预算文件，在弹出的选项里选择“转为进度计量”即可快速转换完成，如图 4.2.4 所示。

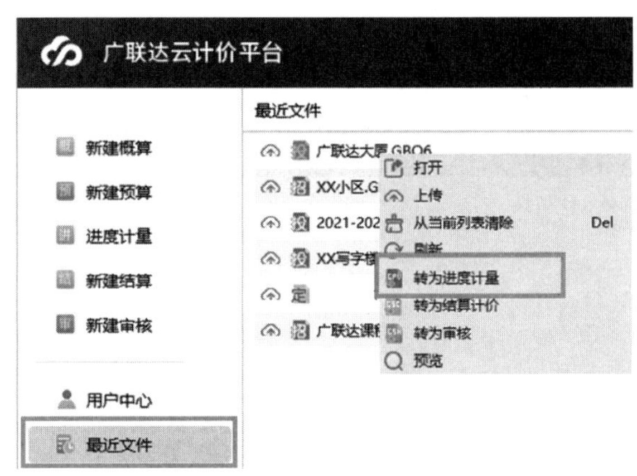

图 4.2.4　新建进度计量方式三

4.2.2　设置起始时间 / 新建分期

新建进度计量工程后，默认为第 1 期，根据案例工程合同中关于工程进度付款的规定（图 4.2.5），施工至 ±0.000 时进行第一次支付，以后根据实际完成工程量按月支付。

17.3 工程进度付款

17.3.1 付款周期

按 1#、2#楼各单位工程施工至正负零时分别进行各栋楼的第一次支付，以后根据实际完成工程量按月支付，由承包方提供正式发票后办理实际支付。

图 4.2.5　工程进度款合同规定

对于第一期，可以通过两种方式设置：

1. 第一种：修改起始时间，软件左上角时间位置，“起”始时间为开始施工时间，“至”施工至 ±0.000 的时间，如图 4.2.6 所示。

图 4.2.6　设置起始时间

2. 第二种：不修改起始时间，在总项目结构界面点击“形象进度”，进行第一期的形象进度描述，如图 4.2.7 所示。

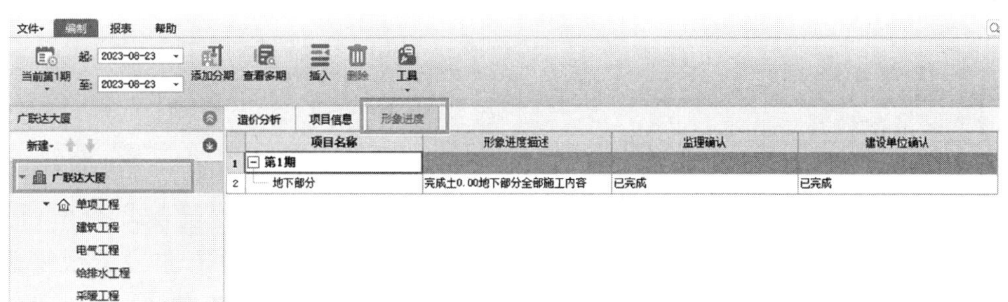

图 4.2.7　形象进度

第二期开始，通过“添加分期”进行进度管控。第二期开始，默认的起始时间为上一期的第二天，时长一个月（图 4.2.8），确定后，当前期自动切换至第二期，可以点击当前期进行切换。

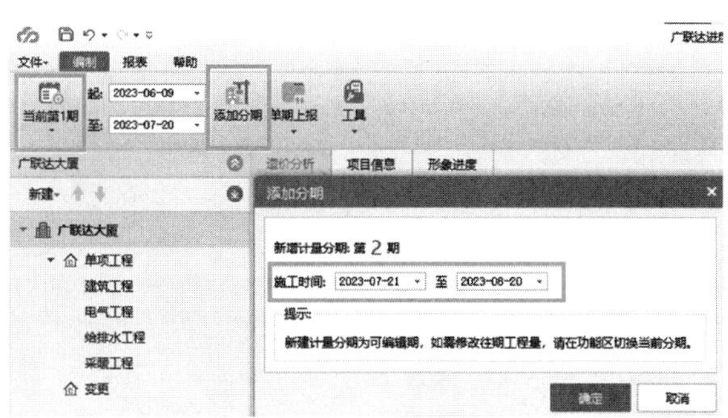

图 4.2.8　添加分期

4.2.3　分部分项申报

1. 分部分项报量 3 种方式

设置好起始时间或添加好分期后，需要对分部分项、措施项目、其他项目分别进行当期工程量的上报；首先进行分部分项中当期工程量上报，案例中，第一个计量周期中实际完成工作：主体部分按实报量、砌块墙完成合同总量的 30%。上报工程量有 3 种方式进行报量：

（1）手动输入完成量或比例

主体部分根据现在工程的进度，结合合同约定，据实填报，软件中在第一期上报工程量中手动填写当期实际完成工程量或完成比例，随即自动统计出累计完成的合价及未完工程量，工程进展清晰可见，如图 4.2.9 所示。

分部分项　措施项目　其他项目　人材机调整　费用汇总

	编码	类别	名称	单位	第1期上报（当前期）			第1期审定（当前期）			累计完成			未完成
					工程量	合价	比例(%)	工程量	合价	比例(%)	工程量	合价	比例(%)	工程量
			整个项目			19368.38			19368.38			19368.38		
B1		部	砌筑工程			0			0			0		
1	010402001001	项	砌块墙	m3	0	0	0	0	0	0	0	0	0	413.34
2	010402001002	项	砌块墙	m3	0	0	0	0	0	0	0	0	0	61.31
3	010607005001	项	砌块墙钢丝网加固	m	0	0	0	0	0	0	0	0	0	5561.65
B1		部	混凝土及钢筋混凝土工程			19368.38			19368.38			19368.38		
4	010502001003	项	矩形柱（周长1.2m以内）	m3	0.88	1363.77	100	0.88	1363.77	100	0.88	1363.77	100	0
5	010502003001	项	异形柱	m3	13	18004.61	47.94	13	18004.61	47.94	13	18004.61	47.94	14.12
6	010504003002	项	短肢剪力墙	m3	0	0	0	0	0	0	0	0	0	298.58
7	010502002001	项	构造柱	m3	0	0	0	0	0	0	0	0	0	8.62
8	010505010001	项	其他板	m3	0	0	0	0	0	0	0	0	0	2.64
9	010508001002	项	二次灌浆	m3	0	0	0	0	0	0	0	0	0	7.71

图 4.2.9　手动填写工程量或比例

（2）批量设置当期比例

对于一个项目文件，有十几个单项，每个单位工程有上百条清单，一个个输入完成比例效率低。例如案例工程，砌块墙完成合同量的 30%，故除了手动报量方式之外，还可以批量设置当期完成比例，选择所涉及的清单（可以按住 Ctrl 键多选），单击鼠标右键“批量设置当期比例”，输入当期完成比例，确定后就可以快速完成几百条清单的报量工作，省时便捷，如图 4.2.10 所示。

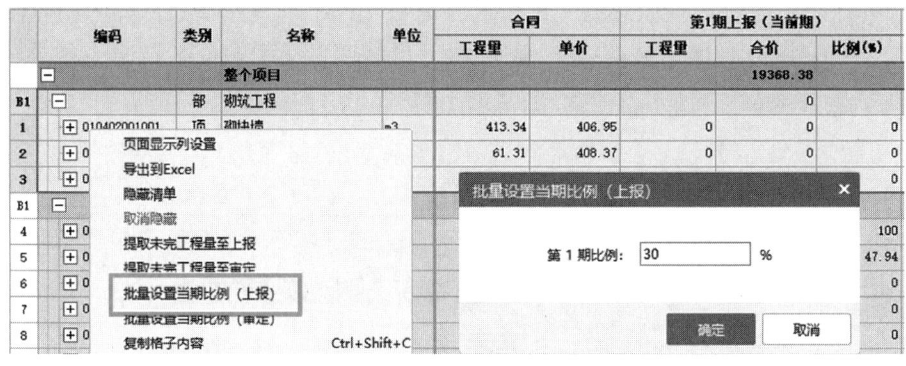

图 4.2.10　批量设置当期比例

（3）提取未完工程量

对于进度款报量来说，单纯考虑每一次的报量可能不是最头疼的，头疼的是一个项目工期有几年的时间，进度报量的次数很多，到最后预算人员也记不起清单还剩多少量未完成，利用 Excel 表格加和，再对比合同量，工作量相当烦琐。

软件设置“提取未完工程量至上报”的按钮，就可以轻松提取未完成工程量，周期长的报量工作变得简单，选择需要提取的清单，单击鼠标右键“提取未完工程量至上报”，软件自动提取剩余工程量到本期上报工程量中，如图 4.2.11 所示。

编码	类别	名称	单位	第2期审定（当前期）			累计完成			未完成
				工程量	合价	比例(%)	工程量	合价	比例(%)	工程量
		整个项目			0			82212.12		
	部	砌筑工程			0			62843.74		
010402001001	项	砌块墙	m3					50461.8	30	289.34
010402001002	项	砌块墙	m3					7509.92	30	42.92
010607005001	项	砌块墙钢丝网加固	m					4872.02	30	3893.15
	部	混凝土及钢筋混凝土工程						19368.38		
010502001003	项	矩形柱（周长1.2m以内）	m3					1363.77	100	0
010502003001	项	异形柱	m3					18004.61	47.94	14.12
010504003002	项	短肢剪力墙	m3					0	0	298.58
010502002001	项	构造柱	m3					0	0	8.62
010505010001	项	其他板	m3					0	0	2.64

页面显示列设置
导出到Excel
隐藏清单
取消隐藏
提取未完工程量至上报
提取未完工程量至审定
批量设置当期比例（上报）
批量设置当期比例（审定）
复制格子内容　Ctrl+Shift+C

图 4.2.11　提取未完工程量

2. 超量预警

既然存在提取未完成工程量，就会存在有部分清单的工程量到最后已经远远超出合同内工程量。如何将超出合同量的清单快速显示呢?

软件内置“预警提示”，只要累计报量超出合同工程量，累计完成的指标，比如累计完成合价、累计完成比例等就会红色显示，起到提示作用。通过颜色的不同，可以清晰查看量超出的情况，如图 4.2.12 所示。

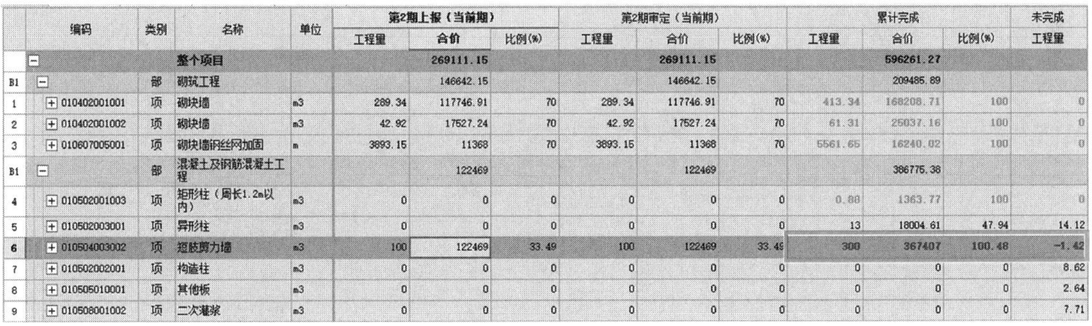

	编码	类别	名称	单位	第2期上报（当前期）			第2期审定（当前期）			累计完成			未完成
					工程量	合价	比例(%)	工程量	合价	比例(%)	工程量	合价	比例(%)	工程量
			整个项目			269111.15			269111.15			596261.27		
B1		部	砌筑工程			146642.15			146642.15			209485.89		
1	010402001001	项	砌块墙	m3	289.34	117746.91	70	289.34	117746.91	70	413.34	168208.71	100	0
2	010402001002	项	砌块墙	m3	42.92	17527.24	70	42.92	17527.24	70	61.31	25037.16	100	0
3	010607005001	项	砌块墙钢丝网加固	m	3893.15	11368	70	3893.15	11368	70	5561.65	16240.02	100	0
B1		部	混凝土及钢筋混凝土工程			122469			122469			386775.38		
4	010502001003	项	矩形柱（周长1.2m以内）	m3	0	0	0	0	0	0	0.88	1363.77	100	0
5	010502003001	项	异形柱	m3	0	0	0	0	0	0	13	18004.61	47.94	14.12
6	010504003002	项	短肢剪力墙	m3	100	122469	33.49	100	122469	33.49	300	367407	100.48	-1.42
7	010502002001	项	构造柱	m3	0	0	0	0	0	0	0	0	0	8.62
8	010505010001	项	其他板	m3	0	0	0	0	0	0	0	0	0	2.64
9	010508001002	项	二次灌浆	m3	0	0	0	0	0	0	0	0	0	7.71

图 4.2.12　超量预警

3. 查看多期

如果进度报量期数太多，整个工程的进度把控情况如何直观获取？软件设置“查看多期”功能，可以纵观已报量的进度情况，让报量工作更简便、更轻松，如图 4.2.13 所示。

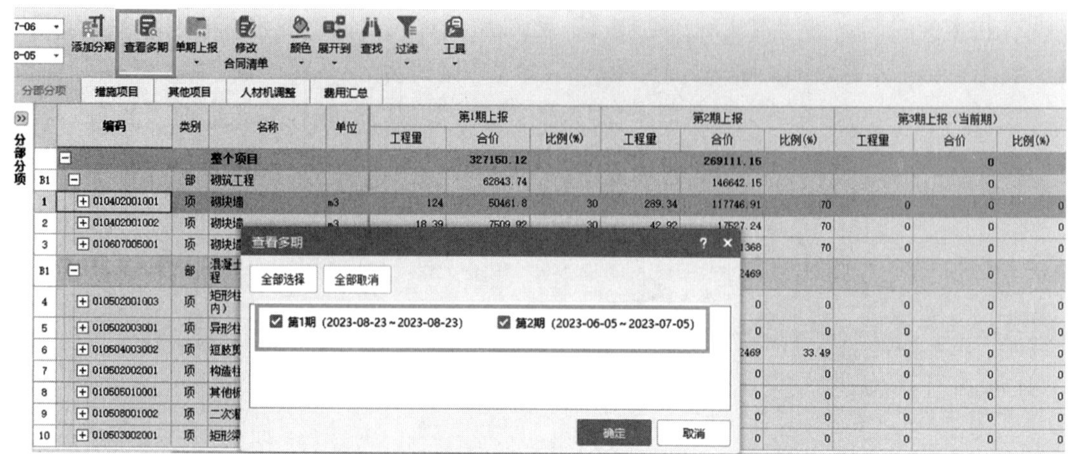

图 4.2.13 查看多期

4. 修改合同清单

施工过程中，由于实际情况普遍存在很多细小变更，如图纸按 $\phi8$ 钢筋设计，但实际施工现场只有 $\phi10$ 钢筋时，施工方会通过技术核定单等方式变相调整项目特征，结算时施工方一般直接在原合同清单基础上调整特征及材料，应如何处理？

软件提供“修改合同清单”功能，可以在合同内对合同清单予以调整，合同内允许新增分部、清单、定额，相同材料沿用合同内价格；同时修改合同内清单后，软件会有“编辑”图标显示，差异化显示更加直观，如图 4.2.14 所示。

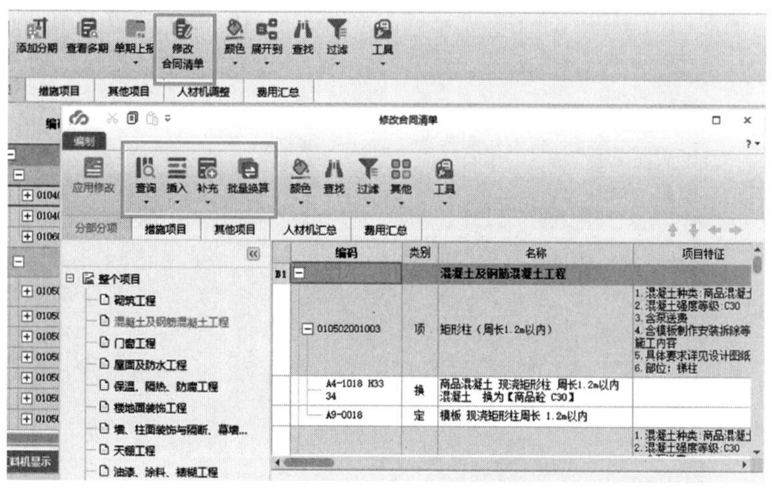

图 4.2.14 修改合同清单

4.2.4 措施项目（其他项目）申报

措施项目计价方式分为总价措施（基数乘以费率组价）和单价措施（按照清单定额组价）两种方式，而措施项目依据地方特点与合同约定不同，结算方式也不尽相同。软件根据实际结算的方式分为三种计量方法：第一种，手动输入比例；第二种，按分部分项完成比例；第三种，按照实际发生，如图 4.2.15 所示。

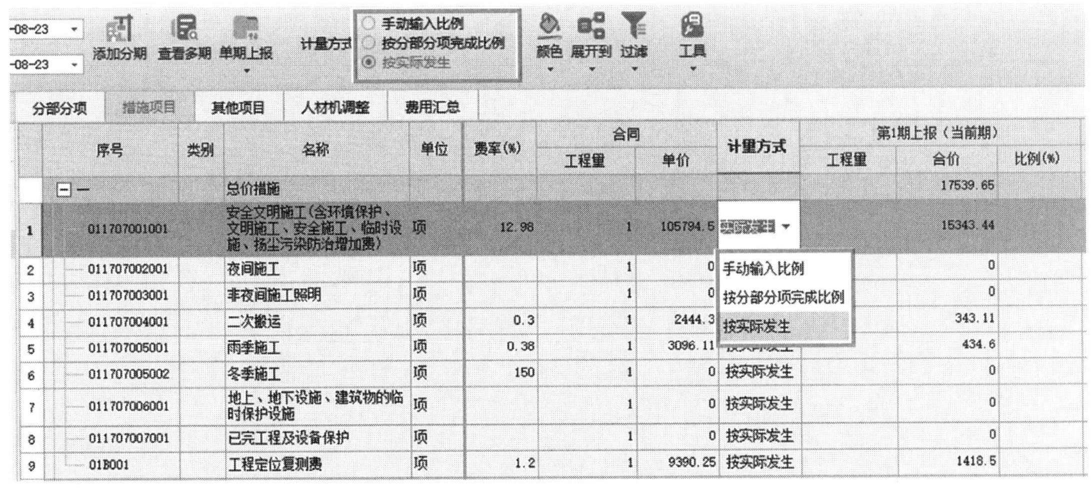

添加分期
查看多期
单期上报
计量方式
手动输入比例
按分部分项完成比例
按实际发生
颜色
展开到
过滤
工具
分部分项
措施项目
其他项目
人材机调整
费用汇总
序号
类别
名称
单位
费率(%)
合同
工程量
单价
计量方式
第1期上报（当前期）
工程量
合价
比例(%)
总价措施
17539.65
1 011707001001 安全文明施工（含环境保护、文明施工、安全施工、临时设施、扬尘污染防治增加费） 项 12.98 1 105794.5 15343.44
2 011707002001 夜间施工 项 1 0 0
3 011707003001 非夜间施工照明 项 1 0 0
4 011707004001 二次搬运 项 0.3 1 2444.3 343.11
5 011707005001 雨季施工 项 0.38 1 3096.11 434.6
6 011707005002 冬季施工 项 150 1 0 按实际发生 0
7 011707006001 地上、地下设施、建筑物的临时保护设施 项 1 0 按实际发生 0
8 011707007001 已完工程及设备保护 项 1 0 按实际发生 0
9 01B001 工程定位复测费 项 1.2 1 9390.25 按实际发生 1418.5

图 4.2.15　措施项目计量方式

（1）手动输入比例：在“比例”列输入措施项目完成比例，完成比例 = 当前期措施费用合价 / 措施项目合价。

（2）按分部分项完成比例：完成比例自动按分部分项完成比例计算，完成比例 = 分部分项当前期总合价 / 分部分项合同清单总合价。

（3）按实际发生：主要用于可计量清单组价方式 ，输入当期实际完成工程量，与分部分项类似。

如果需要修改，先选择需要修改的范围，例如可以按住鼠标左键框选多条总价措施项，在上方工具栏切换计量方式，或者在“计量方式”列下拉选择对应计量方式单独修改。

4.2.5　工料机调差

首先查看合同约定，工料机调差是否随进度款，如果随进度款才进行工料机调差，例如建设项目中一些人材机的价格可能会在短时间内发生比较明显的变化，因此合同中会对这类材料进行约定，如合同中约定钢筋合同价格为 4000 元 /t，风险幅度范围 ±5%，以每月 20 日钢筋市场价格为基准与合同价格进行比较后调差。

软件人材机调整由 5 个步骤完成，流程如图 4.2.16 所示。

图 4.2.16　人材机调整软件操作流程（进度计量）

1. 选择需调差的人材机

切换至人材机调整界面，功能区选择“从人材机汇总中选择”，选择需要调差的人材机（图 4.2.17），例如按合同约定，钢筋每月按市场价格为基准与合同价格比较后调差，在“从人材机汇总中选择”界面勾选钢筋后点击“确定”即可，可以通过关键字“查找”功能快速查找所需的材料，如图 4.2.17 所示。

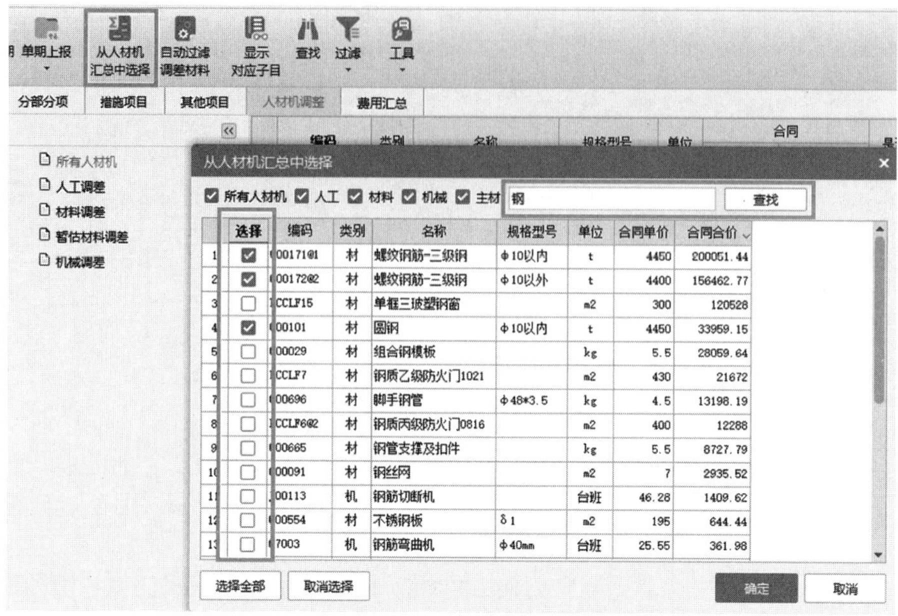

图 4.2.17　选择需要调整的人材机（进度计量）

合同中可能会对可调差材料有以下几种定义：（1）将某些约定为主材的材料作为可调差材料；（2）合同中价值排在前 n 位的材料作为可调差材料；（3）占合同中材料总值 $n\%$ 的材料作为可调差材料。在调整价差时，需要对这些材料进行筛选并调价。软件中，在上方功能区选择“自动过滤调差材料”，按合同约定选择设置方式，确定后，软件自动按设置方式筛选调差材料，如图 4.2.18 所示。

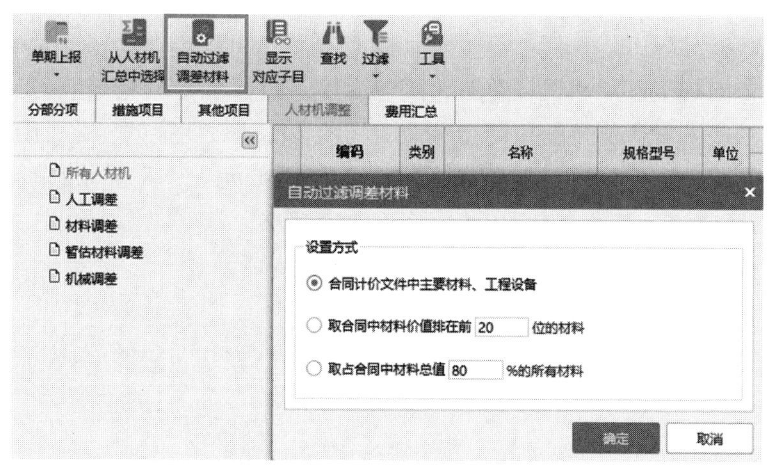

图 4.2.18　自动过滤调差材料（进度计量）

2. 设置风险幅度范围

软件切换至“材料调差”界面，点击“风险幅度范围”，按合同约定的风险幅度范围修改软件中的设置（图 4.2.19）。如果需要单独调整，可以双击对应材料的“风险幅度范围”列，修改范围即可。

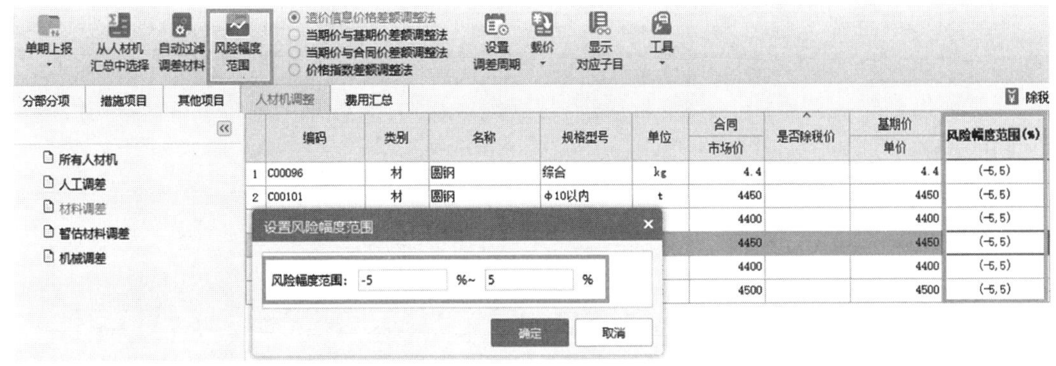

图 4.2.19　设置风险幅度范围（进度计量）

3. 确定材料价格

修改当期材料价格，可以双击当前期的“单价”列手动修改，也可以通过“载价”方式快速调整当期价格，如图 4.2.20 所示。

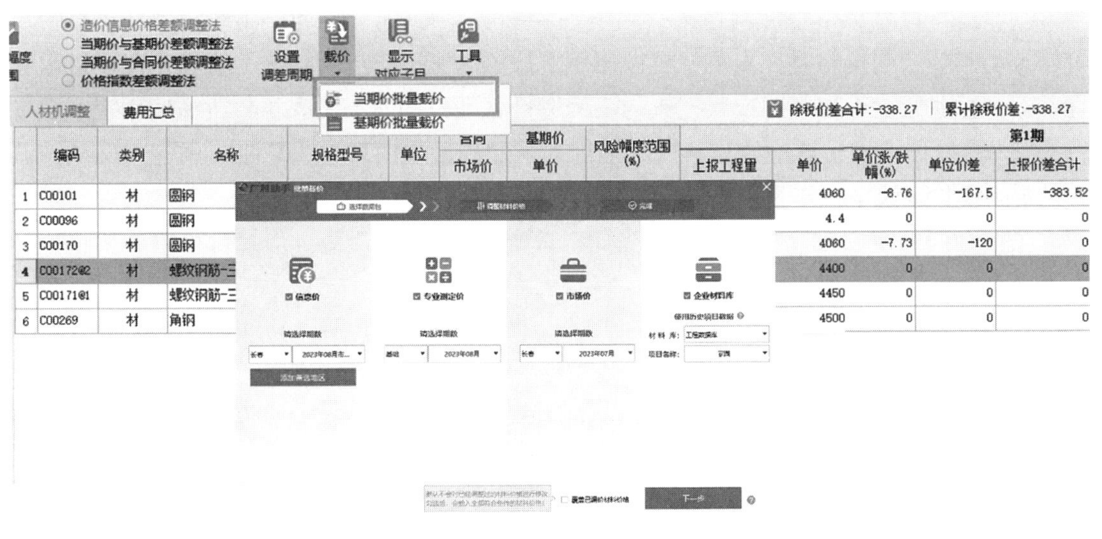

图 4.2.20　“载价”方式修改当期单价

4. 选择价差计算方法

软件中提供 4 种调差方法：造价信息价格差额调整法、当期价与基期价差额调整法、当期价与合同价差额调整法、价格指数差额调整法（图 4.2.21）。选择对应调差方法后，软件自动计算材料价差，例如案例合同中约定钢筋调差按当期市场价与合同价差额调整方法，调差方法切换至“当期价与合同价差额调整法”即可，软件自动计算钢筋价差。

4 种调差方法具体计算方法：

（1）当期价与合同价差额调整法：合同中约定的价差调整方法是，当期价与合同价的价差超出一定比例时进行调差。按案例中合同约定，选择“当期价与合同价差额调整法”，软件自动按风险幅度范围计算当期“单价”与“合同市场价”列之间的价差，如图 4.2.21 所示。

（2）当期价与基期价差额调整法：合同中约定的价差调整方法是，当期价与基期价价差超出一定比例时进行调差。需按合同约定修改“基期价”及当期“单价”，切换至“当期价与基期价格差额调整法”，软件自动按风险幅度范围计算当期“单价”与“基期价单价”列之间的价差。

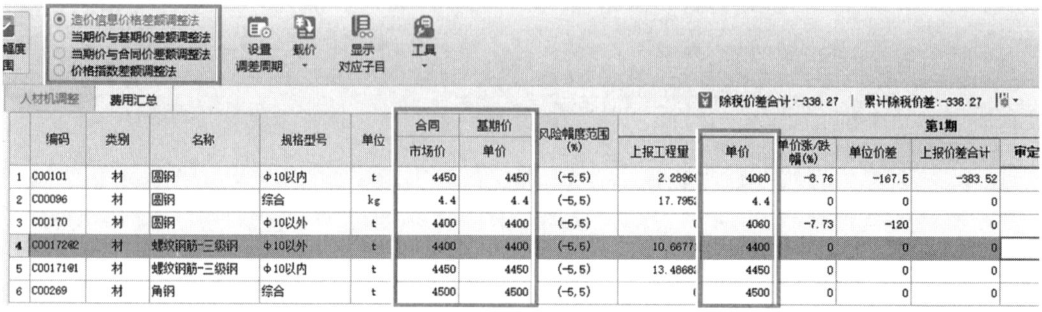

造价信息价格差额调整法
当期价与基期价差额调整法
当期价与合同价差额调整法
价格指数差额调整法
设置调差周期　载价　显示对应子目　工具

人材机调整　费用汇总　　除税价差合计:-338.27　累计除税价差:-338.27

	编码	类别	名称	规格型号	单位	合同市场价	基期价单价	风险幅度范围(%)	第1期上报工程量	单价	单价涨/跌幅(%)	单位价差	上报价差合计	审定
1	C00101	材	圆钢	ϕ10以内	t	4450	4450	(-5,5)	2.2896	4060	-8.76	-167.5	-383.52	
2	C00096	材	圆钢	综合	kg	4.4	4.4	(-5,5)	17.795	4.4	0	0	0	
3	C00170	材	圆钢	ϕ10以外	t	4400	4400	(-5,5)		4060	-7.73	-120	0	
4	C00172@2	材	螺纹钢筋-三级钢	ϕ10以外	t	4400	4400	(-5,5)	10.6677	4400	0	0	0	
5	C00171@1	材	螺纹钢筋-三级钢	ϕ10以内	t	4450	4450	(-5,5)	13.4868	4450	0	0	0	
6	C00269	材	角钢	综合	t	4500	4500	(-5,5)		4500	0	0	0	

图 4.2.21　4 种调差方法

（3）造价信息价格差额调整法：合同履行期间，因人工、材料、工程设备和机械台班价格波动影响合同价格时，人工、机械使用费按照国家或省、自治区、直辖市建设行政管理部门、行业建设管理部门或其授权的工程造价管理机构发布的人工、机械使用费系数进行调整；需要进行价格调整的材料，其单价和采购数量应由发包人审批，发包人确认需调整的材料单价及数量，作为调整合同价格的依据。

需按合同约定修改“基期价”及当期“单价”，切换至“造价信息价格差额调整法”，软件自动按计算规则计算价差。

计算规则：

1）合同价＜基期价

①涨幅以基期价为基础：（当期价 – 基期价）/ 基期价＞ 5% 时，单位价差 = 结算价 – 基期价 ×（1+5%）

②跌幅以合同价为基础：（当期价 – 合同价）/ 合同价＜ –5% 时，单位价差 = 结算价 – 合同价 ×（1–5%）

2）合同价＞基期价

①涨幅以合同价为基础：（当期价 – 合同价）/ 合同价＞ 5% 时，单位价差 = 结算价 – 合同价 ×（1+5%）

②跌幅以基期价为基础：（当期价 – 基期价）/ 基期价＜ –5% 时，单位价差 = 结算价 – 基期价 ×（1–5%）

3）合同价 = 基期价

①涨幅：（当期价 – 基期价）/ 基期价＞ 5%，单位价差 = 结算价 – 基期价 ×（1+5%）

②跌幅：（当期价 – 基期价）/ 基期价＜ –5%，单位价差 = 结算价 – 基期价 ×（1–5%）

总结来看，如果当期价跌幅，合同价和基期价按价格低的计算；如果当期价是涨幅，合同价和基期价按价格高的计算，例如圆钢价格为跌幅，按合同价和基期价中低的价格 4400 计算，价差均为 –120=4060–4400×（1–5%）；螺纹钢筋价格为涨幅，按合同价和基期价中高的价格 4450 计算，价差均为 327.5=5000–4450×（1+5%），如图 4.2.22 所示。

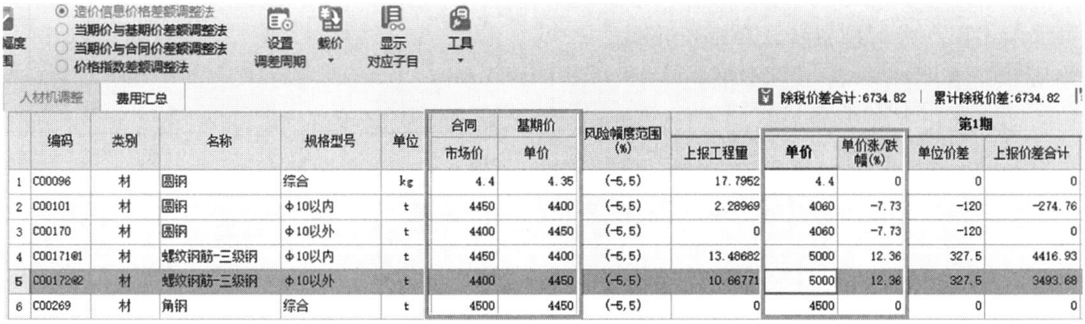

◉ 造价信息价格差额调整法
○ 当期价与基期价差额调整法
○ 当期价与合同价差额调整法
○ 价格指数差额调整法
设置调差周期　载价　显示对应子目　工具

人材机调整　费用汇总　　除税价差合计:6734.82　累计除税价差:6734.82

	编码	类别	名称	规格型号	单位	合同	基期价	风险幅度范围(%)	第1期				
						市场价	单价		上报工程量	单价	单价涨/跌幅(%)	单位价差	上报价差合计
1	C00096	材	圆钢	综合	kg	4.4	4.35	(-5,5)	17.7952	4.4	0	0	0
2	C00101	材	圆钢	φ10以内	t	4450	4400	(-5,5)	2.28969	4060	-7.73	-120	-274.76
3	C00170	材	圆钢	φ10以外	t	4400	4450	(-5,5)	0	4060	-7.73	-120	0
4	C00171@1	材	螺纹钢筋-三级钢	φ10以内	t	4450	4400	(-5,5)	13.48682	5000	12.36	327.5	4416.93
5	C00172@2	材	螺纹钢筋-三级钢	φ10以外	t	4400	4450	(-5,5)	10.66771	5000	12.36	327.5	3493.68
6	C00269	材	角钢	综合	t	4500	4450	(-5,5)	0	4500	0	0	0

图 4.2.22　造价信息价格差额调整法（进度计量）

（4）价格指数差额调整法：合同中约定的价差调整方法是，价格指数差额调整法。输入“基本价格指数 F_0”和“第 n 期现行价格指数 F_t”，软件自动按计算规则计算，如图 4.2.23 所示。

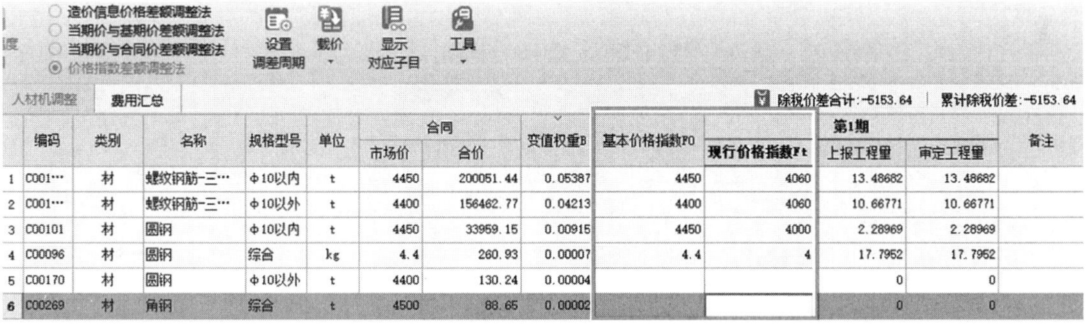

○ 造价信息价格差额调整法
○ 当期价与基期价差额调整法
○ 当期价与合同价差额调整法
◉ 价格指数差额调整法
设置调差周期　载价　显示对应子目　工具

人材机调整　费用汇总　　除税价差合计:-5153.64　累计除税价差:-5153.64

	编码	类别	名称	规格型号	单位	合同		变值权重B	基本价格指数F0		第1期		备注
						市场价	合价			现行价格指数Ft	上报工程量	审定工程量	
1	C001···	材	螺纹钢筋-三···	φ10以内	t	4450	200051.44	0.05387	4450	4060	13.48682	13.48682	
2	C001···	材	螺纹钢筋-三···	φ10以外	t	4400	156462.77	0.04213	4400	4060	10.66771	10.66771	
3	C00101	材	圆钢	φ10以内	t	4450	33959.15	0.00915	4450	4000	2.28969	2.28969	
4	C00096	材	圆钢	综合	kg	4.4	260.93	0.00007	4.4	4	17.7952	17.7952	
5	C00170	材	圆钢	φ10以外	t	4400	130.24	0.00004			0	0	
6	C00269	材	角钢	综合	t	4500	88.65	0.00002			0	0	

图 4.2.23　价格指数差额调整法（进度计量）

计算规则：

$$\Delta P=P_0[A+(B_1\times F_{t1}/F_{01}+B_2\times F_{t2}/F_{02}+B_3\times F_{t3}/F_{03}+\cdots+B_n\times F_{tn}/F_{0n})-1]$$

式中，ΔP——需调整的价格差额；

P_0——约定的付款证书中承包人应得到的已完成工程量的金额；此项金额应不包括价格调整，不计质量保证金的扣留和支付、预付款的支付和扣回；约定的变更及其他金额已按现行价格计价的，也不计在内；

A——定值权重（即不调部分的权重）；

B_1，B_2，B_3……B_n——各可调因子的变值权重（即可调部分的权重），为各可调因子在签约合同价中所占的比例；

F_{t1}，F_{t2}，F_{t3}……F_{tn}——各可调因子的现行价格指数，指约定的付款证书相关周期最后一天的前 42 天的各可调因子的价格指数；

F_{01}，F_{02}，F_{03}……F_{0n}——各可调因子的基本价格指数，指基准日期的各可调因子的价格指数。

以上价格调整公式中的各可调因子、定值和变值权重，以及基本价格指数及其来源，在投标函附录价格指数和权重表中约定，非招标订立的合同，由合同当事人在专用合同条款中约定。价格指数应首先采用工程造价管理机构发布的价格指数，无前述价格指数时，可采用工程造价管理机构发布的价格代替。

5. 价差取费

建设项目合同文件中约定人材机调差部分差额的取费形式可能有所不同：（1）差额部分只计取税金；（2）差额部分计取规费以及税金。

在调差界面中选择需要修改取费形式的材料，选择“价差取费设置”（部分地区只取税金，无此功能键），按照实际业务情况对价差部分的取费形式进行修改。取费形式调整完成，费用汇总以及报表部分联动修改，如图 4.2.24 所示。

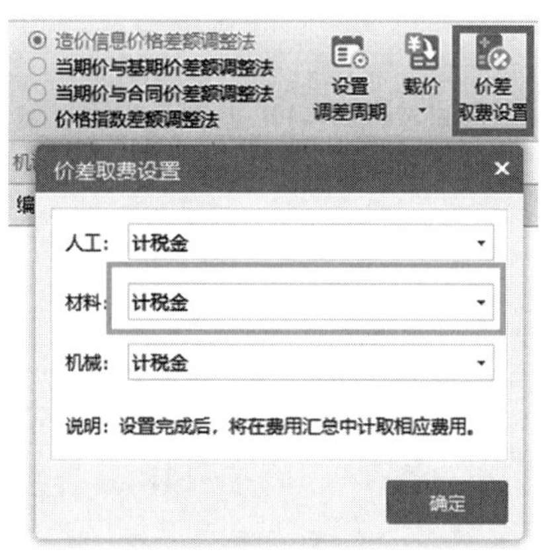

图 4.2.24 价差取费设置（进度计量）

某些需要调差的人材机在合同中约定每季度进行统一调整，可能贯穿建设项目的某几段进度分期（通常进度分期持续时间为一个月）。例如，2022 年第四季度对应项目建设分期为 1~3 期，因此在对第四季度人材机进行调整时需要选择 1~3 分期进行统一调整。

软件中，在上方功能区选择“设置调差周期”（图 4.2.25），选择调差的“起始周期”和“结束周期”，点击“确定”，选择调差方法，设置“风险幅度范围”并输入“当前期单价”后，软件自动计算调差周期内的调差工程量及价差合计。

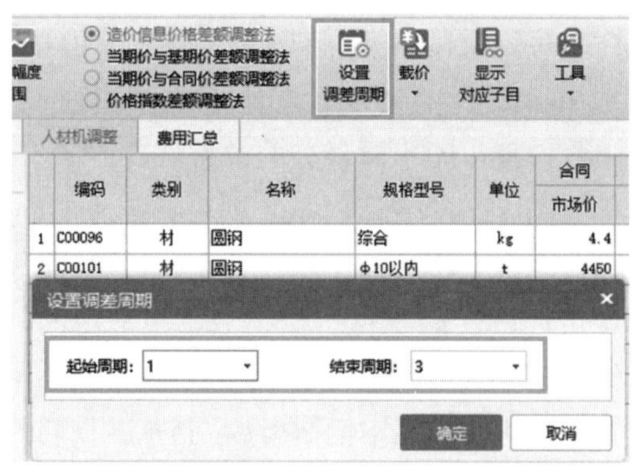

图 4.2.25 设置调差周期

4.2.6　费用汇总

在进度计量文件编辑完成后，需要对分部分项、措施项目、其他项目及调差部分各项费用明细进行查看；并根据合同规定对取费基数及费率进行调整。

切换到费用汇总界面，显示分部分项、措施费用、其他项目以及调差部分费用及其明细（图 4.2.26）。如需调费率，可以在对应费用的“费率”列的下拉标志，查看相关规定的取费费率或直接双击对应费率进行费率的调整。

分部分项　措施项目　其他项目　人材机调整　费用汇总　　费用汇总文件：招投标费用文件

	序号	费用代号	名称	计算基数	基数说明	费率(%)	合同金额	第1期上报合价	第1期审定合价	第2期上报合价	第2期审定合价
8	3.4	C4	其中：总承包服务费	总承包服务费	总承包服务费		0.00	0.00	0.00	0.00	0.00
9	4	D	规费	D1+D2+D3+D4+D5	社会保险费+工程… 施建设资金+残疾… 规费						
10	4.1	D1	社会保险费	D1_1+D1_2+D1_3	养老保险费、失业… 费、住房公积金+… 险费						
11	4.1.1	D1_1	养老保险费、失业保险费、医疗保险费、住房公积金	RGF+JSCS_RGF-BQF_RGFYSJ	分部分项人工费+… 费-不取费子目预…						
12	4.1.2	D1_2	生育保险费	RGF+JSCS_RGF-BQF_RGFYSJ	分部分项人工费+… 费-不取费子目预…						
13	4.1.3	D1_3	工伤保险费	RGF+JSCS_RGF-BQF_RGFYSJ	分部分项人工费+… 费-不取费子目预…						
14	4.2	D2	工程排污费	RGF+JSCS_RGF-BQF_RGFYSJ	分部分项人工费+… 费-不取费子目预…						
15	4.3	D3	防洪基础设施建设资金	A+B+C+D1+D2+D4+D5	分部分项工程+措… +社会保险费+工程… 业保障金+其他规…						
16	4.4	D4	残疾人就业保障金	RGF+JSCS_RGF-BQF_RGFYSJ	分部分项人工费+… 费-不取费子目预…						
17	4.5	D5	其他规费								
18	5	E	优质优价增加费	A+B+C+D	分部分项工程+措… +规费						
19	6	F	税金	A+B+C+D+E	分部分项工程+措施项目+其他项目+规费+优质优价增加费	9	306,610.71	47,767.65	47,767.65	26,503.91	26,503.91
20	7	G	含税工程造价	A+B+C+D+E+F	分部分项工程+措施项目+其他项目+规费+优质优价增加费+税金		3,713,396.41	578,519.30	578,519.30	320,991.83	320,991.83
21	8	JCHJ	价差取费合计	JDJC+JCSJ+JCYZYJ	进度价差+价差税金+价差优质优价增加费		0.00	-368.71	-368.71	0.00	0.00
22	8.1	JDJC	进度价差	JL_JDJCHJ	验工计价价差合计		0.00	-338.27	-338.27	0.00	0.00

定额库　吉林省建筑装饰工程计价定额(2014)

计价程序类
企业管理费
规费
利润
税金
优质优价增加费
国家级
省级
市级
措施项目类

	名称	费率值(%)	
1	鲁班奖	5	根据吉建造[2014]23号
2	全国建筑工程装饰奖	2	根据吉建造[2014]23号

图 4.2.26　费用汇总（进度计量）

4.2.7　合同外管理

首先查看合同约定，变更、签证、索赔等是否随进度款，例如某些大中型项目合同中约定：施工过程中产生的签证、变更、洽商等合同外部分要求随进度款同期上报，审核后按约定比例支付；如果随进度款则需计入，不随进度款则不计入。

软件左侧工程项目节点树上，“变更”“签证”等类型单击鼠标右键“导入变更”（图 4.2.27），选择需要导入的工程，点击“打开”，提示导入成功，在导入的预算中与合同内操作一样，进行各期量、价上报，报表输出。

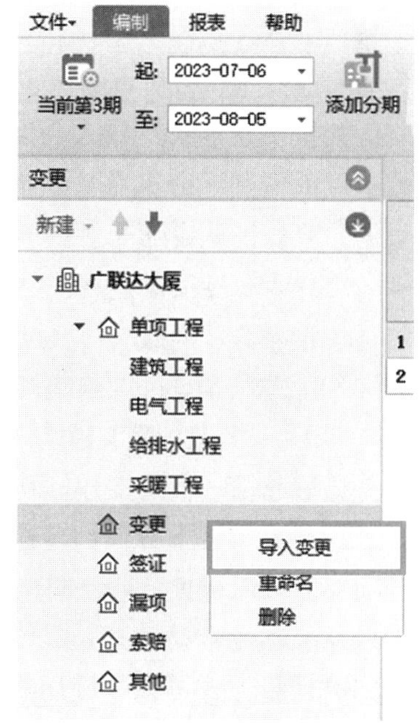

图 4.2.27　导入变更

4.2.8　报表查看

合同内和合同外都处理完，就可以通过报表界面查看整体的结果报表，报表支持报表设计、水印、导出 Excel 等功能，如图 4.2.28 所示。

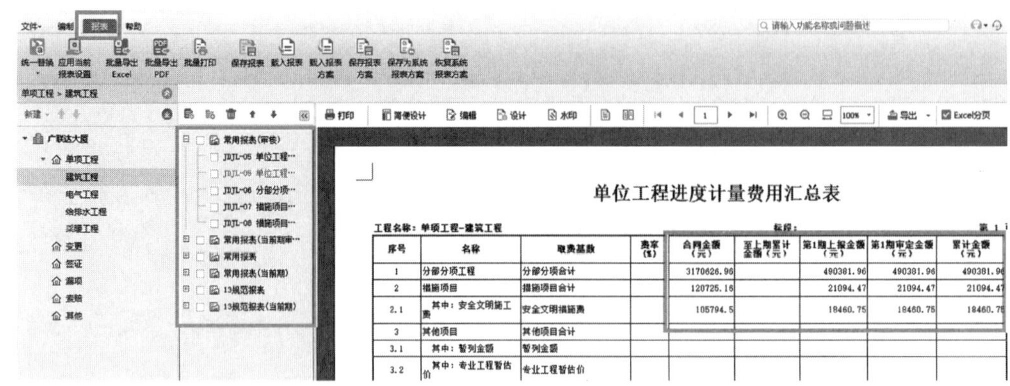

图 4.2.28　报表查看

4.2.9　进度计量工程审核

建设项目施工过程中，施工单位在每个形象进度周期向建设单位上报进度款资料，双方确认后形成当期的产值资料并进行进度款的支付。

1. 施工单位生成当期进度文件

根据当期形象进度编制上报进度款文件后，点击“生成当期进度文件”生成上报进度文件并上报给建设单位，如图 4.2.29 所示。

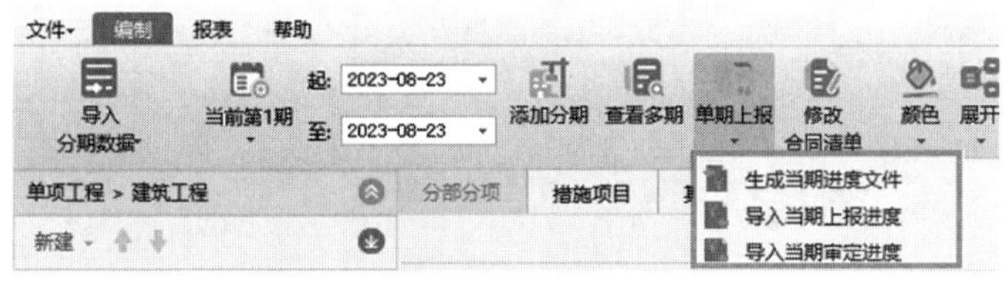

图 4.2.29　单期上报

2. 建设单位或咨询单位审核进度文件

建设单位通过“导入当期上报进度”，或直接打开进度计量文件，审定施工单位上报的进度款资料（分部分项、措施项目、其他项目、人材机调整等），修改当期审定列对应数据，双方确认实际产值后形成确认后的进度款资料。

3. 导入审定后的进度文件

建设单位、施工单位通过“导入当期审定进度”将审定后的产值文件重新导入（图 4.2.29），进行累计进度款的汇总及分析。

4.2.10　进度计量文件编制总结

最后总结一下进度计量软件操作内容，新建工程时有三种输入方式，第一种直接新建，第二种预算文件下拉进行转换，第三种最近文件→单击鼠标右键转换。合同内部分在分部分项界面可以设置分期，调整分期时间，工程量可以手动输入，也可以批量设置当期比例，输入完成软件自动计算完成比例，完成合价、已完工程量及未完工程量等数据，措施项目不同的计量方式可以一键切换，材料调差部分只需要 5 步即可轻松搞定复杂调差；合同外部分支持导入变更，签证，索赔，轻松处理合同外部分内容，实现多人协作更方便，报表部分提供多种报表，合同内、合同外均有报表可查。

第 5 章　结算计价文件编制

5.1　结算业务基础知识

5.1.1　竣工结算含义

竣工结算是指发、承包双方依据国家有关法律、法规和标准规定，按照合同约定确定的，包括在履行合同过程中按合同约定进行的工程变更、索赔和价款调整，是承包人按合同约定完成全部承包工作后，发包人应付给承包人的合同总金额。

5.1.2　竣工结算要求及资料

1. 竣工结算要求

合同通用条款约定：承包人应在工程竣工验收合格后 28 天内向发包人和监理人提交竣工结算申请单，并提交完整的结算资料。

2. 竣工结算完整结算资料

《北京市住房和城乡建设委员会关于印发《北京市建设工程造价管理暂行规定》的通知》(京建发〔2011〕206 号)，第二十八条　承包人应当按照合同约定期限向发包人提交竣工结算文件，合同没有约定的，其期限为工程竣工验收合格之日起的 28 天内。

发包人收到承包人提交的竣工结算文件时，应当书面签收。

完整的竣工结算文件包括：竣工结算报告书、施工合同、补充协议、招标文件、投标报价、中标通知书、设计施工图、竣工图、图纸会审纪要、施工组织设计、洽商变更、涉及工程价款的签证资料等。

5.1.3　合同文件的组成及优先顺序

《建设工程施工合同(示范文本)》GF—2017—0201(以下简称《示范文本》)，由合同协议书、通用合同条款和专用合同条款三部分组成，如图 5.1.1 所示。

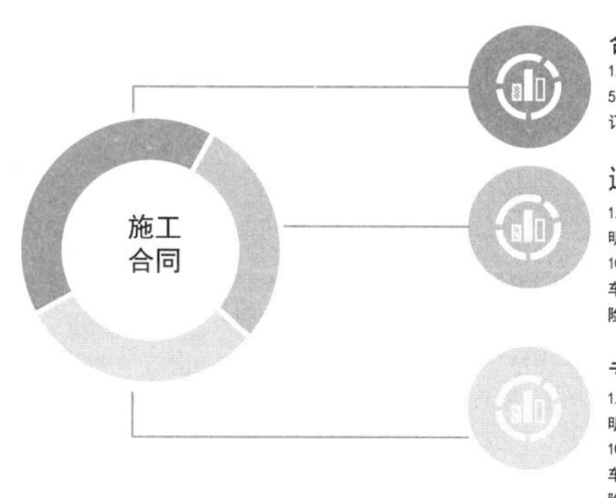

合同协议书

1. 工程概况 2. 合同工期 3. 质量标准 4. 签约合同价与合同价格形式 5. 项目经理 6. 合同文件构成 7. 承诺 8. 词语含义 9. 签订时间 10. 签订地点 11. 补充协议 12. 合同生效 13. 合同份数

通用合同条款

1. 一般约定；2. 发包人；3. 承包人；4. 监理人；5. 工程质量；6. 安全文明施工与环境保护；7. 工期和进度；8. 材料与设备；9. 试验与检验；10. 变更；11. 价格调整；12. 合同价格、计量与支付；13. 验收和工程试车；14. 竣工结算；15. 缺陷责任期与保修；16. 违约；17. 不可抗力；18. 保险；19. 索赔；20. 争议解决

专用合同条款

1. 一般约定；2. 发包人；3. 承包人；4. 监理人；5. 工程质量；6. 安全文明施工与环境保护；7. 工期和进度；8. 材料与设备；9. 试验与检验；10. 变更；11. 价格调整；12. 合同价格、计量与支付；13. 验收和工程试车；14. 竣工结算；15. 缺陷责任期与保修；16. 违约；17. 不可抗力；18. 保险；19. 索赔；20. 争议解决

图 5.1.1　施工合同组成

合同文件除合同协议书、通用合同条款、专用合同条款外，还有其他 6 部分内容组成合同文件。《示范文本》中对于合同优先顺序的规定，组成合同的各项文件应互相解释、互为说明。除专用合同条款另有约定外，解释合同文件的优先顺序如图 5.1.2 所示。

1. 合同协议书
2. 中标通知书（如果有）
3. 投标函及其附录（如果有）
4. 专用合同条款及其附件
5. 通用合同条款
6. 技术标准和要求
7. 图纸
8. 已标价工程量清单或预算书
9. 其他合同文件

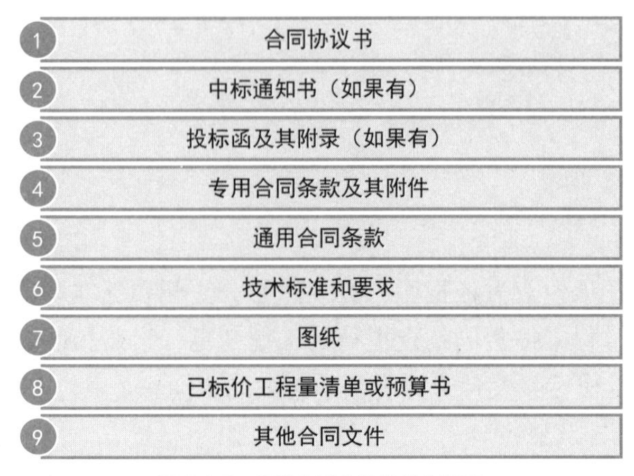

图 5.1.2　解释合同文件的优先顺序

5.1.4　竣工结算方式

竣工阶段结算方式主要分为分期计量方式和一次性结算方式（图 5.1.3），在分期计量中又分为各期进度款累加和按竣工图纸计算两种方式，两种方式都包括合同内和合同外的造价。

一次结算方式同样也分为合同内造价和合同外造价，合同内要调整分部分项、措施项目、其他项目、人材机调差等。合同外包括签证、变更以及索赔项等。

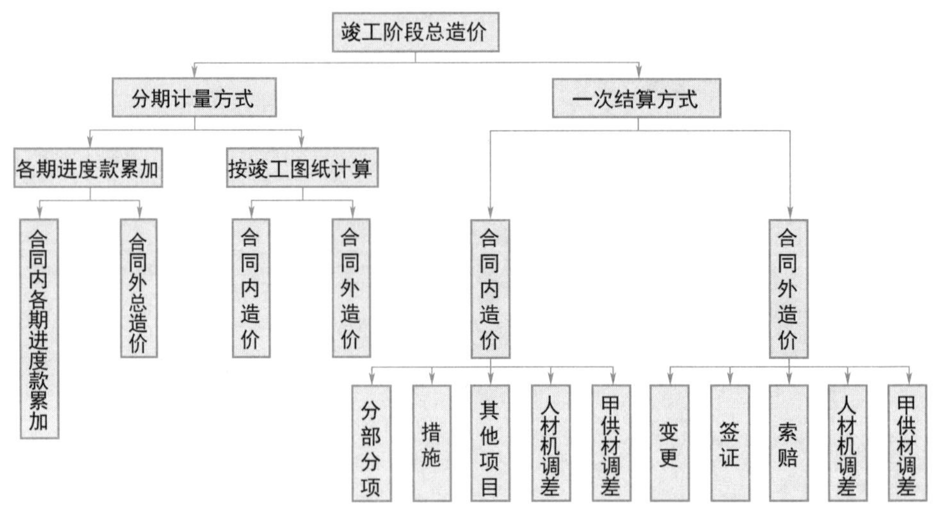

图 5.1.3　竣工结算方式

5.1.5 合同内造价

1. 合同类型

《建设工程工程量清单计价规范》GB 50500—2013 第 7.1.3 条实行工程量清单计价的工程，应当采用单价合同。合同工期较短、建设规模较小，技术难度较低，且施工图设计已审查完备的建设工程可以采用总价合同；紧急抢险、救灾以及施工技术特别复杂的建设工程可以采用成本加酬金合同。

2. 固定总价施工合同

《示范文本》总价合同是指合同当事人约定以施工图、已标价工程量清单或预算书及有关条件进行合同价格计算、调整和确认的建设工程施工合同，在约定的范围内合同总价不作调整。合同当事人应在专用合同条款中约定总价包含的风险范围和风险费用的计算方法，并约定风险范围以外的合同价格的调整方法，其中因市场价格波动引起的调整按第 11.1 款〔市场价格波动引起的调整〕、因法律变化引起的调整按第 11.2 款〔法律变化引起的调整〕约定执行。

3. 单价合同

《示范文本》单价合同是指合同当事人约定以工程量清单及其综合单价进行合同价格计算、调整和确认的建设工程施工合同，在约定的范围内合同单价不作调整。合同当事人应在专用合同条款中约定综合单价包含的风险范围和风险费用的计算方法，并约定风险范围以外的合同价格的调整方法，其中因市场价格波动引起的调整按第 11.1 款〔市场价格波动引起的调整〕约定执行。

5.1.6 合同外造价

1. 变更

通常合同中仅有“变更”“索赔”条款，但此“变更”条款应包括通常所说的设计变更、洽商记录、现场签证三种情况。

（1）设计变更：设计单位对原设计存在的缺陷提出的设计变更和建设单位、施工单位、监理单位提出的变更设计，都应由原设计单位编制设计变更通知单，对变更的内容要做出详细的设计，必要时可另附变更后的图纸。

（2）洽商记录：由于设计图纸本身差错，设计图纸与实际情况不符，施工条件变化，原材料的规格、品种、质量不符合设计要求及合理化建议等原因，由施工单位提出变更，需要对设计图纸部分内容进行修改而办理的工程洽商记录文件。

（3）现场签证：是指发包人与承包人就施工过程中的实际责任事件所作的签认证明。

2. 索赔

索赔是指在工程合同履行过程中，当事人一方因非己方的原因而遭受经济损失或工期延误，按照合同约定或法律规定应由对方承担责任，而向对方提出工期和（或）费用补偿要求的行为。

3. 调差

《合同文本》关于价格调整中规定，除专用合同条款另有约定外，市场价格波动超过合同当事人约定的范围，合同价格应当调整。

是否调差、风险范围、调差方法等需要依据合同约定。

人工调差：首先确定合同中约定的基期价格时间节点，确定开工日期及完工日期，根据合同约定的调整方式进行人工费调整。

材料调整：首先确定合同中约定的基期价格，依据合同确认可以调差的材料范围、调差时间节点、风险范围、调差方式，统计相应的调差材料工程量，依据合同约定的调差方式进行材料调差。

5.2　结算计价软件操作

广联达云计价平台中对于结算计价提供结算计价模块。结算计价软件操作：首先新建结算计价文件→在分部分项界面输入结算工程量→措施界面进行措施项目报量→工料机界面进行工料机调差→费用汇总查看总费用→设置合同外内容（变更、签证等）→最后查看报表，流程如图 5.2.1 所示。

图 5.2.1　结算计价操作流程

5.2.1　新建结算计价工程

1. 合同文件新建结算计价

《建设工程工程量清单计价规范》GB 50500—2013 中第 11.2.2 条要求“分部分项工程和措施项目中的单价项目应依据发承包双方确认的工程量与已标价工程量清单的综合单价计算；发生调整的，应以发承包双方确认调整的综合单价计算”，所以造价人员会以合同文件中提供的计价文件为依据对建设项目进行结算，因此需要将 GBQ 文件转换为结算计价（GSC）文件。

软件中合同文件新建结算计价有三种方式。

（1）第一种方式，打开广联达云计价平台，在左侧新建部分选择第四项“新建结算”，浏览对应的预算文件，点击“立即新建”即可，如图 5.2.2 所示。

图 5.2.2　结算计价新建方式一

（2）第二种方式，预算文件可以直接转为结算计价，打开预算文件，点击左上角“文件”，在下拉的选项中选择“转为结算计价”即可快速完成预算到结算计价之间的转换，如图 5.2.3 所示。

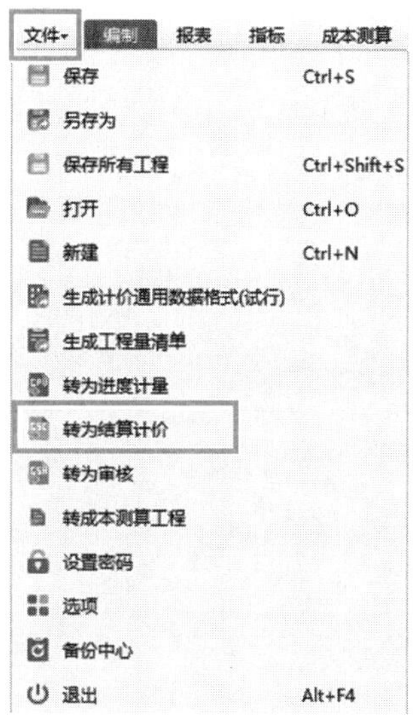

图 5.2.3　结算计价新建方式二

（3）第三种方式，在广联达云计价平台中，最近文件的列表里找到需要转换的预算文件，鼠标右键点击该预算文件，在弹出的选项里选择“转为结算计价”即可快速转换完成，如图 5.2.4 所示。

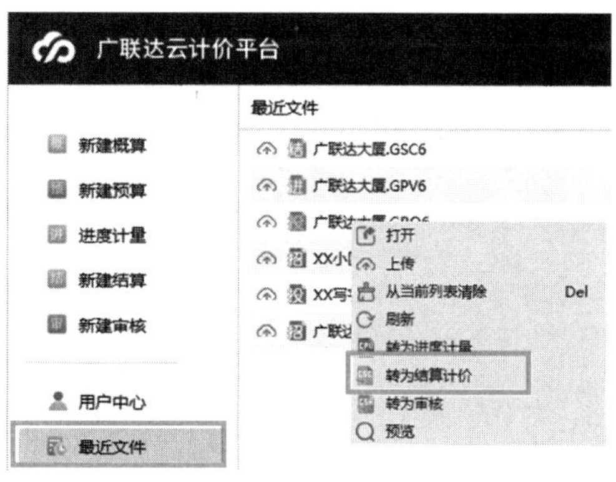

图 5.2.4　结算计价新建方式三

2. 进度计量新建结算计价

《建设工程工程量清单计价规范》GB 50500—2013 中第 11.2.6 条规定“发承包双方在合同工程实施过程中已经确认的工程计量结果和合同价款，在竣工结算办理中应直接进入结算”，因此当建设项目发生过程中结算时，需要将过程中进度计量（GPV）文件转换为结算计价（GSC）文件。软件中进度计量新建结算计价的三种方式与合同文件新建结算计价三种方式相同，只不过选择的不是合同预算文件，而是后缀为 GPV 的进度计量文件，此处不再赘述。

5.2.2　分部分项报量

1. 分部分项报量的两种方式

新建完成后需要对结算工程量进行输入，结算计价中有两种方式。

（1）第一种方式，据实填写结算工程量，切换到分部分项界面，在“结算工程量”列输入实际的结算工程量，如图 5.2.5 所示。

工程概况 | 分部分项 | 措施项目 | 其他项目 | 人材机调整 | 费用汇总

- 整个项目
  - 砌筑工程
  - 混凝土及钢筋混凝...
  - 门窗工程
  - 屋面及防水工程
  - 保温、隔热、防腐...
  - 楼地面装饰工程
  - 墙、柱面装饰与隔...
  - 天棚工程
  - 油漆、涂料、裱糊...
  - 其他装饰工程
  - 措施项目

	编码	类别	名称	单位	锁定综合单价	合同工程量	★结算工程量	合同单价	结算合价	量差	量差比例(%)
			整个项目						3219299.83		
B1		部	砌筑工程						258158.76		
1	010402001001	项	砌块墙	m3	✓	413.34	520	406.95	211614	106.66	25.8
2	010402001002	项	砌块墙	m3	✓	61.31	68	408.37	27769.16	6.69	10.91
3	010607005001	项	砌块墙钢丝网加固	m	✓	5561.65	6430	2.92	18775.6	868.35	15.61
B1		部	混凝土及钢筋混凝土工程						1425152.47		
4	010502001003	项	矩形柱（周长1.2m以内）	m3	✓	0.88	0.88	1549.74	1363.77	0	0
5	010502003001	项	异形柱	m3	✓	27.12	[27.12]	1384.97	37560.39	0	0
6	010504003002	项	短肢剪力墙	m3	✓	298.58	[298.58]	1224.69	365667.94	0	0
7	010502002001	项	构造柱	m3	✓	8.62	[8.62]	1200.23	10345.98	0	0
8	010505010001	项	其他板	m3	✓	2.64	[2.64]	3133.61	8272.73	0	0
9	010508001002	项	二次灌浆	m3	✓	7.71	[7.71]	594.14	4580.82	0	0

图 5.2.5　修改结算工程量

（2）第二种方式，根据结算计价的方式，结合竣工图重新计量，与之对应的提量方式是从算量文件中提取结算工程量，软件左上角点击“提取结算工程量”，选择结算的算量文件，提取算量文件中的结算工程量，如图 5.2.6 所示。

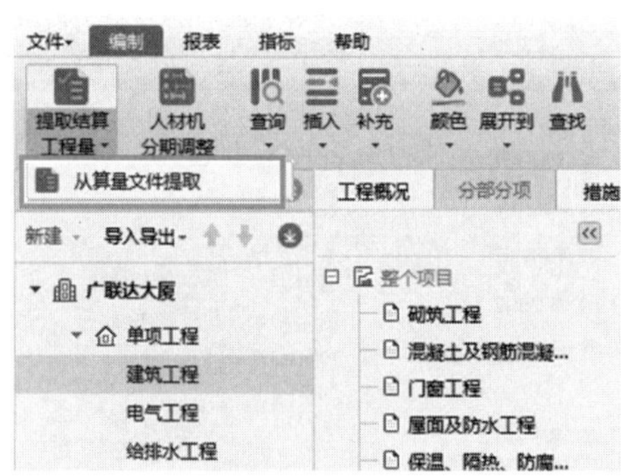

图 5.2.6　提取结算工程量

2. 量差比例超过预警

《建设工程工程量清单计价规范》GB 50500—2013 中关于“工程量偏差”的约定如下：

（1）合同在履行期间当应予计算的实际工程量与招标工程量清单出现偏差，且符合本规范第 9.6.2 条、第 9.6.3 条规定时，发承包方应调整合同价款。

（2）第 9.6.2 条　对于任一招标工程量清单项目，当因本节规定的工程量偏差和第 9.3 条规定的工程量变更等原因导致工程量偏差超过 15% 时，可进行调整，当工程量增加 15%

以上时，增加部分的工程量的综合单价应予调低，当工程量减少 15% 以上时，减少后剩余部分的工程量的综合单价应予以调高。

（3）第 9.6.3 条　当工程量出现本规范第 9.6.2 条的变化，且该变化引起的相关措施项目相应发生变化时，按系数或单一总价方式计价的，工程量增加的措施项目费调增，工程量减少的措施项目费减少。

故软件中，当结算工程量超过或低于合同工程量的 15% 时，在“量差比例”列会自动加粗红色显示作为预警，增加了清单工程量超亏幅度判断。软件中的预警值设置默认为 –15%~15%，变量区间在软件中也可自行设置，点击“文件”→“选项”→“结算设置”，如图 5.2.7 所示。

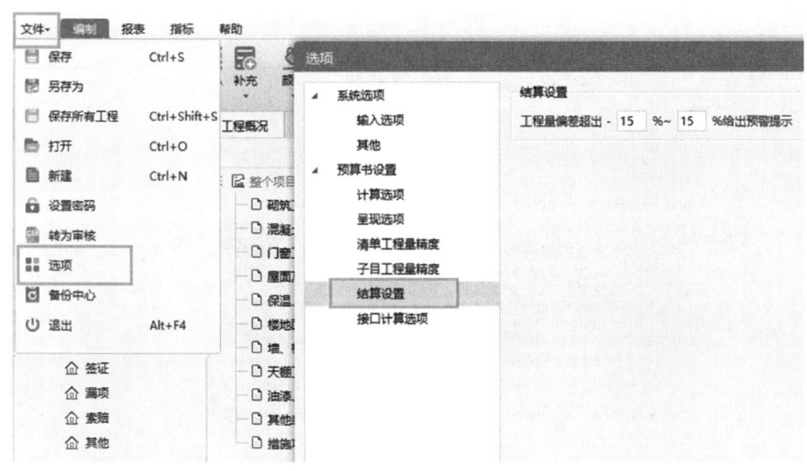

图 5.2.7　工程量偏差设置

3. 结算合同内灵活调整

结算计价中对于合同内部分可以进行分部和清单的插入，工具栏“插入”分部或清单，或者选择对应分部或清单位置，单击鼠标右键“插入分部 / 清单”即可，新增的分部或清单，以不同颜色标注出来。也支持将原有合同内清单进行复制粘贴，粘贴后的新清单也以不同颜色标识出来，如图 5.2.8 所示。

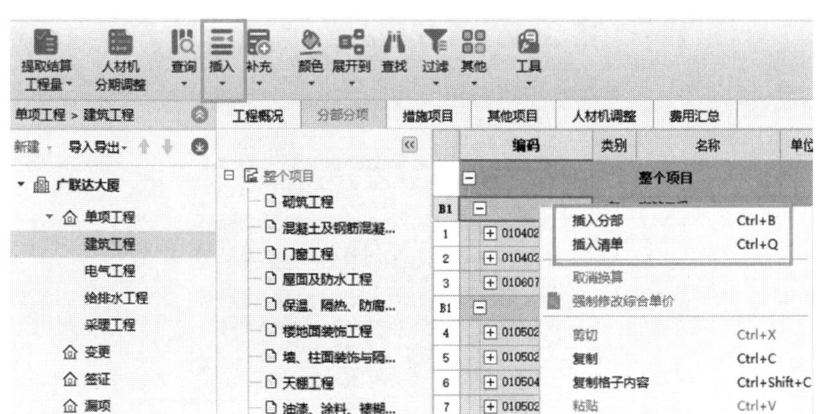

图 5.2.8　插入分部清单

5.2.3　措施项报量

建设项目合同文件中对于措施费的规定一般分为两种：合同中约定措施费用不随建设项目的任何变化而变化，工程结算时直接按合同签订时的价格进行结算，即总价包干；合同中约定措施费用按工程实际情况进行结算，即可调措施。造价人员可根据合同约定对措施项目的结算方式进行调整。

根据合同约定选择对应的结算方式，对于总价措施，按合同约定选择“总价包干”或“可调措施”；第三种方式“按实际发生”主要用于可计量清单组价方式，输入当期实际完成工程量，与分部分项类似。

软件中可以通过两种方式修改：第一种方式，在“结算方式”列下拉选择单独修改；第二种方式，先选择需要修改结算方式的范围，点击工具栏切换“结算方式”进行批量修改，如图 5.2.9 所示。

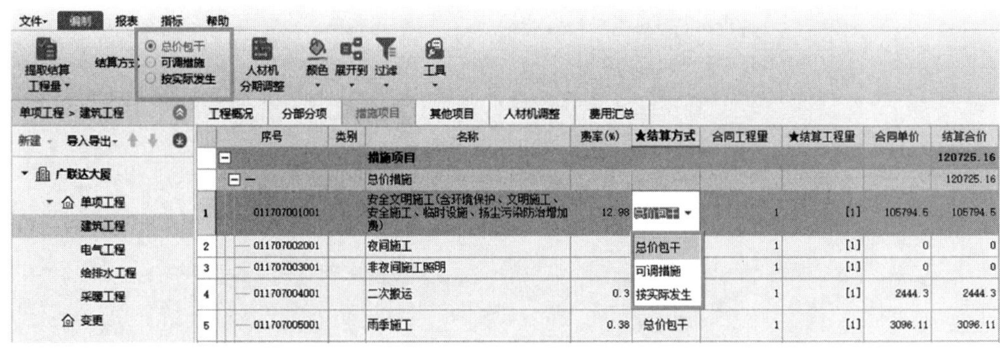

图 5.2.9　措施结算方式

5.2.4　工料机调差

首先查看合同中关于合同价款调整的约定，例如合同（图 5.2.10）中约定，施工期内木材、水泥、预拌混凝土及机械，市场价格异常波动超过 ±10% 以外予以调整，其他材料风险不予调整，故工程中可以对以上材料进行调整。

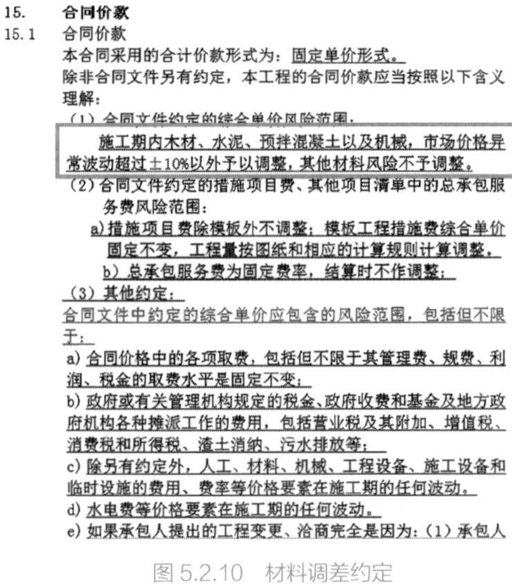

15.　**合同价款**

15.1　合同价款

本合同采用的合计价款形式为：固定单价形式。

除非合同文件另有约定，本工程的合同价款应当按照以下含义理解：

（1）合同文件约定的综合单价风险范围：

施工期内木材、水泥、预拌混凝土以及机械，市场价格异常波动超过 ±10%以外予以调整，其他材料风险不予调整。

（2）合同文件约定的措施项目费、其他项目清单中的总承包服务费风险范围：

a）措施项目费除模板外不调整；模板工程措施费综合单价固定不变，工程量按图纸和相应的计算规则计算调整。

b）总承包服务费为固定费率，结算时不作调整；

（3）其他约定：

合同文件中约定的综合单价应包含的风险范围，包括但不限于：

a）合同价格中的各项取费，包括但不限于其管理费、规费、利润、税金的取费水平是固定不变；

b）政府或有关管理机构规定的税金、政府收费和基金及地方政府机构各种摊派工作的费用，包括营业税及其附加、增值税、消费税和所得税、渣土消纳、污水排放等；

c）除另有约定外，人工、材料、机械、工程设备、施工设备和临时设施的费用、费率等价格要素在施工期的任何波动。

d）水电费等价格要素在施工期的任何波动。

e）如果承包人提出的工程变更、洽商完全是因为：（1）承包人

图 5.2.10　材料调差约定

软件中人材机调整由 5 个步骤完成，流程如图 5.2.11 所示。

图 5.2.11　人材机调整软件操作流程（结算计价）

1. 选择需调差的人材机

切换至人材机调整界面，功能区选择“从人材机汇总中选择”，选择需要调差的人材机，例如之前案例中的木材、水泥、预拌混凝土及机械，前面选择列打钩选择，如图 5.2.12 所示。

图 5.2.12　选择需要调整的人材机（结算计价）

建设项目合同中规定，在项目进行竣工结算时，对作为主材的材料、合同中价值排在前 n 位的材料或占合同中材料总值 $n\%$ 的材料进行价格调整，需要对这些材料进行筛选并进行调价，软件中可以通过“自动过滤调差材料”快速选择对应材料，如图 5.2.13 所示。

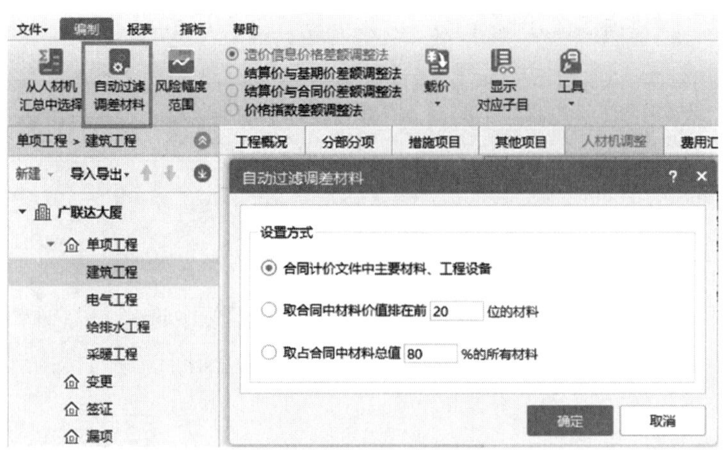

图 5.2.13　自动过滤调差材料（结算计价）

2. 设置风险幅度范围

软件切换至“材料调差”界面，点击“风险幅度范围”，按合同约定的风险幅度范围修改软件中的范围，例如按案例合同（图 5.2.10）中约定，修改范围为 –10%~10%。如果需要单独调整，可以双击对应材料的“风险幅度范围”列修改范围即可，如图 5.2.14 所示。

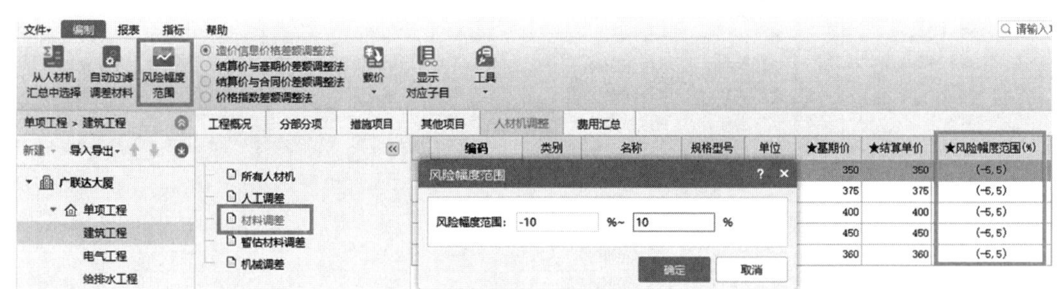

图 5.2.14　设置风险幅度范围（结算计价）

3. 确定材料价格

修改结算材料价格，可以双击“结算单价”列手动修改材料价格，也可以通过“载价”方式快速调整结算单价，基期价默认值为合同价，也可以根据合同约定调整，如图 5.2.15 所示。

结算单价批量载价
基期价批量载价

	编码	类别	名称	规格型号	单位	★基期价	★结算单价
1	31	商砼	商品砼	C15	m3	350	350
2	31@1	商砼	商品砼	C15 细石	m3	375	375
3	34	商砼	商品砼	C30	m3	400	400
4	35@1	商砼	补偿收缩商品砼	C35	m3	450	450
5	C00799	商砼	商品砼	C20	m3	360	360

图 5.2.15　载价

4. 选择价差计算方法

软件中提供 4 种调差方法：造价信息价格差额调整法、结算价与基期价差额调整法、结算价与合同价差额调整法、价格指数差额调整法（图 5.2.16），选择对应调差方法后，软件自动计算材料价差。

（1）结算价与合同价差额调整法：合同中约定的价差调整方法是，结算单价与合同市场价的价差超出一定比例时进行调差。按案例中合同约定，选择“结算价与合同价差额调整法”，软件自动按风险幅度范围计算“结算单价”与“合同市场价”列之间的价差，如图 5.2.16 所示。

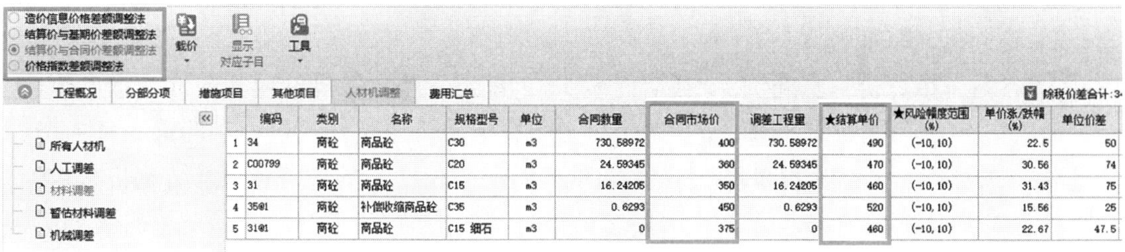

	编码	类别	名称	规格型号	单位	合同数量	合同市场价	调差工程量	★结算单价	★风险幅度范围(%)	单价涨/跌幅(%)	单位价差
1	34	商砼	商品砼	C30	m3	730.58972	400	730.58972	490	(-10, 10)	22.5	50
2	C00799	商砼	商品砼	C20	m3	24.59345	360	24.59345	470	(-10, 10)	30.56	74
3	31	商砼	商品砼	C15	m3	16.24205	350	16.24205	460	(-10, 10)	31.43	75
4	35@1	商砼	补偿收缩商品砼	C35	m3	0.6293	450	0.6293	520	(-10, 10)	15.56	25
5	31@1	商砼	商品砼	C15 细石	m3	0	375	0	460	(-10, 10)	22.67	47.5

图 5.2.16　结算价与合同价差额调整法

（2）结算价与基期价差额调整法：合同中约定的价差调整方法是，结算价与基期价价差超出一定比例时进行调差。需按合同约定修改“基期价”及“结算单价”，切换至“结算价与基期价格差额调整法”，软件自动按风险幅度范围计算“结算单价”与“基期价”列之间的价差，如图 5.2.17 所示。

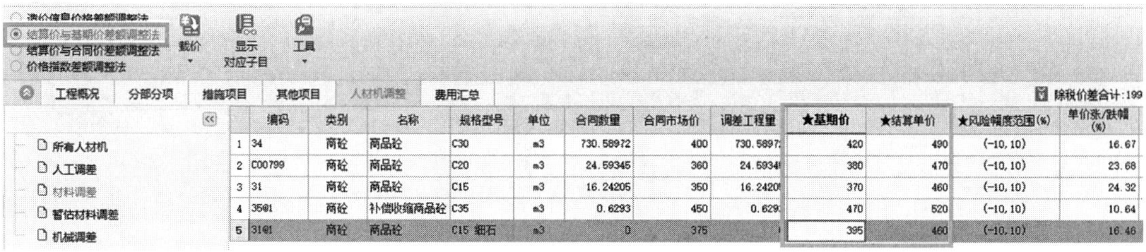

	编码	类别	名称	规格型号	单位	合同数量	合同市场价	调差工程量	★基期价	★结算单价	★风险幅度范围(%)	单价涨/跌幅(%)
1	34	商砼	商品砼	C30	m3	730.58972	400	730.5897	420	490	(-10, 10)	16.67
2	C00799	商砼	商品砼	C20	m3	24.59345	360	24.5934	380	470	(-10, 10)	23.68
3	31	商砼	商品砼	C15	m3	16.24205	350	16.2420	370	460	(-10, 10)	24.32
4	35@1	商砼	补偿收缩商品砼	C35	m3	0.6293	450	0.629	470	520	(-10, 10)	10.64
5	31@1	商砼	商品砼	C15 细石	m3	0	375		395	460	(-10, 10)	16.46

图 5.2.17　结算价与基期价差额调整法

（3）造价信息价格差额调整法：合同履行期间，因人工、材料、工程设备和机械台班价格波动影响合同价格时，人工、机械使用费按照国家或省、自治区、直辖市建设行政管理部门、行业建设管理部门或其授权的工程造价管理机构发布的人工、机械使用费系数进行调整；需要进行价格调整的材料，其单价和采购数量应由发包人审批，发包人确认需调整的材料单价及数量，作为调整合同价格的依据。

需按合同约定修改“基期价”及“结算单价”，切换至“造价信息价格差额调整法”，软件自动按计算规则计算价差。

计算规则：

1）合同价＜基期价

①涨幅以基期价为基础：（结算价 – 基期价）/ 基期价＞ 5% 时，单位价差 = 结算价 – 基期价 ×（1+5%）

②跌幅以合同价为基础：（结算价 – 合同价）/ 合同价＜ –5% 时，单位价差 = 结算价 – 合同价 ×（1–5%）

2）合同价＞基期价

①涨幅以合同价为基础：（结算价 – 合同价）/ 合同价＞ 5% 时，单位价差 = 结算价 – 合同价 ×（1+5%）

②跌幅以基期价为基础：（结算价 – 基期价）/ 基期价＜ –5% 时，单位价差 = 结算价 – 基期价 ×（1–5%）

3）合同价 = 基期价

①涨幅：（结算价 – 基期价）/ 基期价＞ 5%，单位价差 = 结算价 – 基期价 ×（1+5%）

②跌幅：（结算价 – 基期价）/ 基期价＜ –5%，单位价差 = 结算价 – 基期价 ×（1–5%）

总结来看，如果结算价跌幅，合同价和基期价按价格低的计算；如果结算价是涨幅，合同价和基期价按价格高的计算，例如规格型号“C15 细石”（倒数第一个材料）商品混凝土为跌幅，按合同价和基期价中低的价格“基期价 355”计算，价差为 –19.5=300–355 ×（1–10%）；规格型号为“C35”的补偿收缩商品混凝土（倒数第二个材料）为涨幅，按合同价和基期价中高的价格“合同市场价 450”计算，价差为 25=520–450 ×（1+10%），如图 5.2.18 所示。

◉ 造价信息价格差额调整法　○ 结算价与基期价差额调整法　○ 结算价与合同价差额调整法　○ 价格指数差额调整法　载价　显示对应子目　工具

工程概况　分部分项　措施项目　其他项目　人材机调整　费用汇总

	编码	类别	名称	规格型号	单位	合同数量	合同市场价	★基期价	调差工程量	★结算单价	★风险幅度范围(%)	单价涨/跌幅(%)	单位价差
1	34	商砼	商品砼	C30	m3	730.58972	400	420	730.58972	490	(-10, 10)	16.67	28
2	C00799	商砼	商品砼	C20	m3	24.59345	360	380	24.59345	470	(-10, 10)	23.68	52
3	31	商砼	商品砼	C15	m3	16.24205	350	370	16.24205	460	(-10, 10)	24.32	53
4	35@1	商砼	补偿收缩商品砼	C35	m3	0.6293	450	430	0.6293	520	(-10, 10)	15.56	25
5	31@1	商砼	商品砼	C15 细石	m3	0	375	355	0	300	(-10, 10)	-15.49	-19.5

图 5.2.18　造价信息价格差额调整法（二）

（4）价格指数差额调整法：合同中约定的价差调整方法是，价格指数差额调整法。输入“基本价格指数 F_0”和“现行价格指数 F_t”，软件自动按计算规则计算，如图 5.2.19 所示。

○ 造价信息价格差额调整法　○ 结算价与基期价差额调整法　○ 结算价与合同价差额调整法　◉ 价格指数差额调整法　显示对应子目　工具

工程概况　分部分项　措施项目　其他项目　人材机调整　费用汇总

	编码	类别	名称	规格型号	单位	合同市场价	合同合价	变值权重B	★基本价格指数F0	★现行价格指数Ft	调差工程量
1	34	商砼	商品砼	C30	m3	400	292235.89	0.07870	420	480	730.58972
2	C00799	商砼	商品砼	C20	m3	360	8853.64	0.00238	380	470	24.59345
3	31	商砼	商品砼	C15	m3	350	5684.72	0.00153	370	460	16.24205
4	35@1	商砼	补偿收缩商品砼	C35	m3	450	283.19	0.00008	470	520	0.6293
5	31@1	商砼	商品砼	C15 细石	m3	375	0	0			0

图 5.2.19　价格指数差额调整法（结算价）

计算规则：

$$\Delta P=P_0[A+(B_1\times F_{t1}/F_{01}+B_2\times F_{t2}/F_{02}+B_3\times F_{t3}/F_{03}+\cdots+B_n\times F_{tn}/F_{0n})-1]$$

式中，ΔP——需调整的价格差额；

P_0——约定的付款证书中承包人应得到的已完成工程量的金额；此项金额应不包括价格调整，不计质量保证金的扣留和支付、预付款的支付和扣回；约定的变更及其他金额已按现行价格计价的，也不计在内；

A——定值权重（即不调部分的权重）；

B_1，B_2，B_3……B_n——各可调因子的变值权重（即可调部分的权重），为各可调因子在签约合同价中所占的比例；

F_{t1}，F_{t2}，F_{t3}……F_{tn}——各可调因子的现行价格指数，指约定的付款证书相关周期最后一天的前 42 天的各可调因子的价格指数；

F_{01}，F_{02}，F_{03}……F_{0n}——各可调因子的基本价格指数，指基准日期的各可调因子的价格指数。

以上价格调整公式中的各可调因子、定值和变值权重，以及基本价格指数及其来源在投标函附录价格指数和权重表中约定，非招标订立的合同，由合同当事人在专用合同条款中约定。价格指数应首先采用工程造价管理机构发布的价格指数，无前述价格指数时，可采用工程造价管理机构发布的价格代替。

5. 价差取费

建设项目的合同文件中约定人材机调差部分差额的取费形式可能有所不同：（1）差额部分只计取税金；（2）差额部分计取规费以及税金。

在调差界面中选择需要修改取费形式的材料，选择“价差取费设置”（部分地区固定只取税金，无此功能键），按照实际业务情况对价差部分的取费形式进行修改，取费形式调整完成，费用汇总以及报表部分联动修改，如图 5.2.20 所示。

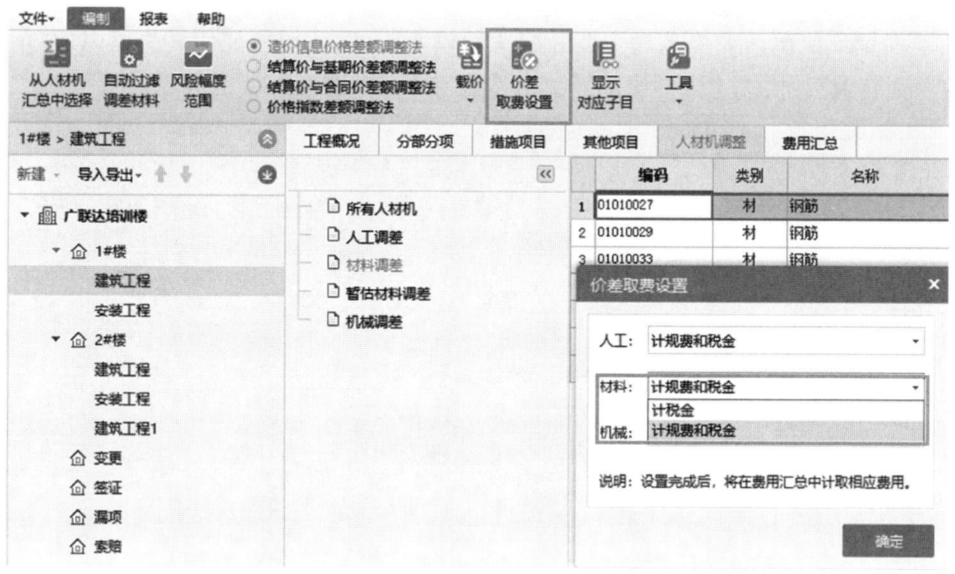

图 5.2.20　价差取费设置

6. 人材机分期调整

建设项目合同文件中约定某些材料按季度（或年）进行价差调整（例如钢筋），或规定某些材料执行批价文件（例如混凝土）。但甲乙双方约定施工过程中不进行价差调整，结算时统一调整。因此在竣工结算过程中需要将这些材料按照不同时期的发生数量分期进行载价并调整价差。这种情况又应如何实现呢?

（1）分期设置：“分部分项”界面选择→人材机分期调整→是否对人材机进行分期调整→选择“分期”→输入总期数→选择分期输入方式，如图 5.2.21 所示。

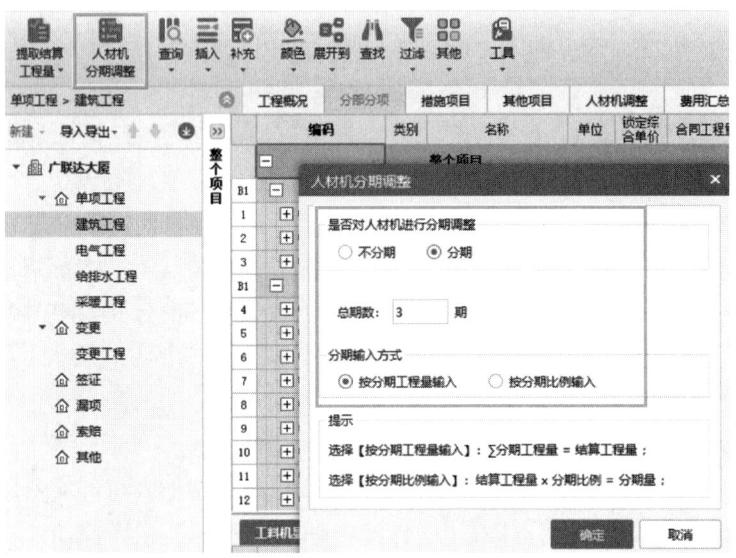

图 5.2.21 人材机分期调整

（2）输入分期工程量：点击选择清单行，下方属性窗口“分期工程量明细”页签，可选择分期工程量的输入方式——“按分期工程量输入”或“按分期比例输入”，输入每一分期的工程量或比例，如果选择“按分期比例输入”，输入对应比例后，可以通过“分期比例应用到其他”，快速将分期比例复制到其他清单，如图 5.2.22 所示。

	编码	类别	名称	单位	锁定综合单价	合同工程量	★结算工程量	合同单价	结算合价
			整个项目						3201125.44
B1		部	砌筑工程						239984.37
1	010402001001	项	砌块墙	m3	✓	413.34	475.34	406.95	193439.61
2	010402001002	项	砌块墙	m3	✓	61.31	68	408.37	27769.16
3	010607005001	项	砌块墙钢丝网加固	m	✓	5561.65	6430	2.92	18775.6

工料机显示　单价构成　分期工程量明细

按分期比例输入　分期比例应用到其他

按分期工程量输入
按分期比例输入

		分期比例	结果	★备注
1		30	142.6	
2		30	142.6	
3		40	190.14	

图 5.2.22 修改清单分期比例或工程量

（3）调差设置：切换到“材料调差”界面，点击“单期 / 多期调差设置”（图 5.2.23），按合同约定选择对应的调差选项。

1）“单期调差”：每个计量分期进行一次调差，每期结算单价分别输入，最终计算总价差。

2）“多期（季度、年度）调差”：如季度、半年、年度等几期进行一次调差，结算单价在载价中进行量价加权，最终计算总价差。

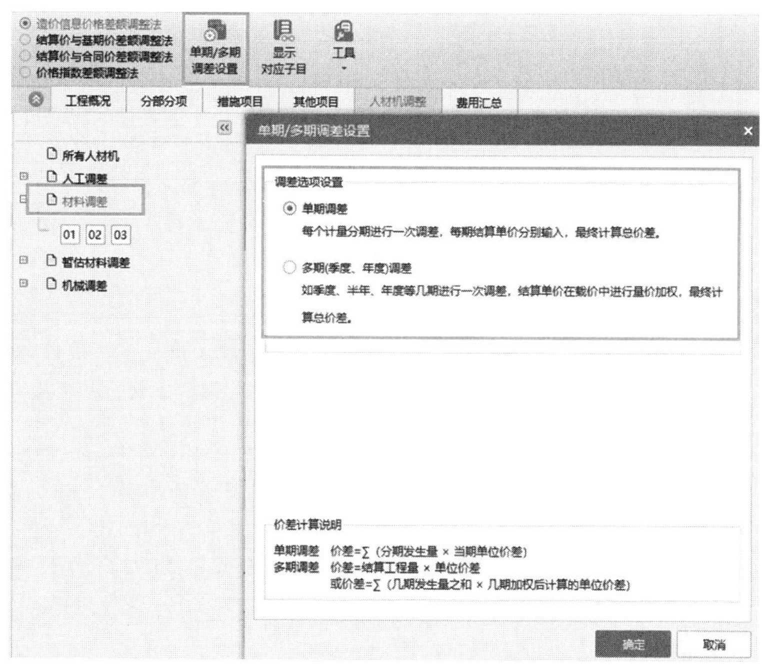

图 5.2.23　调差设置

（4）调价：分期工程量输入完成，进入人材机调整界面，在“材料调差”界面自动显示相应分期，点击对应分期，对人材机进行分期调整并计算价差，可通过手动调整当期“单价”或“基期价”，也可以通过“载价”功能快速调整对应价格，如图 5.2.24 所示。

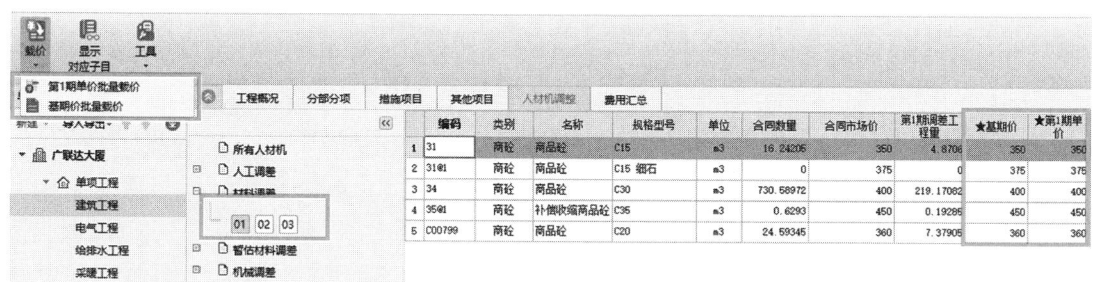

图 5.2.24　修改每期单价

5.2.5　费用汇总

在结算文件编辑完成后，需要对分部分项、措施项目、其他项目及调差部分各项费用明细进行查看，并根据合同规定对取费基数及费率进行调整。

切换到费用汇总界面，显示分部分项、措施费用、其他项目以及调差部分费用及其明细（图 5.2.25）。如需调费率，可以在对应费用的“费率”列的下拉标志查看相关规定的取费费率或直接双击对应费率进行费率的调整。

分部分项　措施项目　其他项目　人材机调整　费用汇总　　费用汇总文件：招投标费用文件

	序号	费用代号	名称	计算基数	基数说明	费率(%)	合同金额	第1期上报合价	第1期审定合价	第2期上报合价	第2期审定合价
8	3.4	C4	其中：总承包服务费	总承包服务费	总承包服务费		0.00	0.00	0.00	0.00	0.00
9	4	D	规费	D1+D2+D3+D4+D5	社会保险费+工程 施建设资金+残疾 规费						
10	4.1	D1	社会保险费	D1_1+D1_2+D1_3	养老保险费、失业 费、住房公积金+ 险费						
11	4.1.1	D1_1	养老保险费、失业保险费、医疗保险费、住房公积金	RGF+JSCS_RGF-BQF_RGFYSJ	分部分项人工费+ 费-不取费子目预						
12	4.1.2	D1_2	生育保险费	RGF+JSCS_RGF-BQF_RGFYSJ	分部分项人工费+ 费-不取费子目预						
13	4.1.3	D1_3	工伤保险费	RGF+JSCS_RGF-BQF_RGFYSJ	分部分项人工费+ 费-不取费子目预						
14	4.2	D2	工程排污费	RGF+JSCS_RGF-BQF_RGFYSJ	分部分项人工费+ 费-不取费子目预						
15	4.3	D3	防洪基础设施建设资金	A+B+C+D1+D2+D4+D5	分部分项工程+措 +社会保险费+工程 业保障金+其他规						
16	4.4	D4	残疾人就业保障金	RGF+JSCS_RGF-BQF_RGFYSJ	分部分项人工费+ 费-不取费子目预						
17	4.5	D5	其他规费								
18	5	E	优质优价增加费	A+B+C+D	分部分项工程+措 +规费						
19	6	F	税金	A+B+C+D+E	分部分项工程+措施项目+其他项目+规费+优质优价增加费	9	306,610.71	47,767.65	47,767.65	26,503.91	26,503.91
20	7	G	含税工程造价	A+B+C+D+E+F	分部分项工程+措施项目+其他项目+规费+优质优价增加费+税金		3,713,396.41	578,519.30	578,519.30	320,991.83	320,991.83
21	8	JCHJ	价差取费合计	JDJC+JCSJ+JCYZYJ	进度价差+价差税金+价差优质优价增加费		0.00	-368.71	-368.71	0.00	0.00
22	8.1	JDJC	进度价差	JL_JDJCHJ	验工计价价差合计		0.00	-338.27	-338.27	0.00	0.00

定额库　吉林省建筑装饰工程计价定额(2014)

计价程序类：企业管理费、规费、利润、税金、优质优价增加费（国家级、省级、市级）；措施项目类

	名称	费率值(%)	
1	鲁班奖	5	根据吉建造[2014]23号
2	全国建筑工程装饰奖	2	根据吉建造[2014]23号

图 5.2.25　费用汇总（结算计价）

5.2.6　合同外管理

建设项目施工过程中发生的签证、变更等合同外部分结算资料多数情况会在结算时统一上报。造价人员可能会将施工过程中发生的签证变更等资料在过程中进行编辑存根，并在竣工结算时将过程中形成的各种形式的合同外部分结算文件进行上报。

注：操作以变更为例，其他合同外部分（签证、漏项等）的编制参照变更。

1. 新建变更

结算计价中自动提供合同外项目结构，以变更为例，软件中有两种方式可以进行变更的新建，点击项目结构的“变更”，单击鼠标右键“新建变更”和“导入变更”，如图 5.2.26 所示。

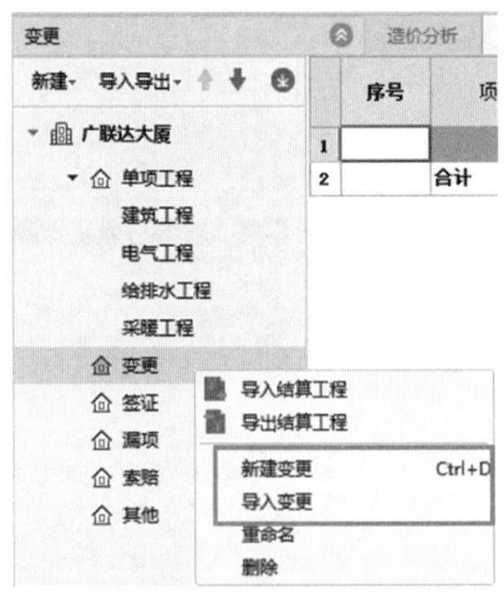

图 5.2.26　新建变更的两种方式

（1）新建变更

点击“新建变更”，与新建单位工程类似，输入变更工程名称，选择对应专业，点击“立即新建”即可（图 5.2.27），变更工程与合同内相同，分为分部分项、措施项目、其他项目、人材机调整、费用汇总，新建后可以通过查询清单等方式进行变更清单录入，或者通过左上角工具栏中“导入 Excel/ 工程”，按操作步骤导入变更 Excel。

新建单位工程
工程名称　变更工程
清单库　工程量清单项目计量规范(2013-吉林)
清单专业　建筑装饰工程
建筑装饰工程
仿古建筑工程
安装工程
市政工程
园林绿化工程
定额库
定额专业
模板类别　投标模式
价格文件　浏览
计税方式　增值税
立即新建

图 5.2.27　新建变更

（2）导入变更

如果变更部分已经在工程外新建好，可以通过导入变更的方式将变更部分导入进来，点击“导入变更”，选择已有的 GBQ 工程文件，勾选需要导入的单位工程以及需要导入的位置，点击中间向左箭头后点击“确定”进行导入，如图 5.2.28 所示。

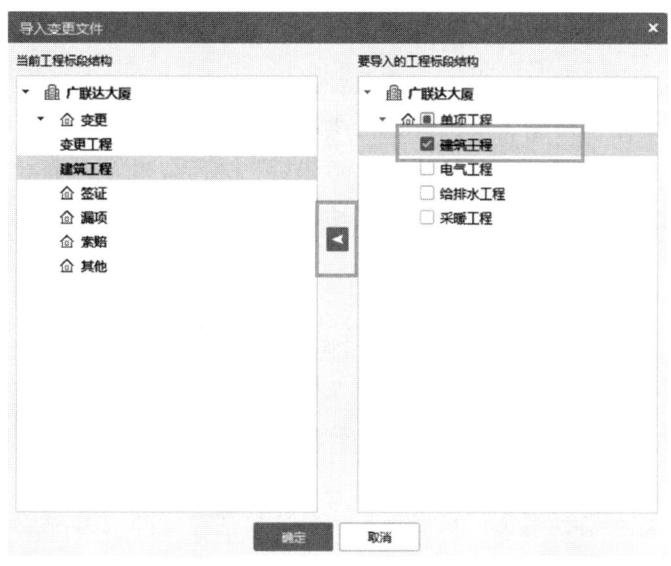

图 5.2.28　导入变更

2. 复用合同清单

《建设工程工程量清单计价规范》GB 50500—2013：

第 9.3.1 条　因工程量变更引起已标价工程量清单项目或其工程量发生变化时，应按照下列规定调整：已标价工程量清单中有适用于变更工程项目的，应采用该项目的单价，但工程量变更导致该清单项目的工程量发生变化，且工程量偏差超过 15% 时，该项目单价应安装本规范第 9.6.2 条的规定调整。

第 9.6.2 条　对于任一招标工程量清单项目，当因本节规定的工程量偏差和第 9.3 条规定的工程量变更等原因导致工程量偏差超过 15% 时，可进行调整，当工程量增加 15% 以上时，增加部分的工程量的综合单价应予调低，当工程量减少 15% 以上时，减少后剩余部分的工程量的综合单价应予以调高。

总结如图 5.2.29 所示。

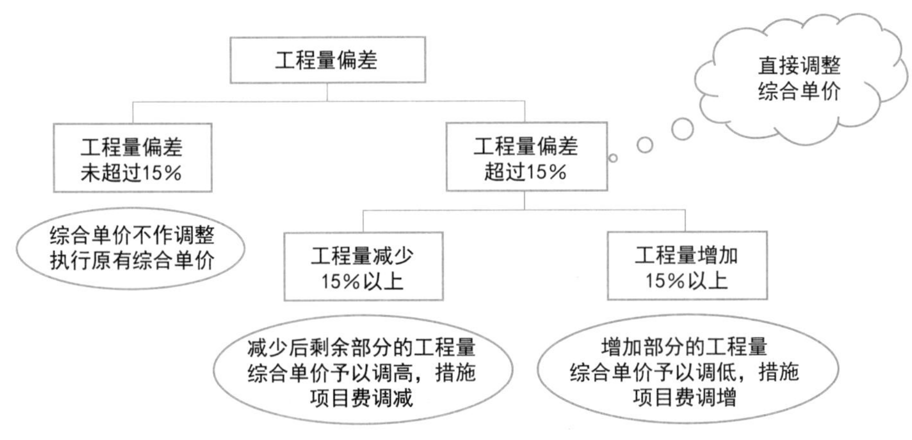

图 5.2.29　工程量偏差调整

实际工作中，造价人员需要将超出合同风险范围外的清单及工程量提取，进行价格调整。软件中点击新建的变更工程，点击“复用合同清单”，在弹出的界面中（图 5.2.30）可以通过选择量差范围快速过滤清单，勾选需要复用的合同清单，选择清单复用规则（只复制清单 / 清单和组价全部复制）及工程量复用规则（量差幅度以外的工程量 / 工程量全部复制 / 工程量为 0）。当选择“量差幅度以外工程量”时，会提醒“是否将复用部分工程量在原清单中扣除”，如果选择“是”，软件自动将合同内部分工程量扣除超出量差幅度部分工程量（量差比例自动为 15%）。

3. 关联合同清单 / 查看合同关联

建设项目合同外部分结算编辑时，会直接（或间接）使用合同清单或者在上报签证变更资料时将合同内清单作为其价格来源依据，使用“关联合同清单”将合同外新增清单与原合同清单建立关联，方便进行对比查看和管理，使用“复用合同清单”功能自动关联所复用清单。

鼠标定位在合同外分部分项、措施项目（可计量清单）的清单行，在功能区点击“关联合同清单”或单击鼠标右键“关联合同清单”；在弹出的“关联合同清单”对话框中，通过过滤条件确定关联的合同内清单，点击“确定”即可关联成功。关联后，也可以通过“查看关联清单”进行对比查看，如图 5.2.31 所示。

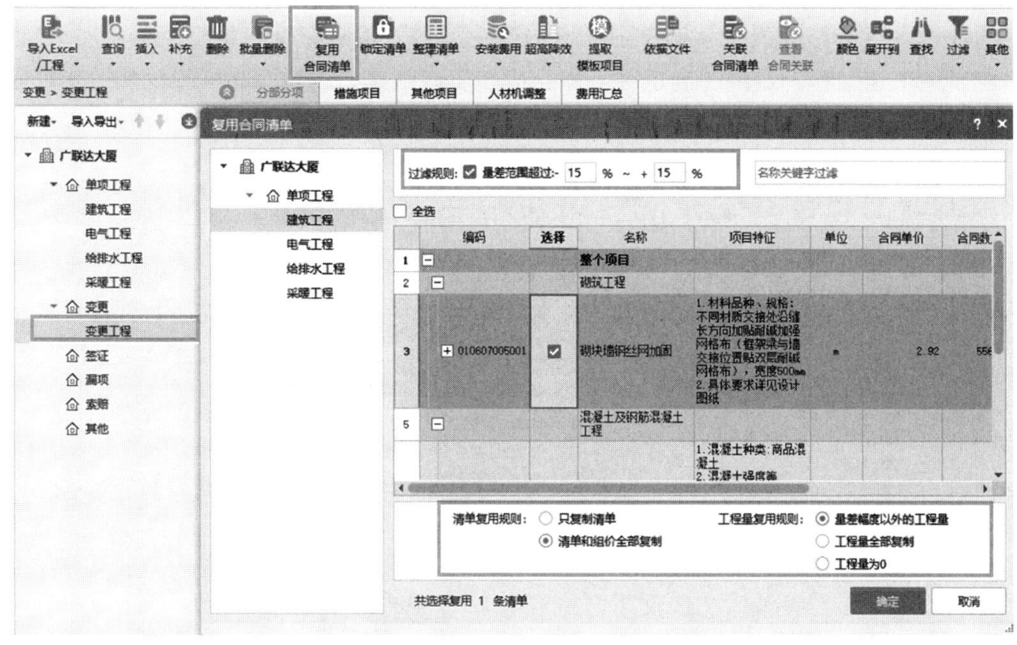

图 5.2.30　复用合同清单

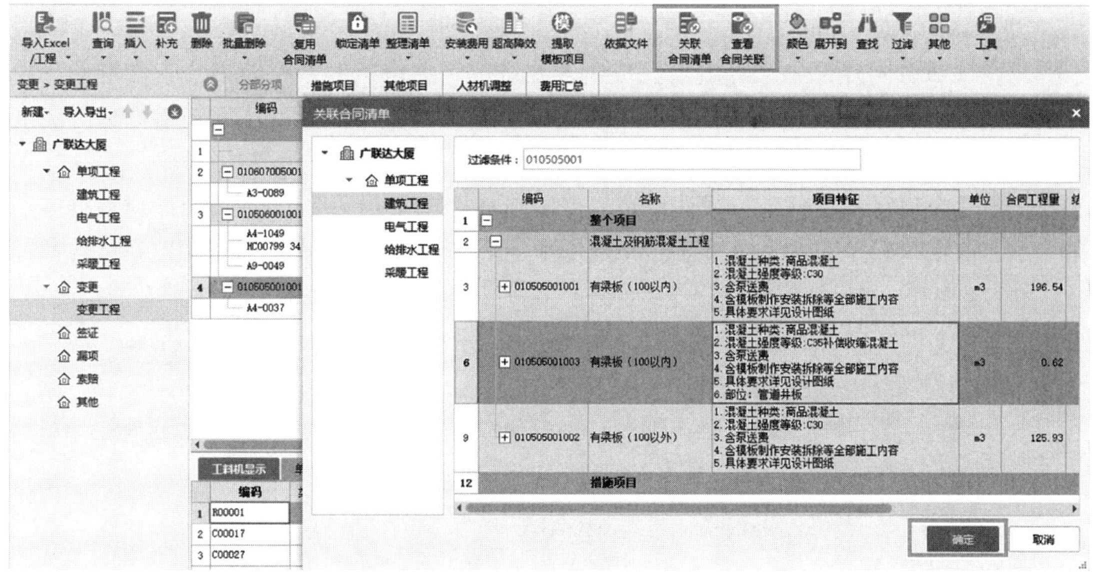

图 5.2.31　关联合同清单

4. 变更归属及依据

（1）变更归属

建设项目在发生变更、签证时，签订的变更单等不会明确区分单位工程的归属，而且所有变更存放在一起统一上报，但是在进行竣工结算时，需要对每个工程进行成本、指标分析，则需要考虑哪些变更归属于哪个单位工程，将变更中的项目合并到对应的单位工程中后再进行数据分析。

软件中，点击左侧项目结构树中对应的变更工程，单击鼠标右键“工程归属”，选择应该归属的单位工程，点击“确定”后即完成归属。归属完成后，指标界面相关数据同步更新，如图 5.2.32 所示。

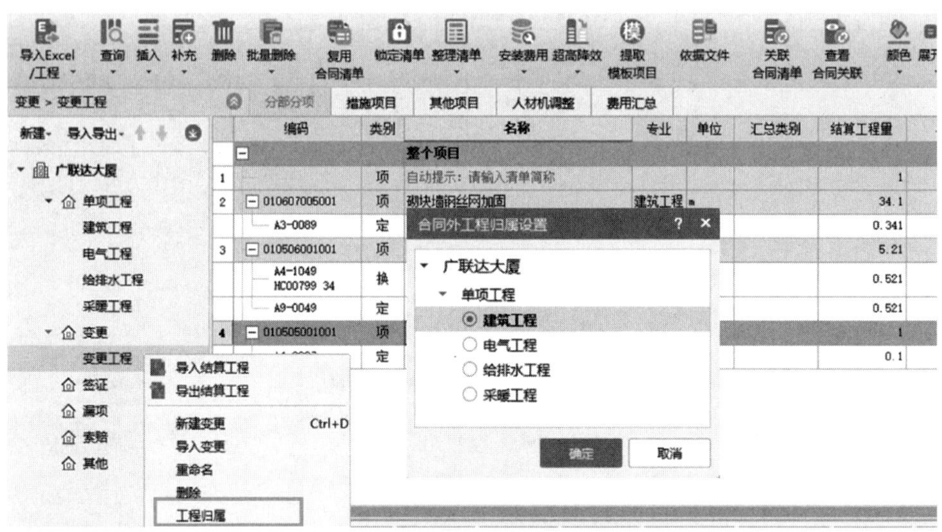

图 5.2.32 修改工程归属

（2）添加依据

建设项目合同外部分结算编辑完成后，在进行结算审核时，可能需要查看签证或设计变更的原件扫描件，使用“依据”功能可以把签证或设计变更的原件扫描件进行超链接，快速进行添加和查看。

点击整个项目或者分部行或清单行，点击工具栏“依据文件”，在弹出的对话框中点击“添加依据”选择需要添加任意格式的文件，并在此框中排列，在该框中进行文件“查看”和“删除”。如果依据添加完毕，点击“关闭”即可。完成关联后再次查看依据内容，点击“依据文件”或“依据”列下拉，即可查看依据文件内容，如图 5.2.33 所示。

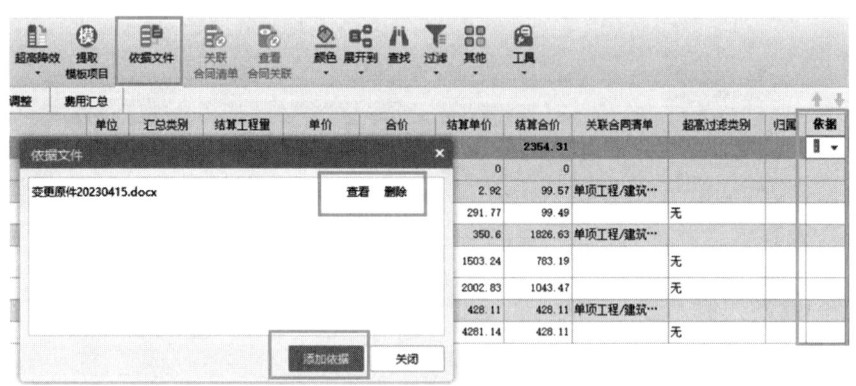

图 5.2.33 依据文件

5.2.7 报表

通过“报表”界面查看整体的结果报表，报表支持报表设计、水印、导出 Excel 等功能，如图 5.2.34 所示。

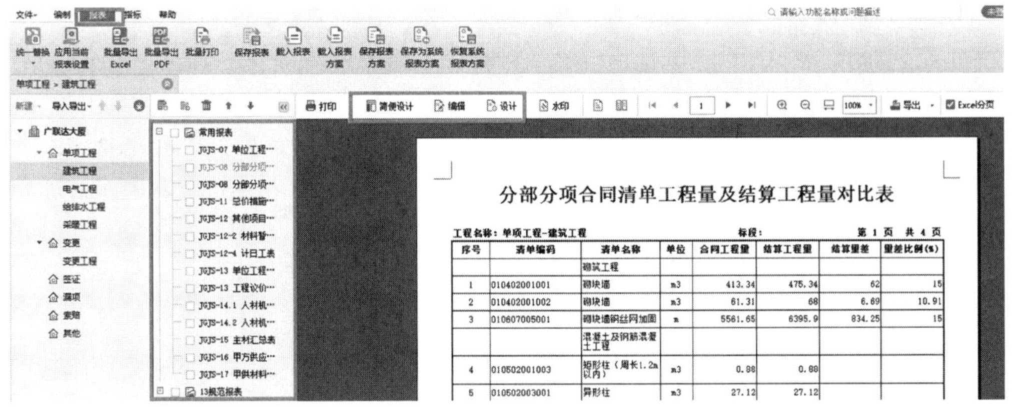

图 5.2.34 结算报表

5.2.8 结算工程拆分与合并

大型项目的竣工结算造价编制一般是由不同专业多人分工编制完成的。

（1）将整个原合同文件根据不同人员的分工拆分成多份，进行分发。

（2）每个人根据自己负责的专业领域（如土建、安装）进行结算文件编制。

（3）编制完成后，统一提交给项目负责人进行合并，汇总形成一份完整的结算文件，统调、审查后形成整体上报建设单位。

软件中，通过“导入导出”即可快速完成结算工程的拆分与合并（图 5.2.35），点击项目结构树上方“导入导出”，或选择对应单位工程单击鼠标右键“导出结算工程”，分发给对应专业负责人，编制完成结算后，点击“导入结算工程”，将完成的结算工程导入进来，完成合并。

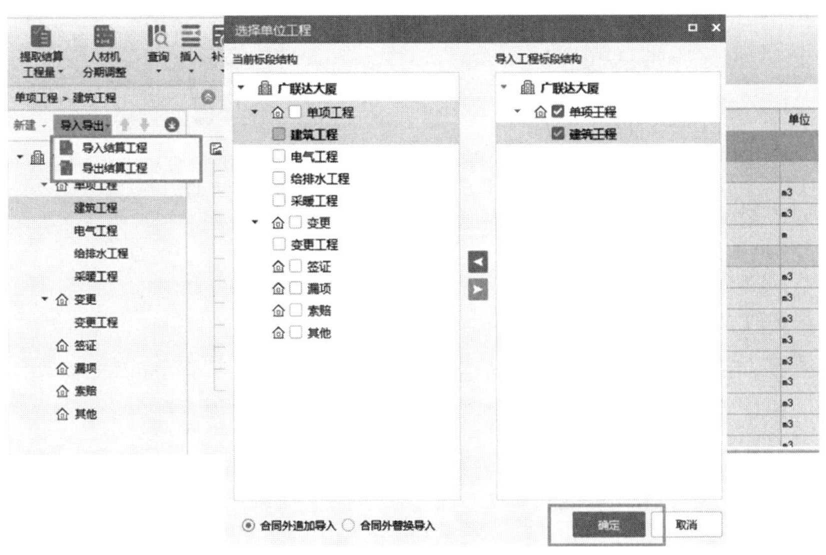

图 5.2.35 结算工程导入导出

5.2.9　结算计价总结

总结一下结算计价部分的内容，新建工程时有三种输入方式，第一种直接新建，第二种预算文件下拉进行转换，第三种最近文件→单击鼠标右键转换。合同内部分在输入分部分项工程量时可以手动输入，如果工程发生变更也可以直接提取结算工程量，工程量偏差预警提示，措施项目不同的计量方式可以一键切换，材料调差部分只需要 5 个步骤即可轻松搞定复杂调差；合同外部分，工程量偏差 ±15% 引起的变更可以直接通过复用合同清单的功能进行处理，且可以追溯清单来源，还可以导入结算依据，且支持新建及导入变更、签证、索赔，轻松处理合同外部分内容，实现多人协作更方便，报表部分各种报表随心出。合同内、合同外均有报表。

5.3　预算模块进行结算的方法

对于非常“简单”的结算方式结算，即合同中约定，按实际结算工程量进行结算，清单单价不作调整，材料也不调差的这种“简单”结算，也可以使用预算模块进行结算，操作步骤主要由 5 步完成，如图 5.3.1 所示。

图 5.3.1　预算工程进行结算步骤

5.3.1　复制合同清单

由于结算工程基于合同清单单价进行编制，所以可以将合同清单复制粘贴出来一份，将合同清单进行备份，修改工程名称后，双击打开此预算工程，如图 5.3.2 所示。

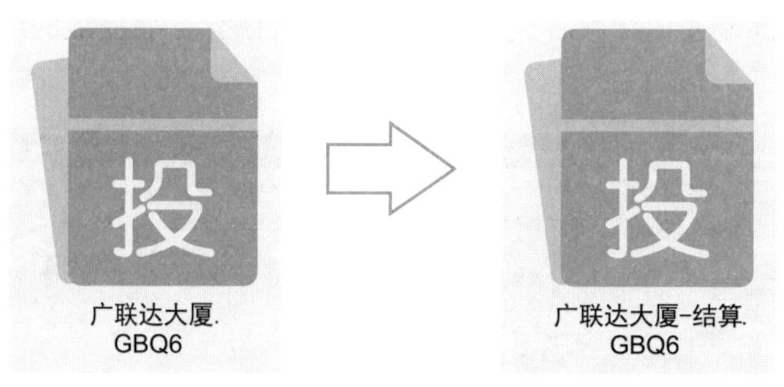

图 5.3.2　复制合同清单文件

5.3.2　锁定综合单价

合同中约定，清单综合单价不作调整，故需要锁定合同内清单的综合单价。在分部分项界面，单击鼠标右键“页面显示列设置”或点击软件界面右上角“页面显示列设置”按钮（图 5.3.3），将“锁定综合单价”打钩，分部分项界面会多出“锁定综合单价”列，在整个项目行对应的框中打钩，即将所有清单综合单价进行锁定，无论工程量如何修改，综合单价均不变，如图 5.3.4 所示。

图 5.3.3　页面显示列设置

5.3.3　修改结算工程量

对应“工程量”列（图 5.3.4），将工程量修改为结算工程量，也可以通过工程量表达式输入具体计算过程，操作步骤与“第 3 章预算文件编制”中工程量输入相关内容操作相同。

造价分析 | 工程概况 | 取费设置 | 分部分项 | 措施项目 | 其他项目 | 人材机汇总 | 费用汇总

	编码	类别	名称	专业	锁定综合单价	项目特征	单位	含量	工程量表达式	工程量
			整个项目		☑					
B1		部	砌筑工程		☑					
1	010402001001	项	砌块墙	建筑工程	☑	1. 砌块品种、规格、强度等级:炉渣混凝土空心砌块 2. 容重≤10KN/m3 3. 砂浆强度等级:M5混合砂浆 4. 部位：除地下室及卫生间外其他墙体 5. 具体要求详见设计图纸	m3		488-63.81-10.85	413.34
	A3-0083 HPH0248 PH···	换	砌块墙 炉渣砌块 换为【混合砂浆 M5】	土			10m3	0.1	QDL	41.334
2	010402001002	项	砌块墙	建筑工程	☑	1. 砌块品种、规格、强度等级:炉渣混凝土空心砌块 2. 容重≤10KN/m3 3. 砂浆强度等级:M10水泥砂浆 4. 部位：卫生间墙体 5. 具体要求详见设计图纸	m3		63.81-2.5	61.31
	A3-0083 HPH0248 PH···	换	砌块墙 炉渣砌块 换为【水泥砂浆 M10】	土			10m3	0.1	QDL	6.131

图 5.3.4　锁定综合单价

5.3.4　合同外部分处理

合同外部分可以在左侧项目结构树点击“新建单项工程”“新建单位工程”。例如新建一个单位工程，命名为变更工程即可（图 5.3.5），在新建的单位工程中进行处理变更部分、查询清单、套取定额、输入工程量等操作。

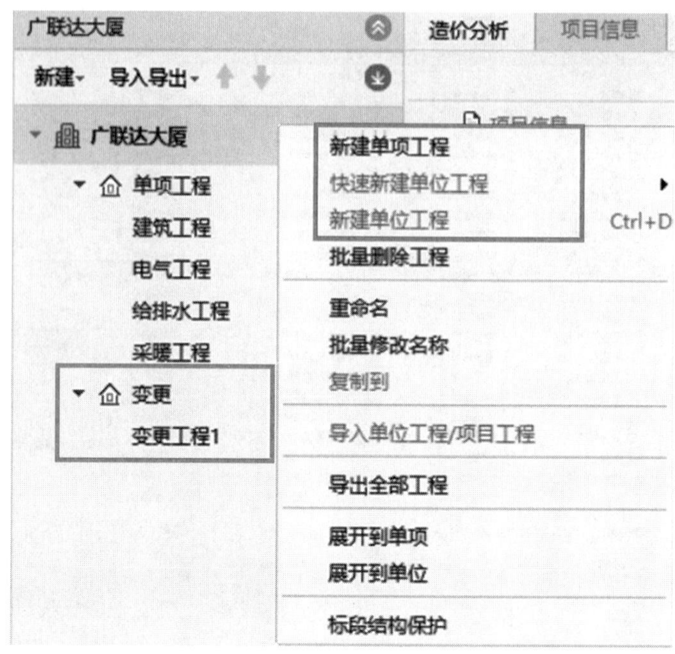

图 5.3.5 新建变更（合同外部分处理）

5.3.5 更多报表

工程完成后，切换到“报表”界面，在“更多报表”中找到“竣工结算”报表（图 5.3.6），通过“批量复制到工程文件”复制到报表界面中，报表中的对应竣工结算报表可以导出 Excel 等，完成结算工作。

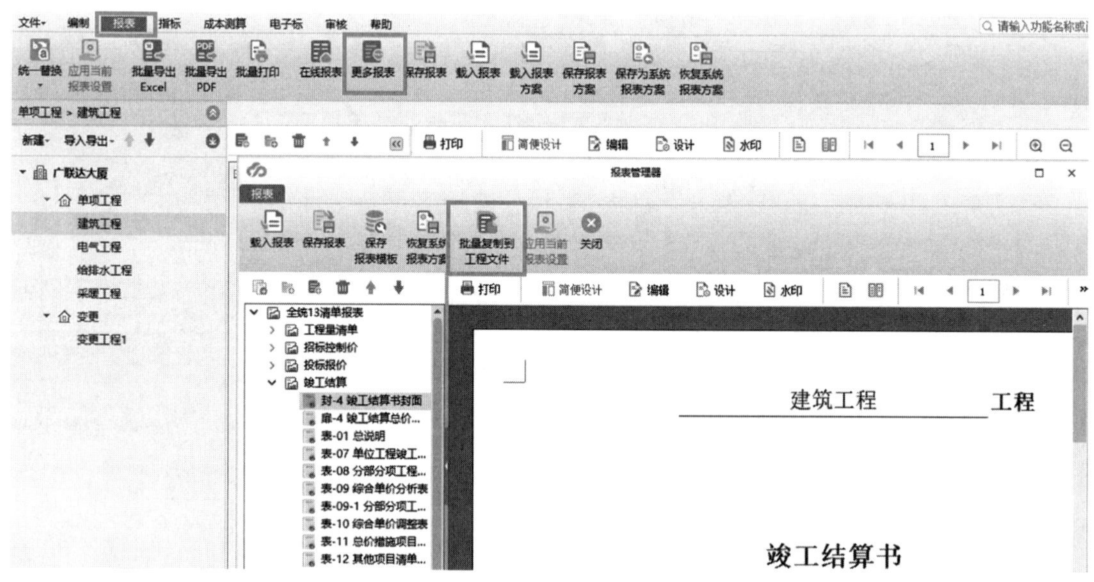

图 5.3.6 更多报表

第 6 章　审核计价文件编制

6.1　审核业务基础知识

6.1.1　审核业务及流程梳理

1. 审核的概念

有造价编制，就会存在造价审核。按照审核对象划分，审核工作包括建设单位对施工单位的审核、施工单位对分包单位的审核、咨询公司对施工单位的审核、公司内部的审核等。按照所处阶段，审核又分为招标控制价审核、结算审核、进度款审核。

工程审核是合理确定工程造价的必要程序和重要手段，通过对项目造价进行全面、系统的检查和复核，及时纠正存在的错误和问题，使之更加合理、真实地反映项目工程造价，达到有效控制工程造价的目的。

工程审核是一项涉及面广、专业性强、技术业务复杂的综合工作，直接关系发包人的投资效益和承包人的经济效益，所以审核必须遵循公平公正、实事求是的原则。

2. 审核业务流程

以结算审核为例，以下为审核的业务流程：

（1）结算通知

工程竣工验收合格后，由建设单位工程部通知施工单位，要求其在约定时间内提交完整的结算资料，尽快办理结算业务。

（2）资料收集

建设单位工程部接收完整资料并签字确认后，填写相关表单，将资料移交至建设单位成本部，由建设单位成本部负责签收。

（3）审核实施及核对修正

由建设单位成本部或外部委托第三方咨询公司进行初审或终审工作，与施工单位完成对审工作，解决结算中的争议事项，核对并修正数据，达成一致意见后确认最终审定的金额，形成审核记录报告。

（4）审核成果文件输出

由建设单位成本部或外部委托第三方咨询公司出具最终审核报告，甲乙双方签字确认、文件归档，完成本次审核工作。

6.1.2　审核要点解析

1. 常见合同形式及对应结算方式

（1）总价合同

对于总价合同，合同专用条款中约定的风险范围内的价格一律不作调整，所以总价合同的工程设计图纸要完整，工程范围明确，清单工程量准确。

总价合同结算总价 = 固定合同总价 + 变更 + 签证 + 合同约定可调价部分

（2）单价合同

单价合同适用于施工图纸不完善等情况下急于开工，相关招标投标工作难以进行的情况，单价合同中由市场价格波动导致的风险应由发、承包双方进行合理分摊，在合同中须明确约定范围及价格变动幅度。

单价合同结算总价 = 合同 / 实际工程量 × 合同综合单价 + 变更 + 签证 + 合同约定可调价部分

（3）成本加酬金合同

成本加酬金合同适用于时间特别紧迫的工程，如抢险救灾工程，工程最终合同价格按承包商的实际成本加一定比例的酬金计算。

成本加酬金合同结算总价 = 承包商的实际成本 + 一定比例的酬金

2. 工程结算审核原则

（1）结算必须坚持原则，不受干扰。无论是公司内部还是外部的干扰，是时间关系还是结算对象的特殊性，都不应成为影响结算质量的因素。在任何情况下，都必须严格要求、严格把关。

（2）对施工单位上报结算的整体逻辑性、真实性要认真审核。

（3）结算管理不仅是建设单位成本部或预算部的责任，各相关部门必须加强成本意识，保证工作的质量，杜绝浪费，防止成本失控导致结算难度增加。

（4）变更、签证单的管理是十分重要的，应有严格的收发、签署、保管制度。

（5）从审核角度出发，对争议事项需梳理其前因后果，找出争议关键点，权衡各方利弊，达成一致意见，及时高效地处理。

3. 工程结算审核注意事项

（1）结算价格的依据应坚持合同价第一、定额及信息价第二、市场询价第三的顺序，一定要有切实可靠的价格依据，不应受其他外部因素的影响。

（2）针对工程价款结算，双方应约定承担风险的范围及幅度，以及超出约定范围和幅度的调整办法。

（3）在结算数量上，不应受施工单位上报方式的影响，有实物量一定按实物量测算，确保与图纸吻合。

（4）针对有疑问的、不合理的签证，结算人员有责任和权利要求相关部门及相关人员配合核查，必要时赶赴现场了解实情。

（5）结算金额未完全确定之前，尽量保密，避免造成被动局面。

6.2 审核计价软件操作

广联达云计价平台审核模块是围绕建设工程造价全过程，针对设计阶段、招标投标阶段、结算阶段计价文件审核业务的一款工具，支持在送审基础上修改审核、对比审核、重点审核，审核过程留痕、核对方便，一键生成对比表格及增减分析数据报告，全面提升概算、预算、结算工程的审核效率。

常见的审核方式主要有三类：

（1）对比审核：两份造价文件进行对比，找出差异，形成审核结果和报告分析。

（2）单文件审核：在报审文件的基础上直接修改并生成最终审定文件、报表及报告分析。

（3）重点项审核：按照一定的要求，筛选符合条件的重点项进行审核。

6.2.1　对比审核

1. 新建对比审核工程

打开广联达云计价平台后，在工作台界面切换至“新建审核”，点击“新建审核”，选择送审、审定文件。工程名称默认与审定文件一致，选择审核阶段（“预算审核”及“结算审核”是指要导入的文件类型，“预算审核”导入的是后缀为 .GBQ6 的预算文件，“结算审核”导入的是后缀为 .GSC6 的结算文件），点击“立即新建”后即可进入软件界面，如图 6.2.1 所示。

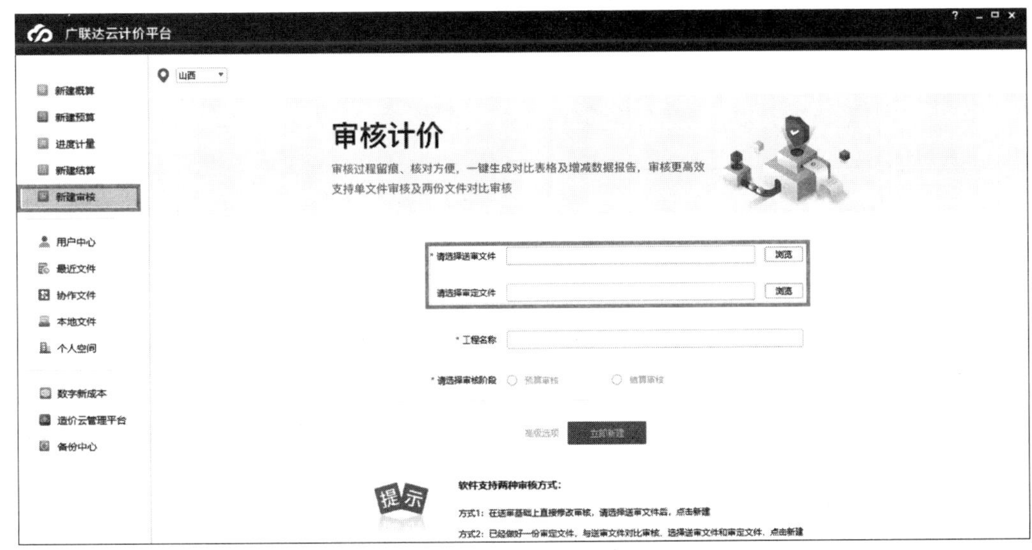

图 6.2.1　新建对比审核

2. 查看对比结果

（1）分部分项审核

1）查看整体对比

工程新建完成后，软件自动对比送审文件与审定文件，并生成对比结果。对比结果包括：增删改颜色标识、工程量差，增减金额自动计算，增减原因自动生成，实现审核过程留痕，如图 6.2.2 所示。

2）查看详细对比

在审核过程中，除了需要审核送审方的工程量、综合单价等差异项，还需要进一步详细对比，比如是否有补充材料、替换人材机或修改含量，以便找出不合理的内容进行调整，做到精细化审核。

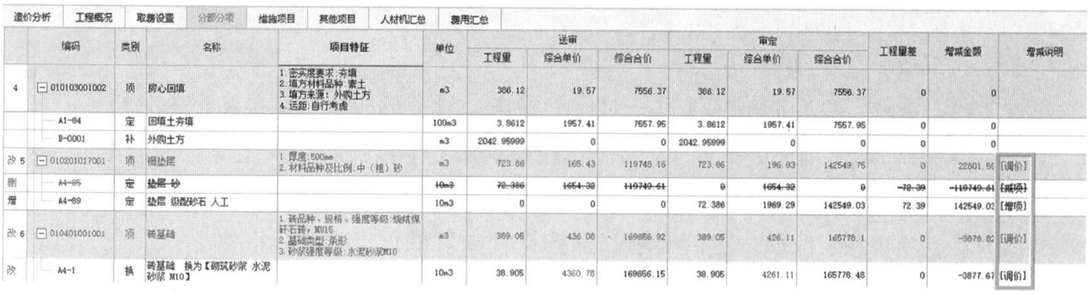

造价分析　工程概况　取费设置　分部分项　措施项目　其他项目　人材机汇总　费用汇总

	编码	类别	名称	项目特征	单位	送审			审定			工程量差	增减金额	增减说明
						工程量	综合单价	综合合价	工程量	综合单价	综合合价			
4	⊟ 010103001002	项	房心回填	1.密实度要求:夯填 2.填方材料品种:素土 3.填方来源:外购土方 4.运距:自行考虑	m3	386.12	19.57	7556.37	386.12	19.57	7556.37	0	0	
	A1-84	定	回填土夯填		100m3	3.8612	1957.41	7557.95	3.8612	1957.41	7557.95	0	0	
	B-0001	补	外购土方		m3	2042.95999	0	0	2042.95999	0	0	0	0	
改 5	⊟ 010201017001	项	褥垫层	1.厚度:500mm 2.材料品种及比例:中（粗）砂	m3	723.86	165.43	119748.16	723.86	196.93	142549.75	0	22801.59	[调价]
删	A4-85	定	垫层 砂		10m3	72.386	1654.32	119749.61	0	1654.32	0	-72.39	-119749.61	[减项]
增	A4-89	定	垫层 级配砂石 人工		10m3	0	0	0	72.386	1969.29	142549.03	72.39	142549.03	[增项]
改 6	⊟ 010401001001	项	砖基础	1.砖品种、规格、强度等级:烧结煤矸石砖，MU15 2.基础类型:条形 3.砂浆强度等级:水泥砂浆M10	m3	389.05	436.08	169656.92	389.05	426.11	165778.1	0	-3878.82	[调价]
改	A4-1	换	砖基础　换为【砌筑砂浆 水泥砂浆 M10】		10m3	38.905	4360.78	169656.15	38.905	4261.11	165778.48	0	-3877.67	[调价]

图 6.2.2　查看整体对比

①查看详细对比：在工具栏中可查看详细对比，软件自动对比定额编码、名称、单位、工程量、单价等内容，方便查看定额套用及换算情况，如图 6.2.3 所示。

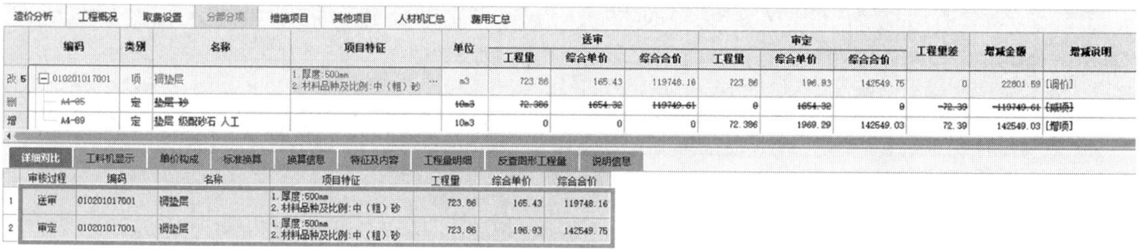

造价分析　工程概况　取费设置　分部分项　措施项目　其他项目　人材机汇总　费用汇总

	编码	类别	名称	项目特征	单位	送审			审定			工程量差	增减金额	增减说明
						工程量	综合单价	综合合价	工程量	综合单价	综合合价			
改 5	⊟ 010201017001	项	褥垫层	1.厚度:500mm 2.材料品种及比例:中（粗）砂…	m3	723.86	165.43	119748.16	723.86	196.93	142549.75	0	22801.59	[调价]
删	A4-85	定	垫层 砂		10m3	72.386	1654.32	119749.61	0	1654.32	0	-72.39	-119749.61	[减项]
增	A4-89	定	垫层 级配砂石 人工		10m3	0	0	0	72.386	1969.29	142549.03	72.39	142549.03	[增项]

详细对比　工料机显示　单价构成　标准换算　换算信息　特征及内容　工程量明细　反查图形工程量　说明信息

	审核过程	编码	名称	项目特征	工程量	综合单价	综合合价
1	送审	010201017001	褥垫层	1.厚度:500mm 2.材料品种及比例:中（粗）砂	723.86	165.43	119748.16
2	审定	010201017001	褥垫层	1.厚度:500mm 2.材料品种及比例:中（粗）砂	723.86	196.93	142549.75

图 6.2.3　查看详细对比

②查看工料机对比：如果是人材机的价格、含量发生了变化，可以在工料机显示中查看。软件提供标准定额、送审文件、审定文件三方的对比，方便快速找出差异（图 6.2.4）。

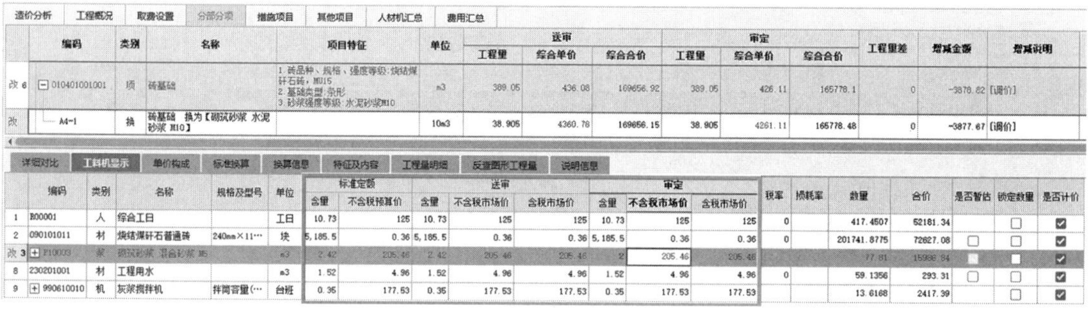

造价分析　工程概况　取费设置　分部分项　措施项目　其他项目　人材机汇总　费用汇总

	编码	类别	名称	项目特征	单位	送审			审定			工程量差	增减金额	增减说明
						工程量	综合单价	综合合价	工程量	综合单价	综合合价			
改 6	⊟ 010401001001	项	砖基础	1.砖品种、规格、强度等级:烧结煤矸石砖，MU15 2.基础类型:条形 3.砂浆强度等级:水泥砂浆M10	m3	389.05	436.08	169656.92	389.05	426.11	165778.1	0	-3878.82	[调价]
改	A4-1	换	砖基础　换为【砌筑砂浆 水泥砂浆 M10】		10m3	38.905	4360.78	169656.15	38.905	4261.11	165778.48	0	-3877.67	[调价]

详细对比　工料机显示　单价构成　标准换算　换算信息　特征及内容　工程量明细　反查图形工程量　说明信息

	编码	类别	名称	规格及型号	单位	标准定额		送审			审定			税率	损耗率	数量	合价	是否暂估	锁定数量	是否计价
						含量	不含税预算价	含量	不含税市场价	含税市场价	含量	不含税市场价	含税市场价							
1	R00001	人	综合工日		工日	10.73	125	10.73	125	125	10.73	125	125	0		417.4507	52181.34		☐	☑
2	090101011	材	烧结煤矸石普通砖	240mm×11…	块	5,185.5	0.36	5,185.5	0.36	0.36	5,185.5	0.36	0.36	0		201741.8775	72627.08	☐	☐	☑
改 3	⊞ P10003	浆	砌筑砂浆 混合砂浆 M5		m3	2.42	205.46	2.42	205.46	205.46	2	205.46	205.46			77.81	15986.84	☐	☐	☑
8	230201001	材	工程用水		m3	1.52	4.96	1.52	4.96	4.96	1.52	4.96	4.96	0		59.1356	293.31	☐	☐	☑
9	⊞ 990610010	机	灰浆搅拌机	拌筒容量(…	台班	0.35	177.53	0.35	177.53	177.53	0.35	177.53	177.53			13.6168	2417.39		☐	☑

图 6.2.4　查看工料机对比

③查看单价构成对比：如果需要查看清单综合单价组成情况，可在“单价构成”中查看计算基数、费率、单价的对比情况，无须打开预算文件即可查看详细信息，快速定位到差异项，查找问题，如图 6.2.5 所示。

（2）措施项目审核

措施项目的审核结果与分部分项界面相同，支持增、删、改颜色标识，可以看到增减金额变化和增减原因（图 6.2.6）。其中，单价措施项目还可查看详细对比、工料机显示及单价构成对比情况。

造价分析 | 工程概况 | 取费设置 | 分部分项 | 措施项目 | 其他项目 | 人材机汇总 | 费用汇总

	编码	类别	名称	项目特征	单位	送审			审定			工程量差	增减金额	增减说明
						工程量	综合单价	综合合价	工程量	综合单价	综合合价			
改 6	010401001001	项	砖基础	1.砖品种、规格、强度等级:烧结煤矸石砖，MU15 2.基础类型:条形 3.砂浆强度等级:水泥砂浆M10	m3	369.05	436.08	169656.92	369.05	426.11	165776.1	0	-3878.82	[调价]
改	A4-1	换	砖基础　换为【砌筑砂浆 水泥砂浆 M10】		10m3	38.905	4360.78	169656.15	38.905	4261.11	165778.48	0	-3877.67	[调价]

详细对比 | 工料机显示 | 单价构成 | 标准换算 | 换算信息 | 特征及内容 | 工程量明细 | 反查图形工程量 | 说明信息

	序号	费用代号	名称	送审				审定				基数说明	费用类别	备注
				计算基数	费率(%)	单价	合价	计算基数	费率(%)	单价	合价			
改 1	一、	F1	直接费	F2+F3+F4		3774.92	146863.26	F2+F3+F4		3688.63	143506.15	人工费+材料费+机械费	直接费	(1)+(2)+(3)
2	1	F2	人工费	RGF		1341.25	52181.33	RGF		1341.25	52181.33	人工费	人工费	
改 3	2	F3	材料费	CLF+ZCF+SBF		2371.53	92264.37	CLF+ZCF+SBF		2285.24	88907.26	材料费+主材费+设备费	材料费	
4	3	F4	机械费	JXF		62.14	2417.56	JXF		62.14	2417.56	机械费	机械费	
改 5	二、	F5	企业管理费	F1-FBF_1_YSJHJ-FBF_2_YSJHJ	8.48	320.11	12453.88	F1-FBF_1_YSJHJ-FBF_2_YSJHJ	8.48	312.8	12169.48	直接费-只取税金项预算价合计-不取费项预算价合计	管理费	(一)
改 6	三、	F6	利润	F1-FBF_1_YSJHJ-FBF_2_YSJHJ	7.04	265.75	10339	F1-FBF_1_YSJHJ-FBF_2_YSJHJ	7.04	259.68	10102.85	直接费-只取税金项预算价合计-不取费项预算价合计	利润	(一)
7	四、	F7	风险费用	F71+F72		0	0	F71+F72		0	0	材料风险+机械风险	风险费	
8	1	F71	材料风险	CLF+CLJC+ZCF+ZCJC+SBF+SBJC	0	0	0	CLF+CLJC+ZCF+ZCJC+SBF+SBJC	0	0	0	材料费+材料费价差+主材费+主材费价差+设备费+设备费价差	材料风险	风险幅度2%~5%
9	2	F72	机械风险	JXF+JXJC	0	0	0	JXF+JXJC	0	0	0	机械费+机械费价差	机械风险	风险幅度5%~10%
10	五、	F8	动态调整	RCJJC		0	0	RCJJC		0	0	人材机价差	动态调整	
改 11	六、		综合单价	F1 + F5 + F6 + F7 + F8		4360.78	169656.15	F1 + F5 + F6 + F7 + F8		4261.11	165778.48	直接费+企业管理费+利润+风险费用+动态调整	工程造价	(一)+(二)+(三)+(四)+(五)

图 6.2.5　查看单价构成对比

造价分析 | 工程概况 | 取费设置 | 分部分项 | 措施项目 | 其他项目 | 人材机汇总 | 费用汇总　　措施模板:建筑工程

	序号	名称	单位	送审				审定				增减金额	增减说明	单价构成文件	计费方式
				计算基数(工程量)	费率(%)	综合单价	综合合价	计算基数(工程量)	费率(%)	综合单价	综合合价				
		措施项目					178482.45				179358.8	876.35			
	一	施工组织措施项目					178482.45				179358.8	876.35			
改 1	011707001001	安全文明施工费	项	ZJF+ZCF+SBF+JSCS_ZJF+JSCS_ZCF+JSCS_SBF-FBF_1_YSJHJ-FBF_2_YSJHJ	1.73	57714.89	57714.89	ZJF+ZCF+SBF+JSCS_ZJF+JSCS_ZCF+JSCS_SBF-FBF_1_YSJHJ-FBF_2_YSJHJ	1.73	57998.25	57998.25	283.36	[调基数]	缺省模板(实物量或计算公式组价)	
改 2	011707001002	临时设施费	项	ZJF+ZCF+SBF+JSCS_ZJF+JSCS_ZCF+JSCS_SBF-FBF_1_YSJHJ-FBF_2_YSJHJ	1.36	45371.24	45371.24	ZJF+ZCF+SBF+JSCS_ZJF+JSCS_ZCF+JSCS_SBF-FBF_1_YSJHJ-FBF_2_YSJHJ	1.36	45594	45594	222.76	[调基数]	缺省模板(实物量或计算公式组价)	
改 3	011707001003	环境保护费	项	ZJF+ZCF+SBF+JSCS_ZJF+JSCS_ZCF+JSCS_SBF-FBF_1_YSJHJ-FBF_2_YSJHJ	0.7	23352.84	23352.84	ZJF+ZCF+SBF+JSCS_ZJF+JSCS_ZCF+JSCS_SBF-FBF_1_YSJHJ-FBF_2_YSJHJ	0.7	23467.51	23467.51	114.67	[调基数]	缺省模板(实物量或计算公式组价)	
改 4	011707002001	夜间施工增加费	项	ZJF+ZCF+SBF+JSCS_ZJF+JSCS_ZCF+JSCS_SBF-FBF_1_YSJHJ-FBF_2_YSJHJ	0.14	4670.57	4670.57	ZJF+ZCF+SBF+JSCS_ZJF+JSCS_ZCF+JSCS_SBF-FBF_1_YSJHJ-FBF_2_YSJHJ	0.14	4693.51	4693.51	22.94	[调基数]	缺省模板(实物量或计算公式组价)	

图 6.2.6　措施项目审核

（3）人材机审核

在人材机界面，针对送审文件与审定文件的差异项，广联达云计价平台同样提供增、删、改标识，增减金额及增减说明一目了然，如图 6.2.7 所示。

造价分析 | 工程概况 | 取费设置 | 分部分项 | 措施项目 | 其他项目 | 人材机汇总 | 费用汇总　　不含税市场价合计:3324678.00 | 价差合计:-27814.64

人材机汇总

	编码	类别	名称	规格型号	单位	送审				审定							增减单价	增减金额	增减说明
						数量	不含税预算价	不含税市场价	不含税市场价合计	数量	不含税预算价	不含税市场价	含税市场价	不含税市场价合计	含税市场价合计	税率			
改 3	010101004	材	热轧光圆钢筋	HPB300 12mm	t	0.0317	3399.13	3399.13	107.75	0.0317	3399.13	3200	3616	101.44	114.63	13	-199.13	-6.31	[调价]
改 4	010101016	材	热轧光圆钢筋	HPB300 10mm以内	t	13.1548	3185.08	3185.08	41899.09	13.1548	3185.08	3200	3616	42095.36	47567.76	13	14.92	196.27	[调价]
改 5	010301016	材	热轧带肋钢筋	HRB400 10mm以内	t	87.5333	3219.33	3219.33	281798.58	87.5333	3219.33	3200	3616	280106.56	316520.41	13	-19.33	-1692.02	[调价]
改 6	010301019	材	热轧带肋钢筋	HRB400 12~14mm	t	52.3222	3227.89	3227.89	168890.31	52.3222	3227.89	2856.54	3227.89	149460.46	168890.31	13	-371.35	-19429.85	[调价]
改 7	010301020	材	热轧带肋钢筋	HRB400 16~25mm	t	18.8693	3167.95	3167.95	59777	18.8693	3167.95	2803.496	3167.95	52900.01	59777	13	-364.45	-6876.99	[调价]
8	011001009	材	钢丝绳	6股 19丝 12.5mm	m	0.3444	3.76	3.76	1.29	0.3444	3.76	3.76	3.76	1.29	1.29	0	0	0	
9	011701001	材	型钢		t	0.0525	3022.4	3022.4	158.68	0.0525	3022.4	3022.4	3022.4	158.68	158.68	0	0	0	
改 10	012401017	材	中厚钢板		t	0.0292	2986.71	2986.71	87.5	0.0292	2986.71	2800	2800	81.76	81.76	0	-186.71	-5.74	[调价]
11	012501002	材	花纹钢板	6mm	t	0.2472	3039.52	3039.52	751.37	0.2472	3039.52	3039.52	3039.52	751.37	751.37	0	0	0	
12	012601003	材	不锈、耐酸、耐热钢板	1.0mm	m2	12.78	113.39	113.39	1449.12	12.78	113.39	113.39	113.39	1449.12	1449.12	0	0	0	

图 6.2.7　人材机审核

（4）一键审取费

如果想要快速审核取费基数与费率，可以点击工具栏“一键审取费”功能。软件针对本工程审定模板中单价构成、措施项目及费用汇总界面的内容与标准模板进行对比，自动过滤出有差异的费率及取费基数，提供颜色标识，并支持一键修改，如图 6.2.8 所示。

序号	名称	标准模板			本工程审定模板				
		费用代号	计算基数	费率(%)	费用代号	计算基数	费率(%)	基数说明	费用类别
一、	直接费	F1	F2+F3+F4		F1	F2+F3+F4		人工费+材料费+机械费	直接费
1	人工费	F2	RGF		F2	RGF		人工费	人工费
2	材料费	F3	CLF+ZCF+SBF		F3	CLF+ZCF+SBF		材料费+主材费+设备费	材料费
3	机械费	F4	JXF		F4	JXF		机械费	机械费
二、	企业管理费	F5	F1-FBF_1_YSJHJ-FBF_2_YSJHJ	8.48	F5	F1-FBF_1_YSJHJ-FBF_2_YSJHJ	8	直接费-只取税金项预算价合计-不取费项预算价合计	管理费
三、	利润	F6	F1-FBF_1_YSJHJ-FBF_2_YSJHJ	7.04	F6	F1-FBF_1_YSJHJ-FBF_2_YSJHJ	6	直接费-只取税金项预算价合计-不取费项预算价合计	利润
四、	风险费用	F7	F71+F72		F7	F71+F72		材料风险+机械风险	风险费
1	材料风险	F71	CLF+CLJC+ZCF+ZCJC+SBF+SBJC	0	F71	CLF+CLJC+ZCF+ZCJC+SBF+SBJC	0	材料费+材料费价差+主材费+主材费价差+设备费+设备费价差	材料风险
2	机械风险	F72	JXF+JXJC	0	F72	JXF+JXJC	0	机械费+机械费价差	机械风险
五、	动态调整	F8	RCJJC		F8	RCJJC		人材机价差	动态调整
六、	综合单价		F1 + F5 + F6 + F7 + F8			F1 + F5 + F6 + F7 + F8		直接费+企业管理费+利润+风险费用+动态调整	工程造价

图 6.2.8　一键审取费

3. 审核技巧

（1）匹配送审

在新建对比审核工程时，由于编制人员的编制思路与习惯不同，可能会使得送审工程与审定工程项目结构不同。为了保障后续审核结果的准确性，需要进行匹配确认。例如案例工程中，由于单位名称不同，没有完成自动匹配（图 6.2.9），需要进行手动调整，点击工具栏中“对比匹配”，在弹出的“项目匹配”对话框中进行项目结构匹配，在上方点击需要匹配的单位工程后，在“匹配送审项”中选择正确的单位工程双击即可完成项目匹配。全部调整完成后点击“确定”，进入单位工程内匹配，进一步匹配清单定额项（如果项目匹配无问题直接“确认”即可）。

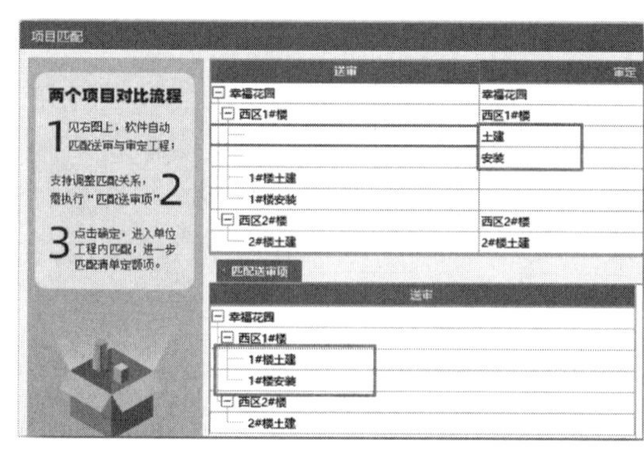

图 6.2.9　项目匹配

单位工程中如果清单编码不一致或名称不一致，也会影响审核结果的准确性，同样需要进行匹配确认及调整。案例工程中，由于清单名称不同，没有自动匹配，在“匹配送审项”窗口双击选择对应清单即可，如图 6.2.10 所示。

图 6.2.10　清单匹配

（2）导入依据

在审核过程中，如果需要添加审核依据，如图纸、标准文件、项目资料等，可以选择某条清单后点击工具栏“导入依据”后添加需要导入的文件。文件支持 Word、Excel、Pdf、图片格式。后续也可在此界面进行依据的删除，如图 6.2.11 所示。

	编码	类别	名称	项目特征	单位	送审						工程量差	增减金额	增减说明
						工程量	综合单价	综合合价	工程量		综合合价			
4	010103001002	项	房心回填	1. 密实度要求：夯填 2. 填方材料品种：素土 3. 填方来源：外购土方 4. 运距：自行考虑	m3	386.12	19.57	7556.37	386.12	19.57	7556.37	0	0	
	A1-84	定	回填土夯填		100m3	3.8612	1957.41	7557.95	3.8612	1957.41	7557.95	0	0	
	B-0001	补	外购土方		m3	2042.95999	0	0	2042.95999	0	0	0	0	
改 5	010201017001	项	褥垫层	1. 厚度：600mm 2. 材料品种及比例：中（粗）砂	m3	723.86	165.42	119748.16	723.86	196.93	142549.75	0	22801.59	[调价]
删	A4-65	定	~~垫层 砂~~		~~10m3~~	~~72.386~~	~~1654.32~~	~~119749.61~~	0	~~1654.32~~	0	~~-72.39~~	~~-119749.61~~	~~[减项]~~
增	A4-69	定	垫层 级配砂石 人工		10m3	0	0	0	72.386	1969.29	142549.03	72.39	142549.03	[增项]

图 6.2.11　导入依据

（3）修改送审

在特殊情况下，如果审核方想要修改送审方的数据，如修改清单项、定额、单价等，可点击工具栏“修改送审”，在弹出的对话框中即可修改送审工程的内容，如图 6.2.12 所示。

图 6.2.12 修改送审

（4）数据转换

审核过程中，如果认为送审方的数据更合理，想要应用送审方的数据，可以选择这条清单项并单击鼠标右键“同步送审数据到审定”，将本条清单的送审数据同步到审定列。如果想将整个工程的送审数据同步到审定列，可以点击工具栏“数据转换”中“同步送审数据到审定”功能，实现数据一键转换，如图 6.2.13 所示。

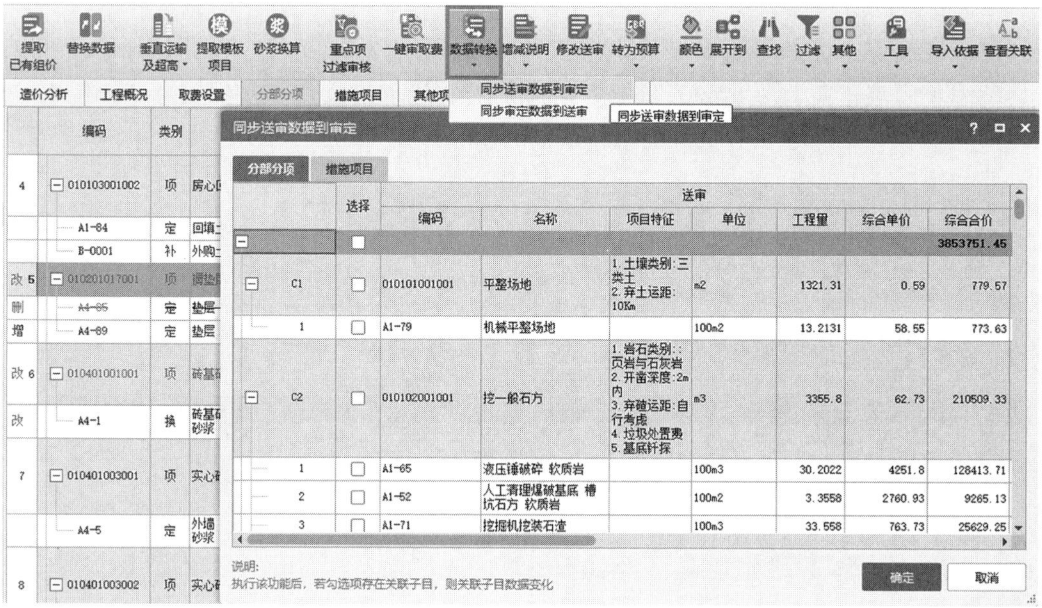

图 6.2.13 数据转换

（5）转为预算

预算文件可以转为审核文件，同样，审核文件也可以转为预算文件。审核工作完成后，如果想要输出审核完成后的预算书，可以点击工具栏“转为预算”将送审数据、审定数据单独输出预算书，审核中删除的清单子目可自由选择保留或不保留，如图 6.2.14 所示。

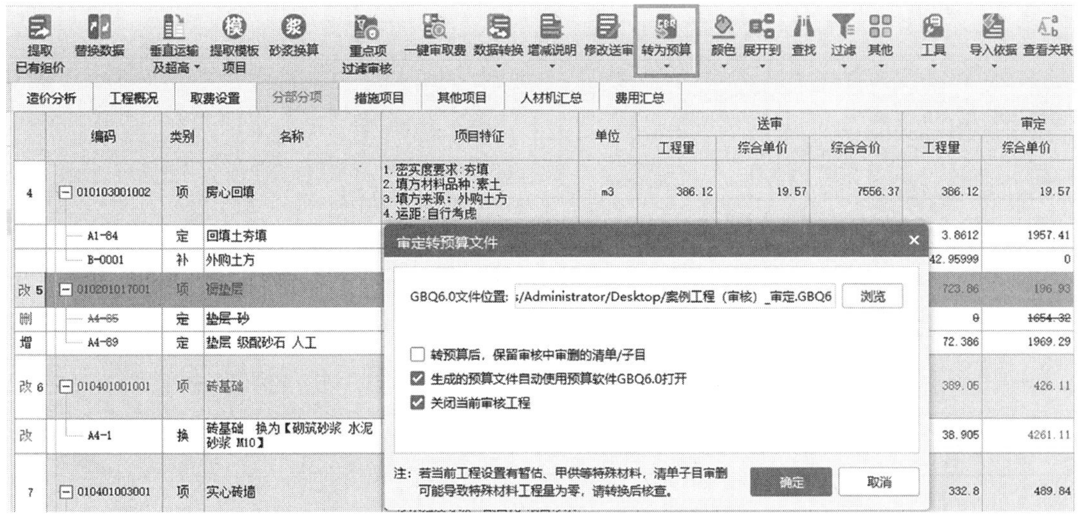

图 6.2.14　转为预算

4. 生成分析与报告

审核工作完成后，需要输出审核对比报表，软件提供分部分项、措施项目、其他项目、人材机、计日工等多维度对比表，并且支持自主设计，满足不同需求，如图 6.2.15 所示。

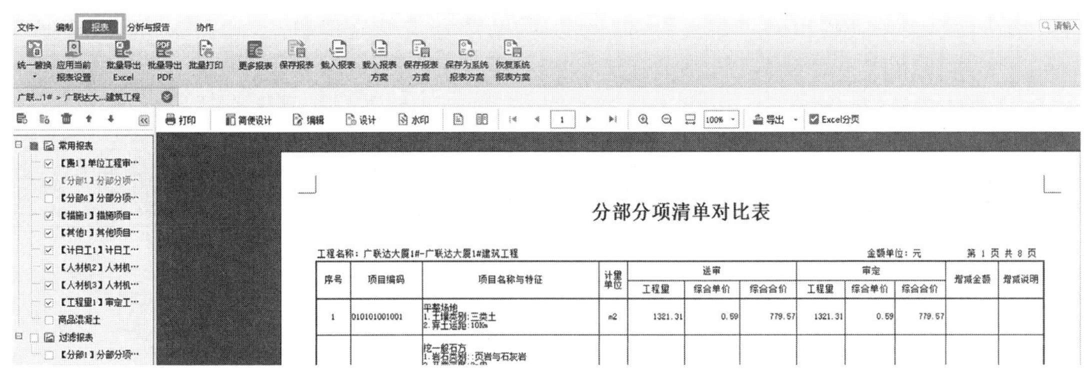

图 6.2.15　审核对比报表

软件还可针对增减数据智能分析，形成分析表格，并导出 Excel 文件。报告可作为审核工作的结果性文件，也可作为历史数据进行存档，将来作为指标为其他工程提供参考。如果需要个性化设置审核报告，软件还提供审核报告编辑区，可载入软件的报告模板，也可载入自己的模板，软件一键生成带有增减数据的报告。工程数据变化，报告数据自动刷新。

软件也会提供分析图表，可以更直观地查看审核数据，如图 6.2.16 所示。

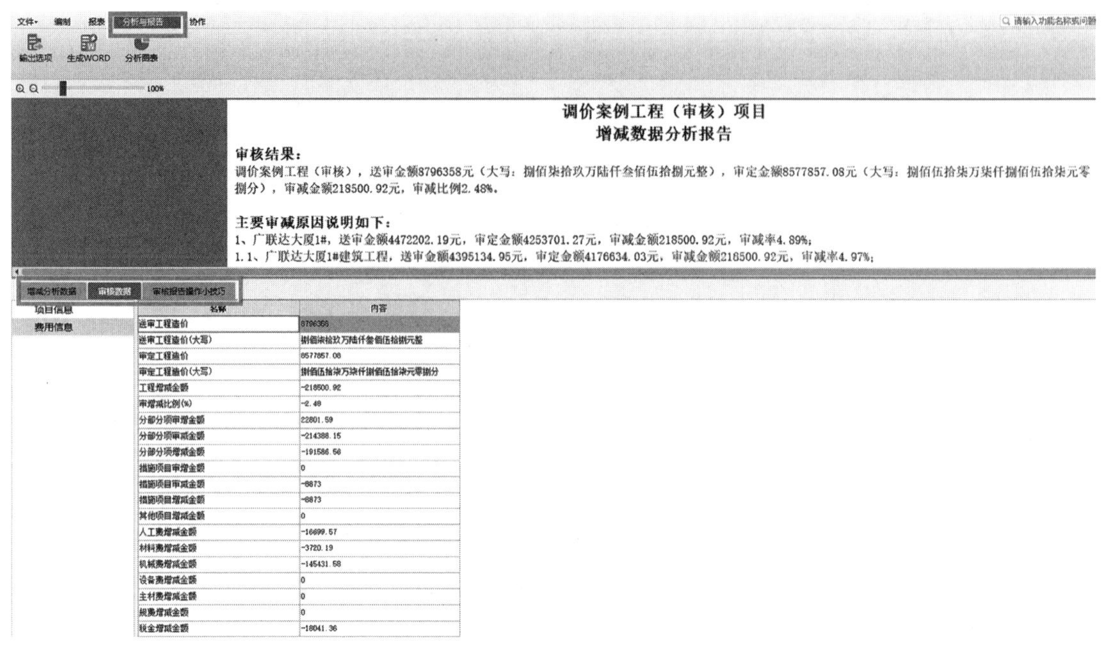

名称	内容
送审工程造价	8796358
送审工程造价(大写)	捌佰柒拾玖万陆仟叁佰伍拾捌元整
审定工程造价	8577857.08
审定工程造价(大写)	捌佰伍拾柒万柒仟捌佰伍拾柒元零捌分
工程增减金额	-218500.92
审增减比例(%)	-2.48
分部分项审增金额	22801.59
分部分项审减金额	-214388.15
分部分项增减金额	-191586.56
措施项目审增金额	0
措施项目审减金额	-8873
措施项目增减金额	-8873
其他项目增减金额	0
人工费增减金额	-16699.57
材料费增减金额	-3720.19
机械费增减金额	-145431.58
设备费增减金额	0
主材费增减金额	0
规费增减金额	0
税金增减金额	-18041.36

图 6.2.16　分析与报告

6.2.2　单文件审核

如果在审核过程中没有审定文件，或想要在送审文件的基础上直接进行审核，广联达云计价平台支持单文件审核。单文件审核有三种新建方式，分别是：

（1）新建审核时只选择送审文件，不选择审定文件，即进入单文件审核模式，如图 6.2.17 所示。

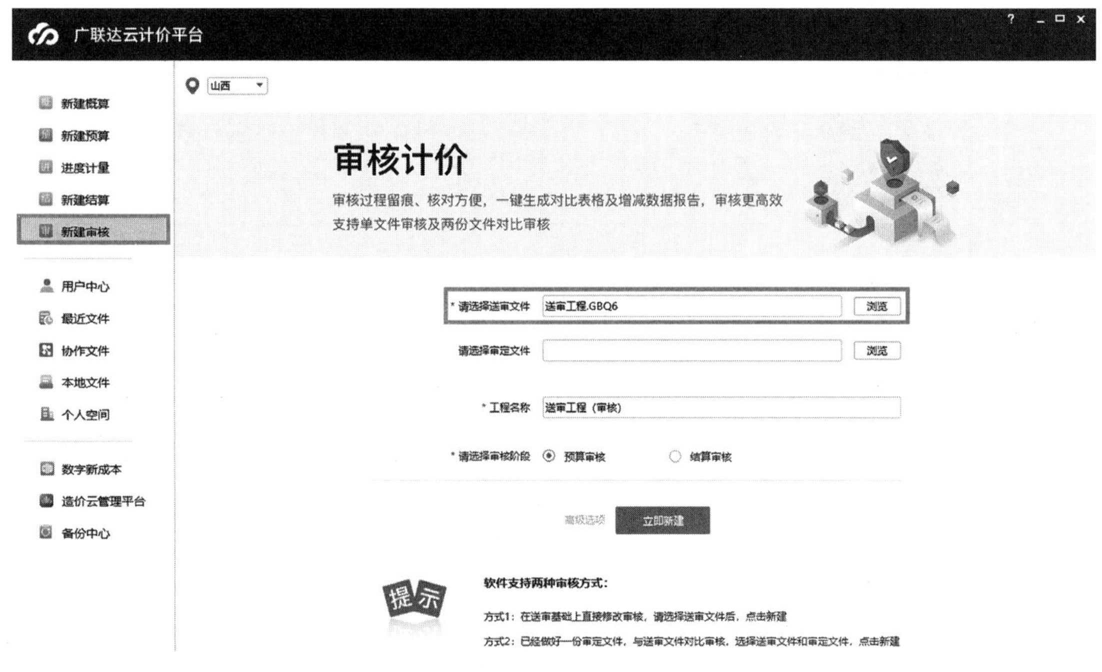

图 6.2.17　单文件审核新建方式一

（2）在预算 / 结算文件中一键转为审核。

如果需要审核的文件处于打开状态，也可通过菜单栏“文件”下方“转为审核”功能，将当前预算 / 结算工程一键转为单文件审核状态，如图 6.2.18 所示。

广联达预算计价 - [投标管理 - 广联达大厦

文件▾　编制　报表　指标神器　成本测算　审核　协作

保存　Ctrl+S
另存为
保存所有工程　Ctrl+Shift+S
打开　Ctrl+O
新建　Ctrl+N
导出咨询监测接口
生成计价通用数据格式(试行)
生成工程量清单
转为进度计量
转为结算计价
转为审核
转到标前测算
转到目标成本测算

统一调价　全费用切换　云存档　智能组价　云检查　查询　插入　补充　删除　批量删除　标准组价

价分析　工程概况　取费设置　分部分项　措施项目　其他项目　人材机汇总　费

编码	类别	名称	专业	项目特征
010904004001	项	顶棚变形缝		1、详图集12J14 1/19
A8-195	定	盖缝 楼面变形缝 钢板6mm厚 缝宽150mm以内	土建	
010904004002	项	楼（地）面变形缝		1、详图集12J14 1/2
A8-168	定	填缝 聚苯乙烯泡沫塑料 平面	土建	
A8-173	定	预埋式止水带 橡胶	土建	
A8-195	定	盖缝 楼面变形缝 钢板6mm厚 缝宽150mm以内	土建	
B5-156	借	金属面 红丹防锈漆一遍	装饰	
010902004001	项	屋面排水管		1、详图集12J5-1 6/E2
A8-83	定	屋面排水 UPVC水落管 Φ100	土建	
A8-85	定	屋面排水 UPVC水落斗 Φ100	土建	

图 6.2.18　单文件审核新建方式二

（3）在平台中将历史工程一键转为审核。

在广联达云计价平台界面，可以选择本地文件或云文件，单击鼠标右键“转为审核”，即可将历史工程一键转为单文件审核状态，如图 6.2.19 所示。

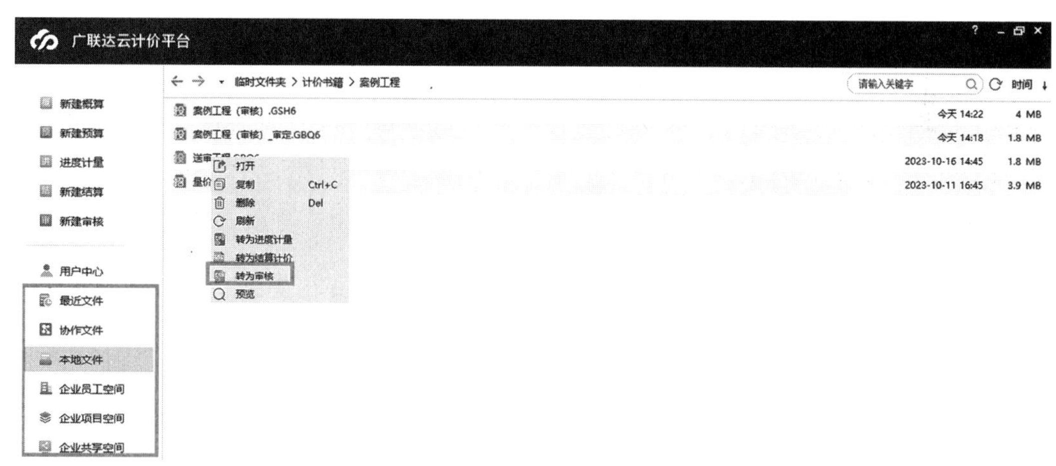

图 6.2.19　单文件审核新建方式三

在单文件审核模式中，预算 / 结算文件导入后，“审定列”内容默认与“送审列”内容相同，审核方可以在“审定列”修改对应数据，剩余操作步骤与对比审核一致，此处不再赘述。

6.2.3　重点项审核

如果在审核过程中时间紧、任务重，或企业管理者二次复核时，想要快速筛选出综合合价高、工程量大的项进行核查，可以使用“重点项审核”功能进行高效审核。点击工具栏“重点项过滤审核”，在弹出的对话框中设置筛选条件，如图 6.2.20 所示。过滤后界面只显示符合过滤条件的项，也可输出报表，报表只显示筛选出的重点项。其余操作与对比审核一致，此处不再赘述。

图 6.2.20　重点项审核

审核计价文件编制总结：

（1）按照送审文件与审定文件的计价文件类型划分，审核计价文件包括预算审核和结算审核。

（2）按照审核文件的新建方式划分，可分为对比审核、单文件审核、重点项审核。

（3）审核文件新建完成后，广联达云计价平台可针对计价依据标准数据、送审数据、审定数据自动对比分析并生成差异原因，审核留痕，多维度对比，生成报表及分析报告。广联达云计价平台还提供导入依据、修改送审、数据转换、生成预算等功能，让审核工作事半功倍。

第3篇

高手系列

高手系列适用于会用软件基础操作，但不会使用软件中的一些提效功能，遇到问题没有处理思路的用户；此阶段内容通过类似功能归类，帮助用户掌握软件提效技巧、报表设计、外地计价攻略等原理，达到能够快、精、准使用软件的效果。

第 7 章　量价一体

造价工作中，计量和计价是两项核心工作，但是如何把计算完成的工程量高效准确地提取到计价软件中，是造价工作中的一个难点。目前常用的方式是将计量工程的报表导出后在计价工程中直接抄入进行填报，或在计量软件中直接套做法后导入计价软件中。由于计量软件中展示的工程量无法直接对应到计价清单及定额，所以需要花费一定的时间进行工程量处理。另外，如果后续发生变更，计量模型变化后，需要重新汇总选择工程量，而且一个构件的变更会导致各项关联构件工程量的变化，使得提量工作更加复杂烦琐。那么，如何才能实现量价实时对应呢？

广联达云计价平台量价一体，通过规则内置、快速提量、图形反查、实时刷新，实现计量与计价工程的数据互通，提量效率提升 50%。

7.1　快速提量

1. 导入算量文件

在广联达云计价平台中，点击工具栏“量价一体化”中的“导入算量文件”，选择算量文件后点击“打开”，如图 7.1.1 所示。

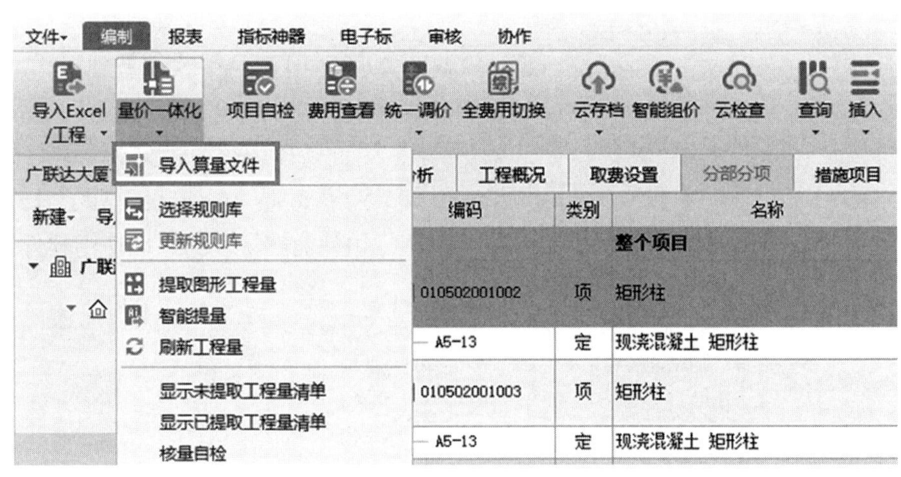

图 7.1.1　导入算量文件

2. 选择导入算量区域

选择需要导入的算量单体工程后选择“导入结构”并点击“确定”，如图 7.1.2 所示。

图 7.1.2　选择导入算量区域

3. 选择规则库

量价规则库是指算量软件中的工程量与计价软件中清单及定额子目的匹配规则。如计价软件中的“矩形柱”清单自动匹配算量工程中的柱构件相关工程量。规则库的精细程度直接决定了量价匹配的精准度。如果企业有自己的量价规则库，可以选择自有规则库。如果暂时还没有，可以选择“系统规则库”。点击“量价一体化”下方“选择规则库”，选择要应用的规则库后点击“确定”，如图 7.1.3 所示。

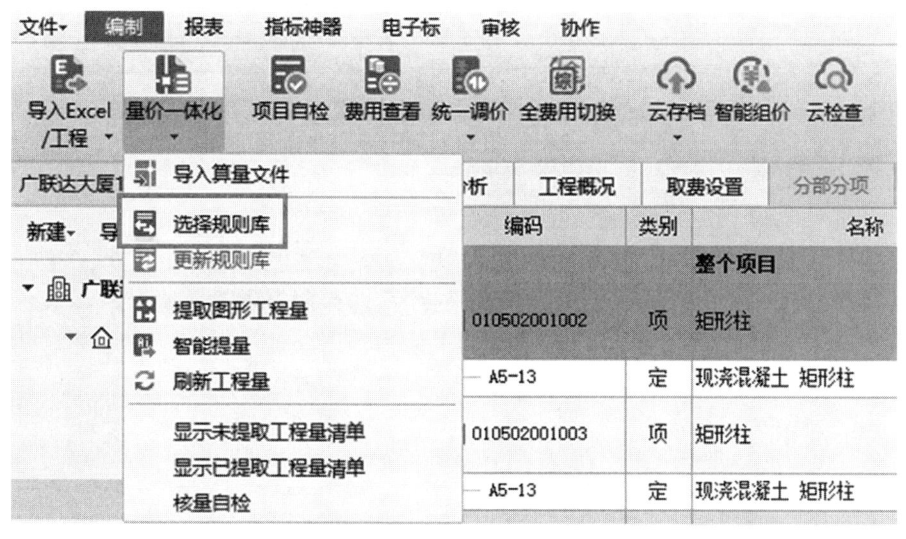

图 7.1.3　选择规则库

4. 提取图形工程量

工程导入后，点击“量价一体化”中“提取图形工程量”，即可进入量价匹配界面，如图 7.1.4 所示。

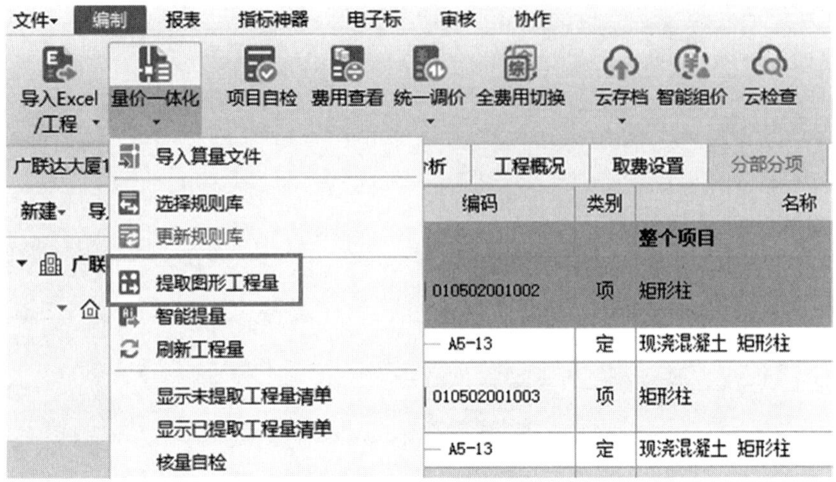

图 7.1.4　提取图形工程量

点击需要提量的清单或定额子目，软件会依据选择的量价规则库自动跳转到相应构件的工程量界面，也可自行切换选择。选择对应构件后，切换钢筋工程量 / 土建工程量，勾选需要提取的构件工程量，点击“应用”即可将选择的工程量应用到当前清单 / 子目行。如果需要细分统计维度，如按照楼层及混凝土强度等级等区分工程量，可点击“设置分类条件及工程量”进行设置，如图 7.1.5 所示。

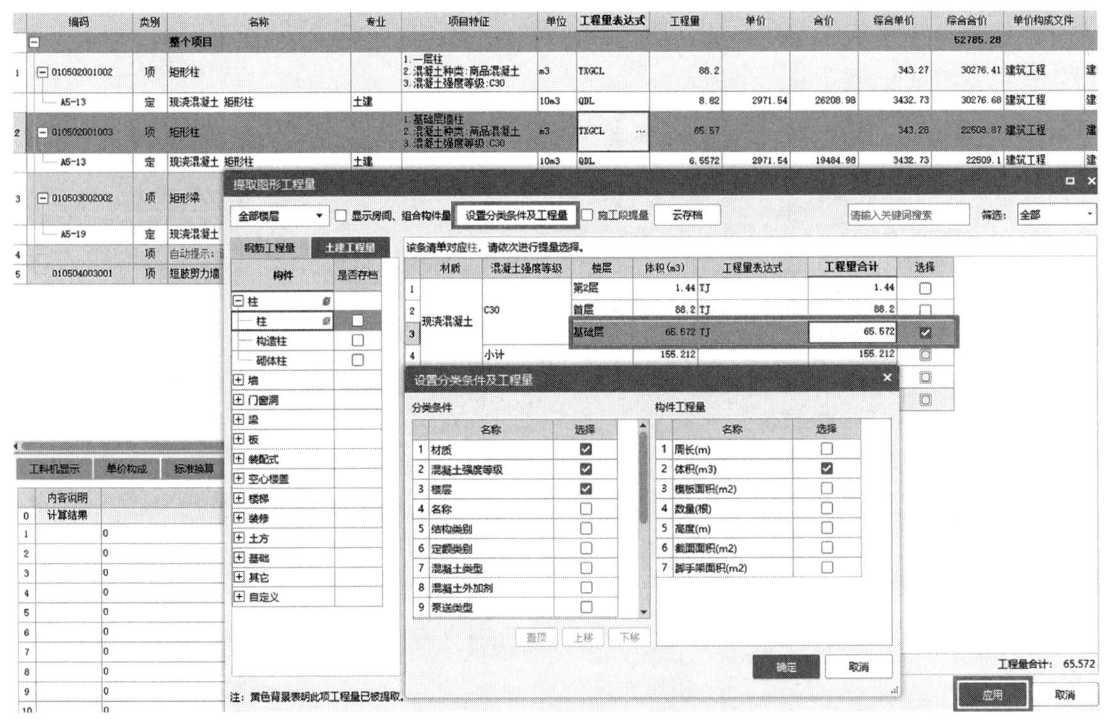

图 7.1.5　设置分类条件及工程量

如果需要按照楼层提量，也可点击“设置楼层”功能，选择需要提量的楼层，即可提取所选楼层的工程量。如果默认分类条件不符合需求时，可点击“设置分类条件及工程量”功能自行设置。软件还提供“查找”功能，方便快速查询构件及对应工程量。

7.2 核量自检

1. 检查计量模型未匹配构件

工程量提取完成后，可点击“量价一体化”中的“核量自检”功能，在弹出的对话框中选择检查范围后点击“执行检查”，在检查结果界面可点击“筛选”功能，选择“未提量构件”查看筛选结果，此时筛选出的构件是指计量模型中有工程量但未匹配到计价软件中的工程量，如图 7.2.1 所示。

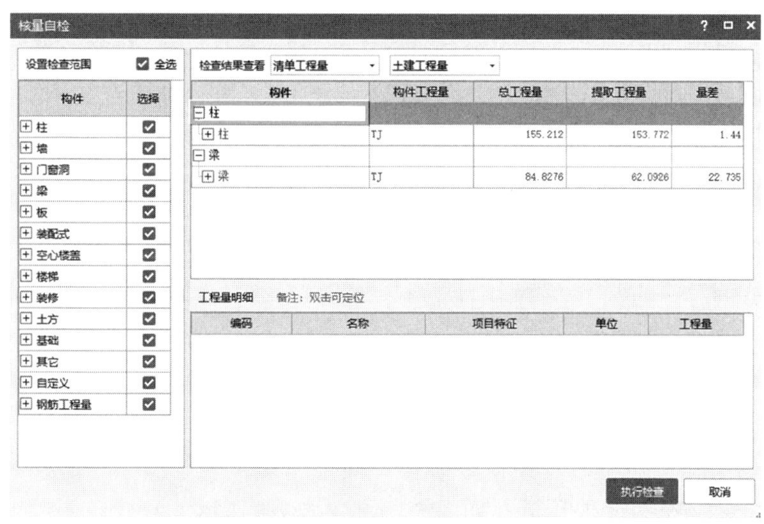

图 7.2.1 核量自检

2. 检查计价工程中未提量清单 / 定额

点击“量价一体化”中的“显示未提取工程量清单”或“显示已提取工程量清单”，查看过滤后结果，即可查看未提量的清单 / 定额项，如图 7.2.2 所示。

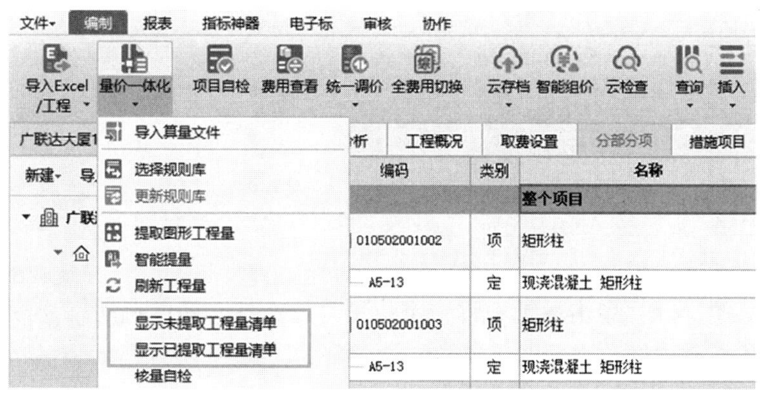

图 7.2.2 显示未提取 / 已提取工程量清单

3. 反查图形工程量

如果对工程量有疑义，可直接反查计量模型，快速发现问题，具体操作步骤如下：

（1）选择清单项，点击属性窗口中的“反查图形工程量”，即可反查所选清单的构件所在楼层、构件名称及对应工程量明细，如图 7.2.3 所示。

造价分析 工程概况 取费设置 分部分项 措施项目 其他项目 人材机汇总 费用汇总

	编码	类别	名称	专业	项目特征	单位	工程量表达式	工程量	单价	合价	综合单价
			整个项目								
1	010502001002	项	矩形柱		1.一层柱 2.混凝土种类:商品混凝土 3.混凝土强度等级:C30	m3	TXGCL	88.2			343.27
	A5-13	定	现浇混凝土 矩形柱	土建		10m3	QDL	8.82	2971.54	26208.98	3432.73
2	010502001003	项	矩形柱		1.基础层墙柱 2.混凝土种类:商品混凝土 3.混凝土强度等级:C30	m3	TXGCL	65.57			343.28
	A5-13	定	现浇混凝土 矩形柱	土建		10m3	QDL	6.5572	2971.54	19484.98	3432.73
3	010503002002	项	矩形梁		1、部位：其余层矩形梁 2、混凝土强度等级：C30 3、砼种类：预拌混凝土 4、是否泵送：泵送	m3	TXGCL	62.09			282.7
	A5-19	定	现浇混凝土 矩形梁	土建		10m3	QDL	6.20926	2447.09	15194.62	2826.88

工料机显示 单价构成 标准换算 换算信息 特征及内容 组价方案 工程量明细 反查图形工程量 说明信息

当前导入的算量工程：C:/Users/Administrator/Desktop/计价书籍/量价一体案例工程.GTJ

绘图输入工程量： 88.2000 直接输入工程量： 0

	名称	工程量代码	单位	工程量	工程量表达式
1	首层				
2	KZ1-1	TJ	m3	0.72	
3	体积(m3)	TJ	m3	0.72	
4	KZ2-1	TJ	m3	1.215	
5	体积(m3)	TJ	m3	1.215	
6	KZ3-1	TJ	m3	15	
7	体积(m3)	TJ	m3	15	

图 7.2.3 反查图形工程量

（2）选择某个构件名称，单击鼠标右键“显示图元工程量”，即可将构件工程量拆分至计量模型中的每一个图元工程量，如图 7.2.4、图 7.2.5 所示。

工料机显示 单价构成 标准换算 换算信息 特征及内容 组价方案 工程量明细 反查图形工程量 说明信息

当前导入的算量工程：C:/Users/Administrator/Desktop/计价书籍/量价一体案例工程.GTJ

绘图输入工程量： 88.2000 直接输入工程量： 0

	名称	工程量代码	单位	工程量	工程量表达式
1	首层				
2	KZ1-1	TJ	m3	0.72	
3	体积(m3)	TJ	m3	0.72	
4	KZ2-1		m3	1.215	
5	体积(m3)		m3	1.215	
6	KZ3-1		m3	15	
7	体积(m3)	TJ	m3	15	

显示楼层
显示构件工程量
显示图元工程量

图 7.2.4 显示图元工程量

（3）选择某个图元，单击鼠标右键“定位到算量文件”即可自动打开计量工程，并快速定位到该构件所在位置，查看图元属性及计算公式，如图 7.2.6 所示。

当前导入的算量工程：C:/Users/Administrator/Desktop/计价书籍/量价一体案例工程.GTJ

绘图输入工程量：　88.2000　　　　直接输入工程量：　0

	名称	工程量代码	单位	工程量	工程量表达式
1	首层				
2	KZ1-1	TJ	m3	0.72	
3	体积(m3)	TJ	m3	0.72	
4	<1+100, A+200>		m3	0.72	(0.4<长度>*0.6<宽度>*3<高度>)
5	KZ2-1		m3	1.215	
6	体积(m3)		m3	1.215	
7	<29, A+100>		m3	0.6075	(0.45<长度>*0.45<宽度>*3<高度>)
8	<5, A+100>	TJ	m3	0.6075	(0.45<长度>*0.45<宽度>*3<高度>)

显示楼层
显示构件工程量
显示图元工程量
定位到算量文件

图 7.2.5　定位到算量文件

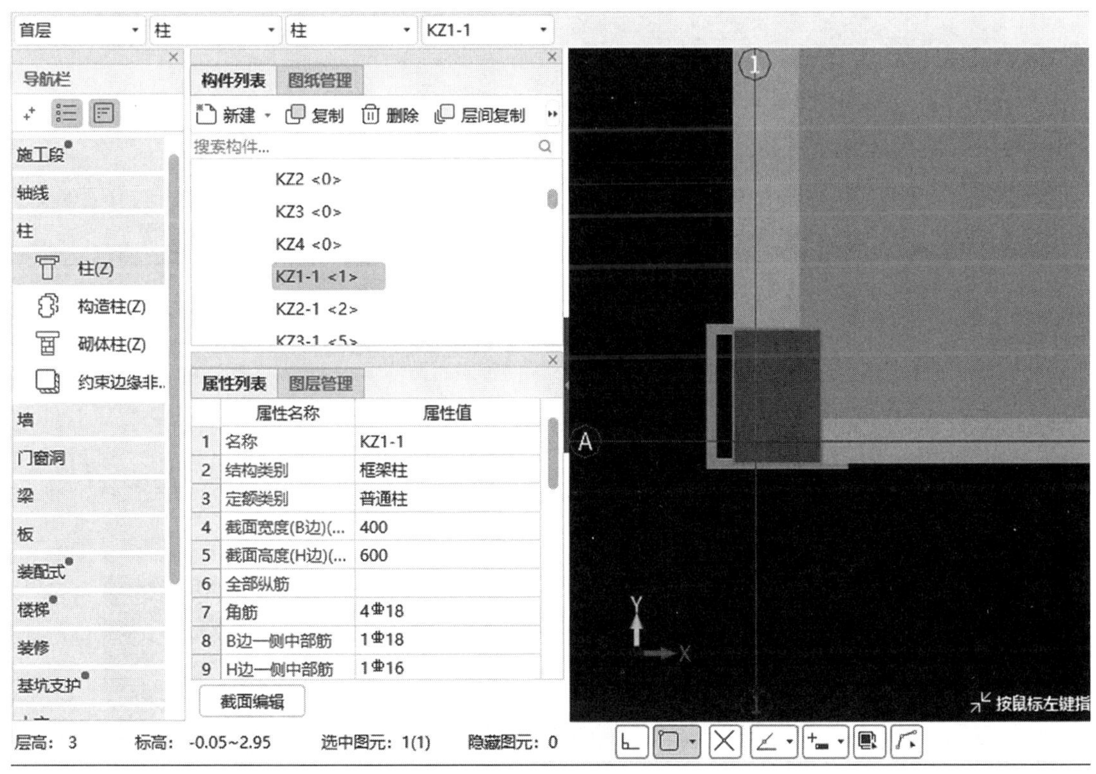

图 7.2.6　查看算量文件构件属性

7.3　变更处理

如果工程发生变更，或由于其他原因需要变更模型，可在计量软件中直接修改模型，汇总计算并保存工程，在计价软件中点击“量价一体化”中“刷新工程量”，即可一键刷新工程量，并且可以生成量差报告，如图 7.3.1、图 7.3.2 所示。

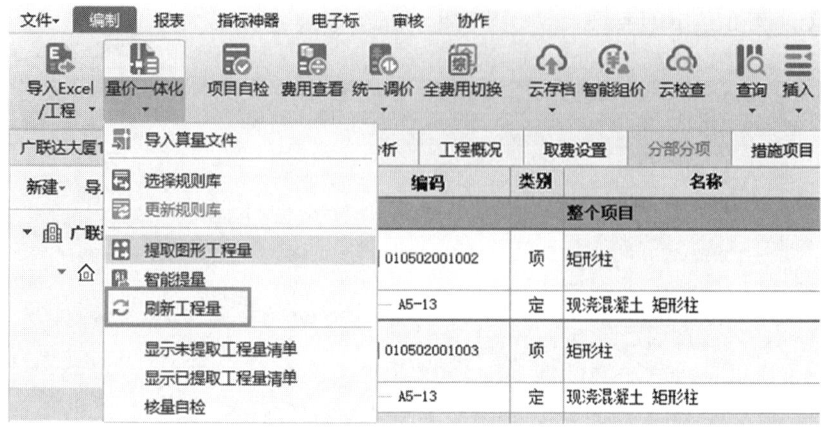

图 7.3.1　刷新工程量

工程量对比

备注：双击可定位　　导出Excel

序号	编码	名称	原工程量	现工程量	量差
1	010502001002	矩形柱	88.2	88.56	0.36
2	010503002002	矩形梁	62.0926	62.0806	-0.012

图 7.3.2　工程量对比

7.4　存档复用

在提量过程中，可以建立个人或企业量价规则库。通过规则设置，应用到后期工程，提升提量效率及精准度。

1. 建立量价规则库

使用个人或企业账号登录造价云管理平台（zjy.glodon.com），切换至“量价规则库”，点击“新增规则库”，输入规则库名称及说明信息后点击“确定”，如图 7.4.1 所示。

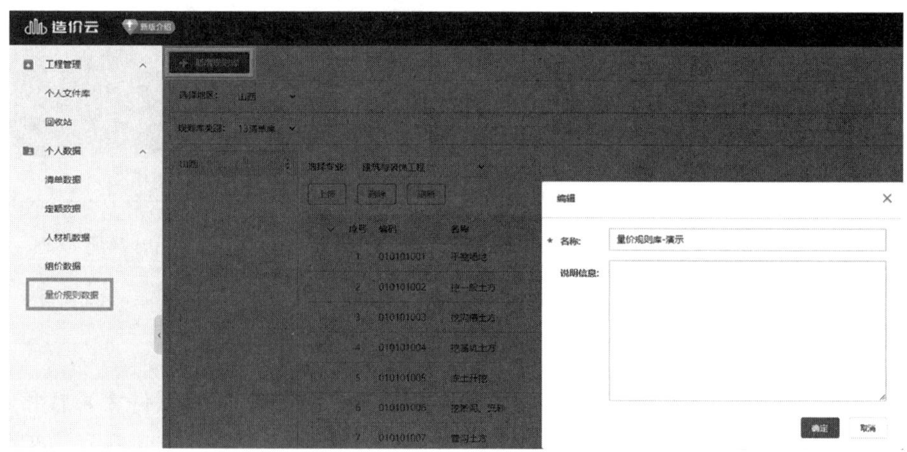

图 7.4.1　新建规则库

2. 上传量价规则数据

上传已经完成量价一体化操作的计价工程（注意：如果是项目工程，需要导出为单位工程分别进行上传），即可将历史量价匹配规则存储为自有数据，用于后续其他工程。

量价一体总结：

算量文件汇总计算并保存后，在广联达云计价平台中导入算量文件并选择规则库，就可以进行提量操作。提量时可以单条提取，也可通过规则库内置规则进行智能提量。如果对工程量有疑问，可以直接定位到算量文件中的图元，通过图元属性及计算式快速发现错误并改正。修改后重新汇总计算并保存，在广联达云计价平台中刷新工程量，即可一键刷新已提取工程量。提量工作结束后，还可将历史提量数据作为个人或企业量价规则库进行保存，应用到后续工程。

第 8 章　高效组价

在进行群体工程计价文件编制时，由于时间紧、任务重，需要快速编制多个单位工程的清单项目及组价，还要保证相同清单描述、综合单价的一致性。如何提升编制效率，提高准确率？

8.1　标准组价

群体工程中相同的清单项比较多，如果每一条清单单独组价，非常耗费时间，而且无法保证综合单价的一致性。

广联达云计价平台中设置了“标准组价”功能，可以将一个工程中的所有相同清单项进行合并编制，如图 8.1.1 所示。

图 8.1.1　标准组价

点击“标准组价”，在弹出的对话框中可以选择需要进行标准组价的单位（图 8.1.1），在“选择”列选择相同专业的单位工程，如果此时选择的单位工程还未进行组价，“带入组价”列可以不选择，但如果想要参考单位工程中已经完成的组价内容，“带入组价”需要勾选。合并规则可以自行设置，比如编码、名称、项目特征等。点击“确定”后，进入“标准组价”页面，满足合并规则的清单项就会自动合并为一条，在“标准组价”页面只需要对合并后的清单进行组价，组价完成后，点击“应用”就将标准组价中的数据应用回原项目结构中。如果想返回原项目结构，点击“返回项目编辑”即可。“标准组价”功能可以在组价环节节省大量时间，还可以保证综合单价的一致性，如图 8.1.2 所示。

图 8.1.2 返回项目编辑

8.2 复用组价

组价的方式有很多种，可以选择单条组价，也可以参考历史数据进行快速自动组价。无论是已经进行过“标准组价”的工程，还是未进行“标准组价”的工程，都可以使用软件中提供的各种快速组价功能进行组价，提升组价效率。“复用组价”功能可复用已有组价数据，将已有组价方案应用到合并后的清单，未成功复用的清单补充即可。

操作步骤如下：

（1）选择需要进行组价的单位工程，点击工具栏“复用组价”功能，如图 8.2.1 所示。如果需要对整个工程进行快速组价，可选择“自动复用组价”；如果想针对某条清单进行组价，可使用“提取已有组价”功能进行组价。

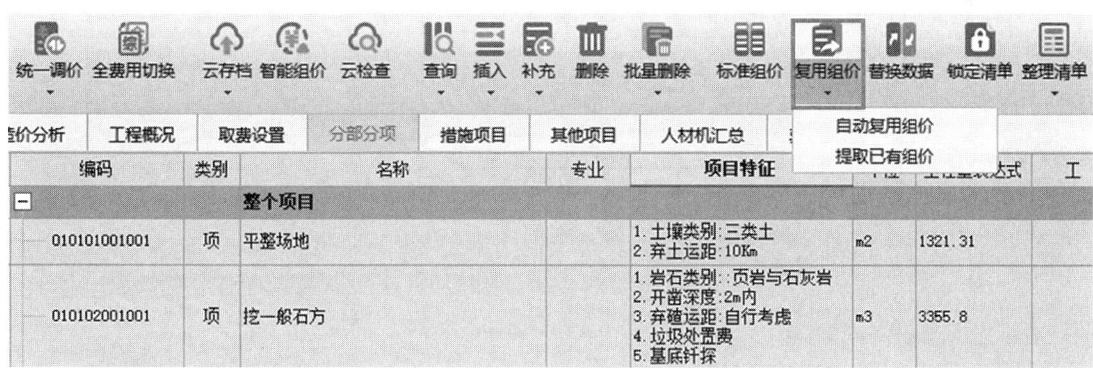

图 8.2.1 复用组价

（2）点击“自动复用组价”，选择要复用的组价数据来源。如果本工程中有可以参考的组价数据，可以选择本工程。如果之前有类似工程可供参考，可以选择历史工程。匹配条件可以自行选择，如编码、名称、项目特征、单位等。市场价可选择当前工程或历史工程，右侧选择要应用到哪些单位工程，组价范围可以选择所有清单或者未组价清单。选择完成后点击“自动组价”即可，如图 8.2.2 所示。

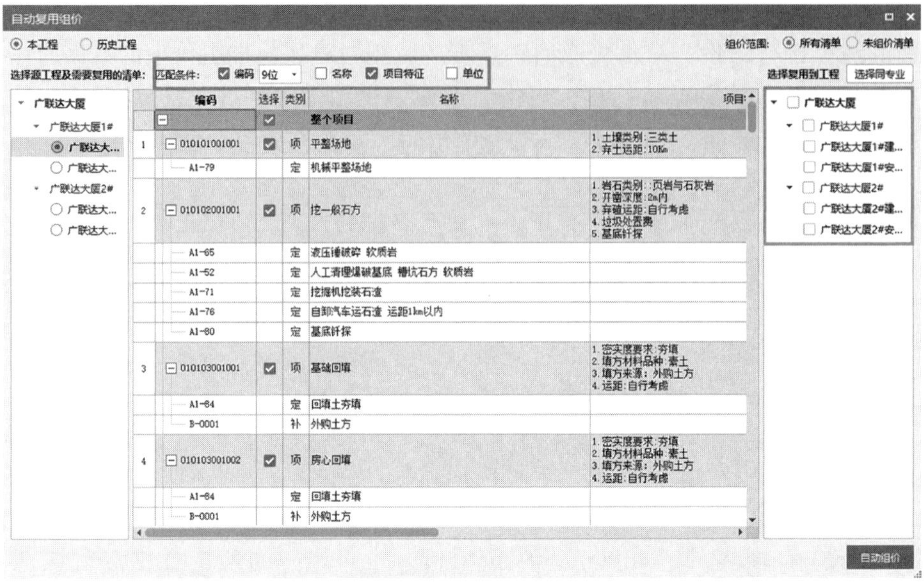

图 8.2.2　选择复用数据来源

8.3　替换组价

工程组价完成后，后续编制过程中经常需要二次调整某条清单的组价内容。为了保障综合单价的一致性，需要对整个项目中的相同清单进行批量调整。例如，想要调整基础回填的组价内容，如果依次查找进行调整，费时费力且容易遗漏，这时可以使用“替换数据”功能，批量调整组价内容（图 8.3.1）。

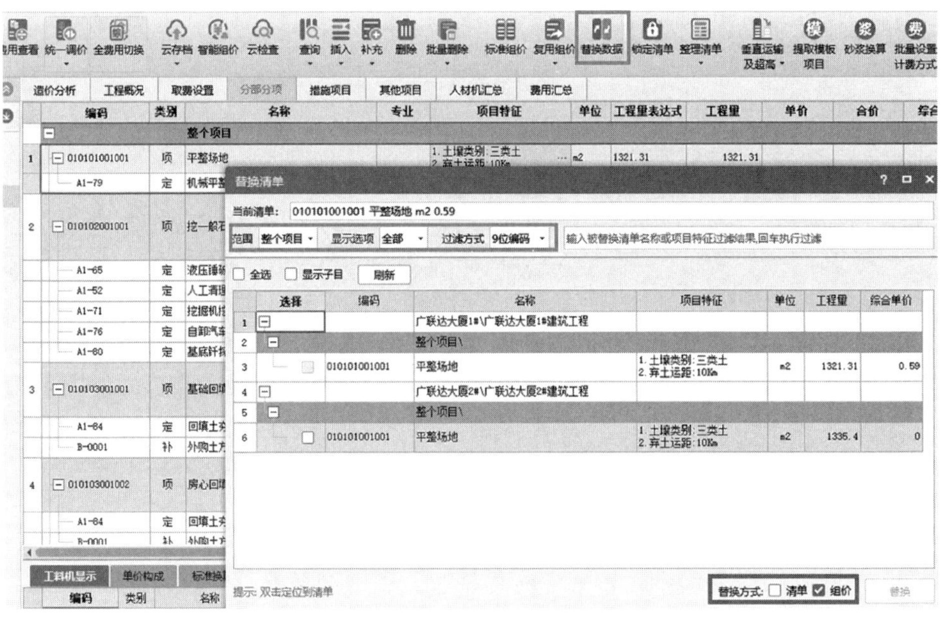

图 8.3.1　替换组价

操作步骤如下：

（1）修改单条清单的组价内容。

（2）选择已经修改完成的清单行，点击工具栏“替换数据”。

（3）在弹出的对话框中设置过滤条件，软件即可自动筛选符合条件的内容。选择需要替换组价内容的清单项，点击“替换”即可。在替换过程中，替换方式中可以选择清单或组价：如果只需要调整组价，只选择组价即可；如果涉及清单编制工作需要对清单的项目特征等进行调整，可以将清单前的框打钩。

高效组价总结：

在组价环节，可以通过标准组价功能将群体工程中的相同清单项快速进行合并，再通过复用组价功能快速调用历史数据进行快速组价。最后，如果需要对组价内容进行调整，可以使用替换数据功能对组价方案进行批量调整。在使用过程中，还可以根据实际情况及每个人的操作习惯进行顺序的调整。通过这三步，就可以快速搞定群体工程的组价工作。

第 9 章　材料调差

工程组价完成后，需要调整计价文件中的材料价格。如果工程比较大，调材差也需要耗费大量时间，如何才能保证调价工作高效准确、事半功倍呢？接下来分享几个实用的软件技巧，帮助大家轻松搞定材料价格调整。

9.1　设置调价范围

针对大型项目工程，在进行材料价格调整时，有时需要汇总或单独调整某几个单项工程或单位工程中的材料价格，每个单位工程依次调整费时费力，而且容易导致价格不一致。在广联达云计价平台中，可以设置调价范围，自定义调价，如图 9.1.1 所示。

操作步骤如下：

（1）在项目结构树中选择项目工程，如本案例工程中的“广联达大厦”项目。

（2）切换到人材机汇总界面，点击“汇总范围 全部”，弹出“设置汇总范围”对话框。

（3）选择调价范围。可以手动选择某一个或几个单项工程或单位工程，还可以选择同名或同专业工程。点击“确定”后当前页面显示的就是已选定工程的人材机，进行价格调整就是针对已选中的材料进行调整。

图 9.1.1　设置调价范围

9.2　批量调价技巧

1. 显示对应子目

在调价过程中，如果认为材料数量过大或过小，或者对于某些材料来源不清晰，可以通过“显示对应子目”功能（图 9.2.1）进行快速查找。查找出的内容可以双击定位，直接定位到来源的清单和定额。

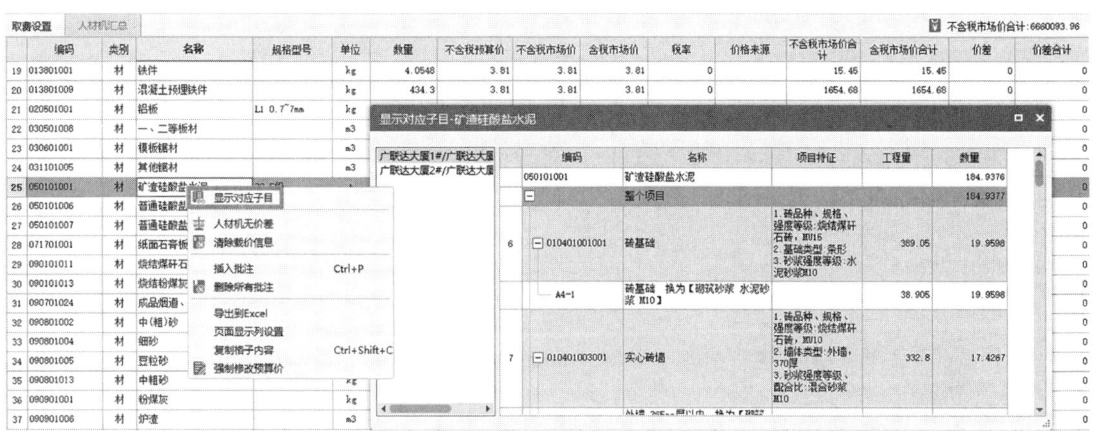

图 9.2.1　显示对应子目

2. 批量载价

批量载价效率高，来源灵活，非常实用。但是在载价过程中，针对信息价有以下几点需要注意：

（1）添加备选地区：由于信息价涵盖内容有限，在载价时，有时会参考邻近地区或省会地区的信息价。批量载价中设置了“添加备选地区”功能，如果当前地区信息价无法匹配时，软件自动查找备选地区的价格并进行载入，如图 9.2.2 所示。

图 9.2.2　添加备选地区

（2）信息价加权平均：在结算过程中，经常需要将材料价格的多期信息价加权平均作为目标价格，这时可以点击期数左下方的“加权平均”，选择要加权的期数并设置加权比例，就可以载入加权平均后的价格，如图 9.2.3 所示。

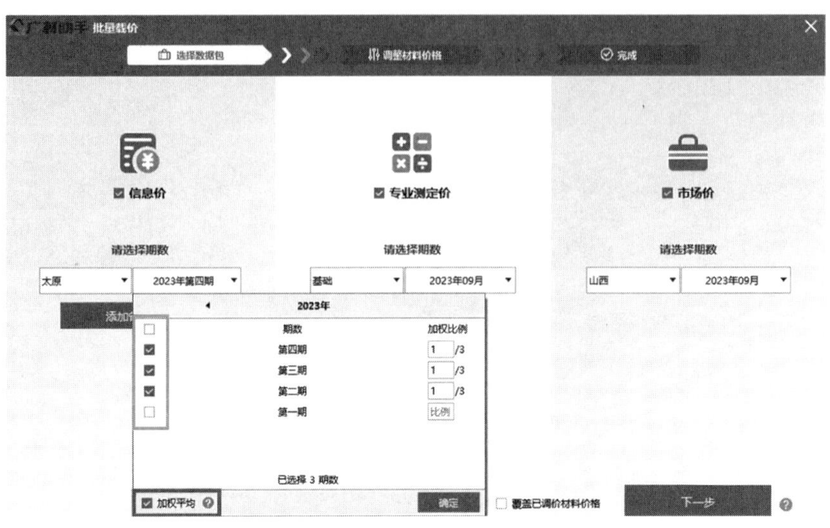

图 9.2.3 信息价加权平均

（3）信息价手动选择：载入信息价过程中，如果信息价中匹配到多条价格，可以点击价格旁边的三角按钮，手动选择要载入哪条价格，如图 9.2.4 所示。

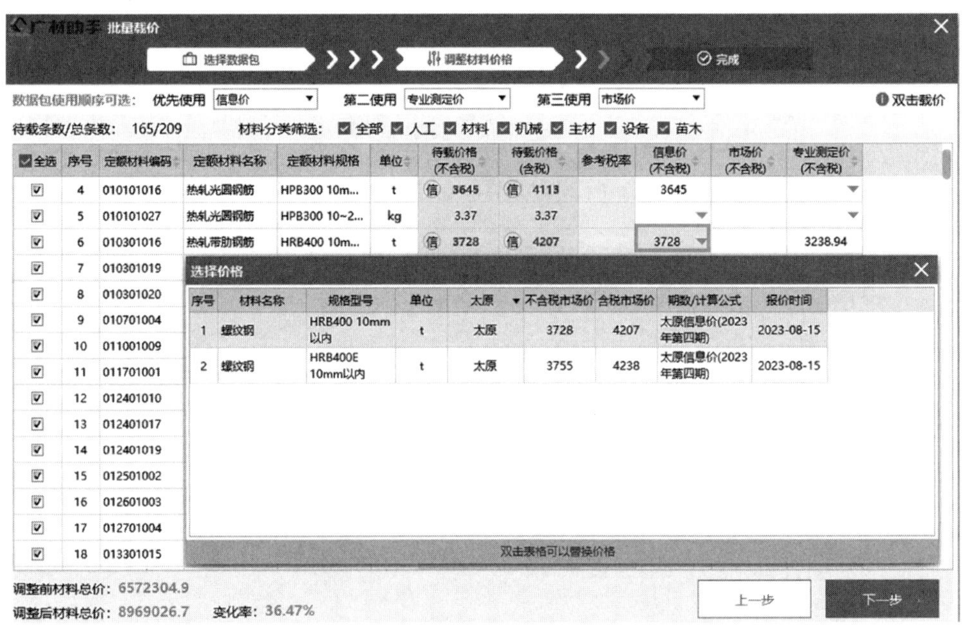

图 9.2.4 选择价格

3. 人材机无价差

载价完成后，如果发现载入价格有误，或者由于时间关系需要重新载价，需要将之前的载价信息清除，可以使用“人材机无价差”功能快速清除后再重新载价，如图 9.2.5 所示。

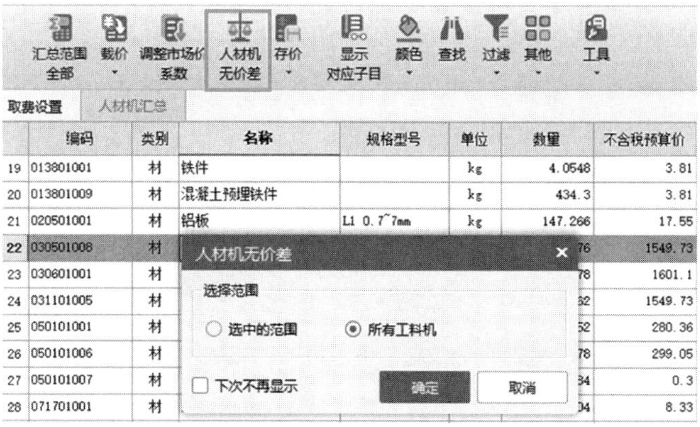

图 9.2.5　人材机无价差

4. 设置甲供材料 / 暂估材料

项目人材机汇总中统一设置甲供、暂估，提高效率，避免差异，如图 9.2.6 所示。

图 9.2.6　设置甲供材料及暂估材料

9.3　自定义材料报表

1. 内容快速导出

如果需要将人材机汇总界面的部分内容快速导出到 Excel 表，可通过“复制格子内容”复制后粘贴至已有 Excel，如图 9.3.1 所示。还可通过单击鼠标右键“导出到 Excel”将表格内容导出后进行二次编辑。

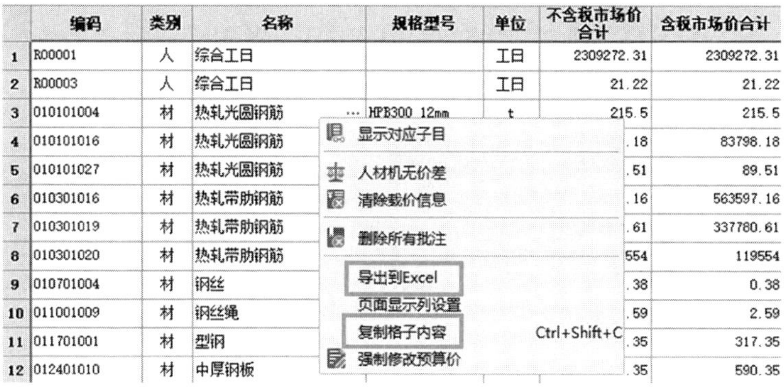

图 9.3.1　内容快速导出

2. 人材机报表设计

在单位工程中，如果当前材料分类不满足要求，如需要所有砂浆类材料汇总，还可以自行设计报表。

操作步骤如下：

（1）在单位工程人材机汇总界面，人材机分类处单击鼠标右键“新建”，如图 9.3.2 所示。

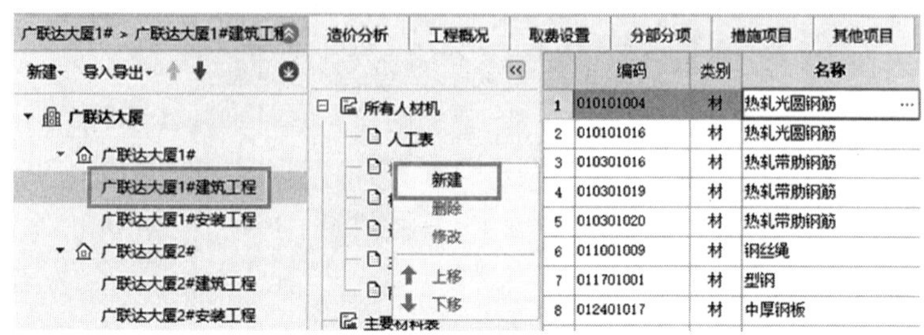

图 9.3.2 新建人材机报表

（2）在弹出的对话框中，点击“高级”，选择需要输出的人材机类别，点击“下一步”，如图 9.3.3 所示。

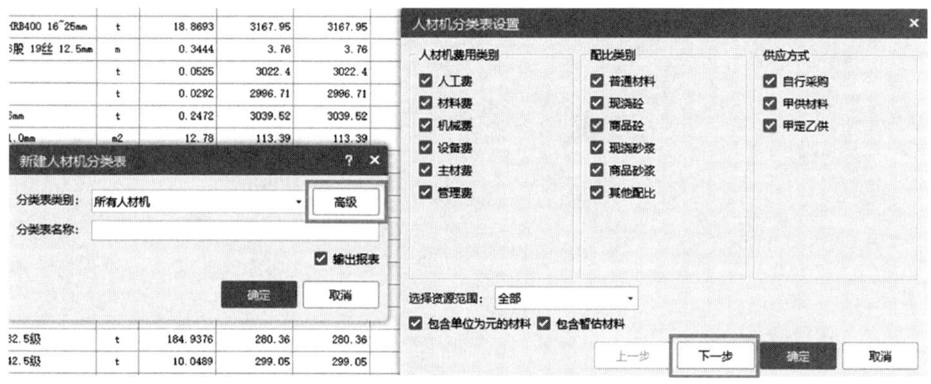

图 9.3.3 人材机分类表设置

（3）选择需要导出的人材机，点击“确定”（图 9.3.4）即可新增报表，并且会将生成的报表同步到报表界面。

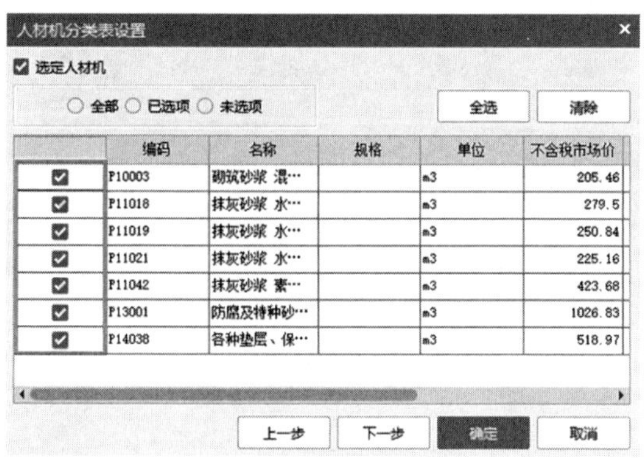

图 9.3.4 选择人材机

材料调差总结：

在调价过程中，可以通过“汇总范围”功能提前设置调价范围；在批量调价时，如果对材料数量有疑问，可以通过“显示对应子目”查找材料来源，双击就可以定位到来源清单和定额；批量载入信息价时可以添加备选地区，也可以设置多期信息价加权平均；如果发现载价错误需要还原，可以通过“人材机无价差”功能进行还原；项目汇总界面还可以批量设置甲供材和暂估材料；最后，如果想要自定义人材机报表，可以采用“复制格子内容”或“导出到 Excel”功能将页面内容同步至 Excel 表，还可以自行新建新的人材机报表。

第 10 章　报表设计

计价文件编制完成后，需要导出报表。如果软件现有报表无法满足要求，或者需要对现有报表进行调整，一般采取将报表导出到 Excel 文件后进行修改的方式。但是这种方式费时费力，而且每次数据更新后都需要重新修改。软件提供了报表设计的功能，但是如果对报表设计的原理不清晰，很有可能导致数据出错。接下来将从名词解释、功能介绍、报表设计案例和报表保存应用 4 个内容展开讲述，帮助大家掌握报表设计的原理和流程，轻松搞定报表设计。

10.1　名词解释

10.1.1　页面设计

（1）页眉：出现在打印页面最上方的信息，如公司名称、Logo（标识）等。

（2）标题：打印页面显示的标题。

（3）表眉：标题和表体之间部分，比如工程名称、页数等。

（4）表体：报表的数据部分。

（5）页脚：出现在打印页面最下方的信息，比如页码、作者、日期等。可以没有页脚。

（6）页边距：页面上打印区域之外的空白空间。

10.1.2　宏

宏可以解释为一个变量，在不同的条件下取值不同。比如，页码、总页数、工程名称、招标人/投标人、×× 价等。在报表设计页面，呈现的是“工程名称”，但是退出报表设计后，会显示为实际工程名称，是与工程信息中填写的内容关联的。如封面中常用的招标人信息、投标人信息、单位工程名称、扉页中的招标控制价和投标价等，这些都是宏变量，工程数据发生变化，报表中的数据也会实时更新。一般在报表中的封面中是用宏变量，宏变量的表现形式是带“{}”的，如图 10.1.1 中：招标人信息 \ 招标人、工程信息 \ 单位工程名称等用“{}”方式表达的就是宏变量。除了封面外，其他的报表中也有宏变量，如分部分项工程量清单报表中 { 页数 }、{ 工程信息 \ 单位工程名称 } 等。

10.1.3　代码

代码与宏类似，同样为一个变量，随预算书中对应数据的变化而变化。但与宏不同的是，代码的表现形式是带“[]”的，例如“所有分部 标题”行对应的“项目特征描述”对应的字段是“[XMTZ]”（一般是中文首字母），如需修改，可以双击对应字段，右侧下拉框下拉选择需要的字段就会输出对应的数据，如图 10.1.2 所示。

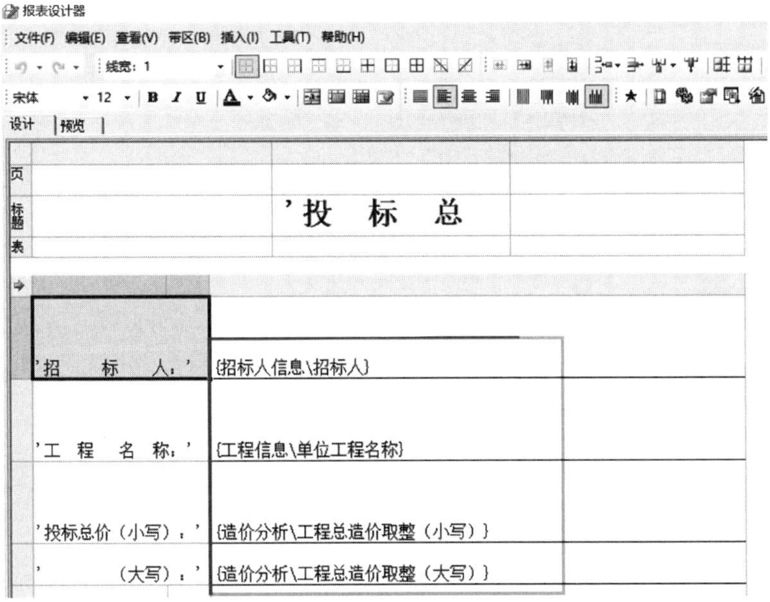

报表设计器
文件(F)　编辑(E)　查看(V)　带区(B)　插入(I)　工具(T)　帮助(H)
设计　预览
页
标题　'投　标　总
表
'招　　标　　人：'　{招标人信息\招标人}
'工　程　名　称：'　{工程信息\单位工程名称}
'投标总价（小写）：'　{造价分析\工程总造价取整（小写）}
'　　　　（大写）：'　{造价分析\工程总造价取整（大写）}

图 10.1.1　宏变量

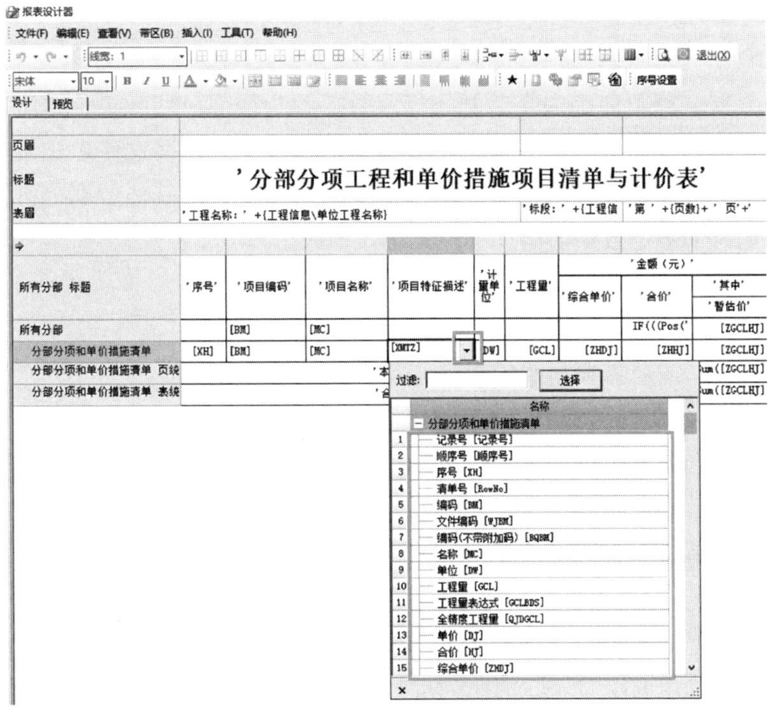

图 10.1.2　字段

10.1.4　带区属性

带区可以理解为数据的存储位置，不同的带区对应报表中的不同位置，可以关联不同的数据源，如图 10.1.3 所示。

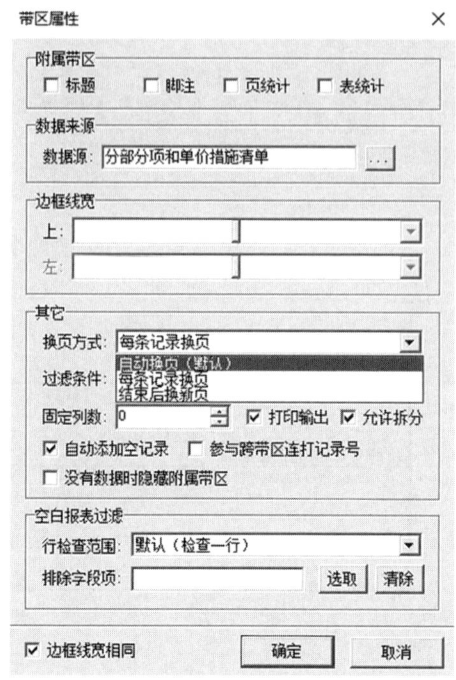

图 10.1.3　带区属性

1. 数据源

可以选择数据来源于什么内容。例如当前数据源为分部分项和单价措施清单，那么这张报表中的数据全部来源于分部分项和单价措施清单中的数据。这一步是报表设计中的关键步骤，决定报表中能不能提取到想要的数据。如果想要显示其他数据，可以从数据源处进行修改。但是为了避免数据出错，一般不建议修改。

2. 换页方式

提供三种换页方式：

（1）自动换页。按照需要显示的内容，每页显示完成后换页。

（2）每条记录换页。不管当前页有没有填满都会换新页。需要注意的是，如果带区属性是在报表设计中选中清单行设置的，就是一条清单一页；如果是在分部行设置带区属性，就是每个分部完成后换页。

（3）结束后换新页。类似于自动换页，也是当前页填满后换新页。

3. 打印输出

默认勾选，如果取消则不会在报表中显示。比如在综合单价分析表中不需要显示工料机明细，就可以将打印输出对勾取消。

4. 允许拆分

表格中内容较多，最后一行内容无法在本页全部显示，是否允许拆分单元格内容，分别在本页及下一页两页显示。比如当某一页的最后一项清单项目特征比较多时，存在跨页的情况，如果勾选允许拆分则在两页中显示，如果不勾选则在同一页中显示。

5. 参与跨带区连打记录号

指不同数据类型的序号是否需要连续排序，例如包含清单行及子目行的报表，一般是在清单行显示序号，如果想要清单行和子目行一起排序，勾选该选项，结合序号设置进行设计。

6. 没有数据时隐藏附属带区

没有数据时隐藏报表单元格。

10.2　功能介绍

报表设计功能包括简便设计和高级设计两种方式。简便设计主要是设置显示样式；高级设计既可以设计显示样式，又可以设计数据内容。

10.2.1　简便设计

在简便设计中，设置了页面设计、页眉页脚、标题表眉、报表内容几个页签，如图 10.2.1 所示。

（1）页面设计：包括外观、边框纸张大小、方向、页边距，主要用来设计纸张方向、页边距，边框颜色线条等。

（2）页眉页脚：页眉、页脚的显示内容，字体等。

（3）标题表眉：标题、表眉的显示内容，字体等。

（4）报表内容：该表数据源的设计，简便设计只对只有一个数据源的报表可以设计，超过一个数据源的采用高级设计。

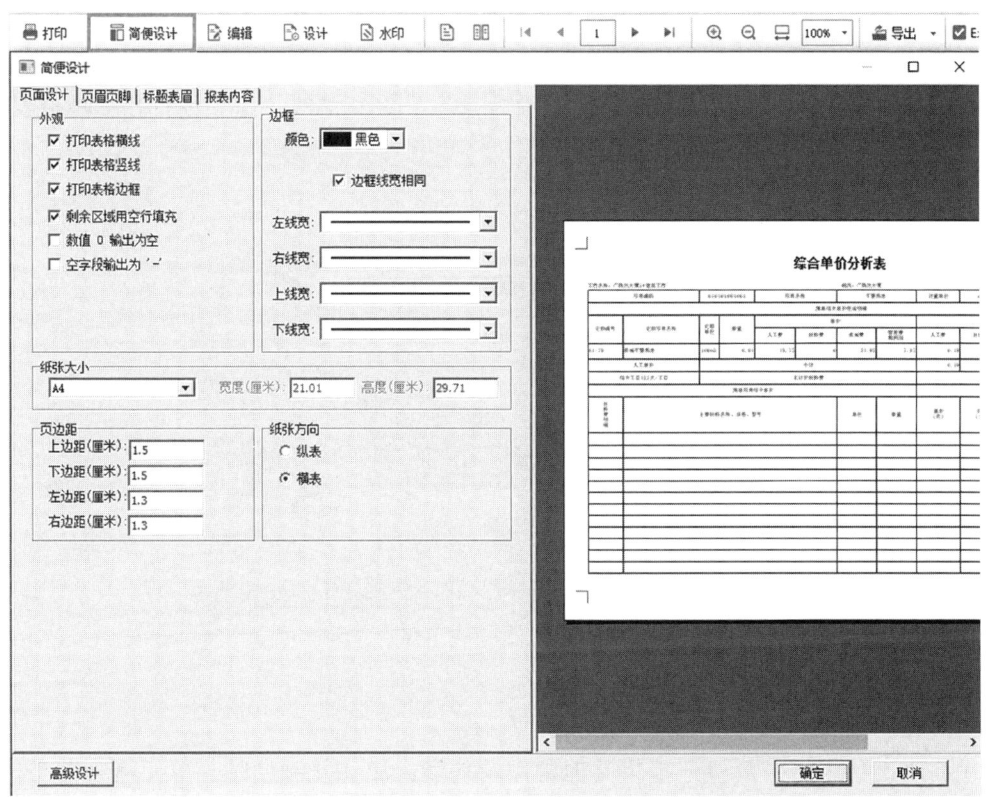

图 10.2.1　简便设计

10.2.2　高级设计

1. 设置单元格格式

在高级设计页面，点击“单元格格式”，可以对单元格的显示样式进行更改，比如字体、字号、字形、颜色、对齐方式、边线等（图 10.2.2）。单元格格式只会影响显示样式，不会影响报表中的数据。

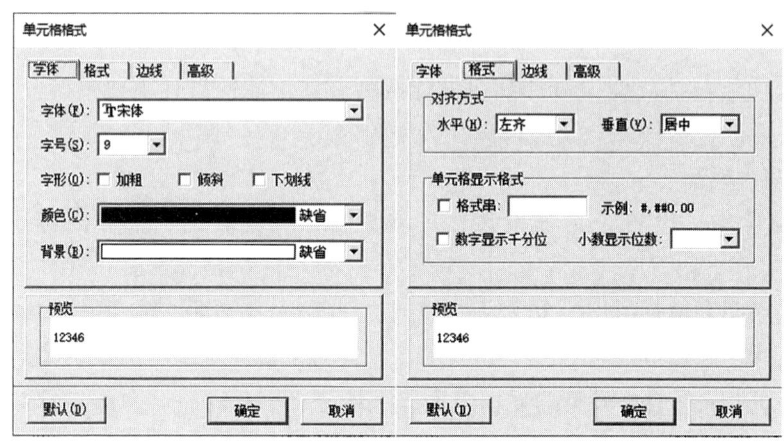

图 10.2.2　设置单元格格式

2. 报表选项

设置报表显示时需要设置的特征。比如剩余页面要填充为空行还是空白；单元格显示不全时是否要自动调整大小；如果列比较多，一页显示不全时，是否需要拆分为多页显示；如果报表中有数据是 0 的内容，是否要显示为空等（图 10.2.3）。这项设置会影响报表中已有内容的显示方式，以满足不同报表的需求。

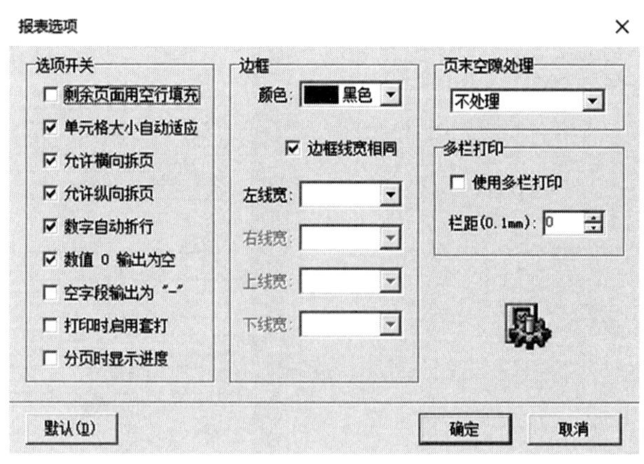

图 10.2.3　报表选项

3. 工具栏功能

在高级设计中，工具栏还提供其他常用的功能，比如复制粘贴、单元格合并与拆分、字体字号颜色、线条宽度样式等，如图 10.2.4 所示。

（1）编辑：剪切、复制、粘贴、删除。

（2）行列操作：等比例设置行高 / 列宽。

（3）对齐操作、线宽操作。

（4）单元格的拆分合并。

（5）字体类型、大小、表格显示等。

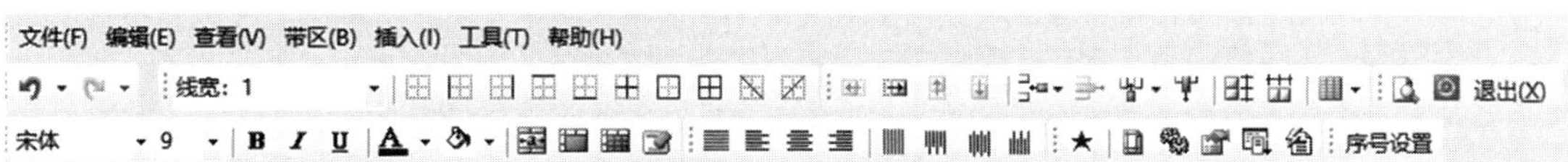

图 10.2.4　报表设计工具栏

10.3　报表设计案例

了解了报表设计中的名词和功能后，接下来以几张常用的报表设计案例帮助大家更好地理解报表设计。为了保证设计效率和准确率，最好是在原有的类似表格的基础上进行修改，不建议大幅度修改，否则可能造成数据出错。另外，报表设计时最好将原始报表复制后再进行更改。

10.3.1　设置企业 Logo 与 Slogan

这一部分可以直接通过简便设计完成。比如，要想将 Logo 和 Slogan（广告语）插入页眉页脚的位置：

（1）在简便设计中，切换到页眉页脚页签，在左侧页眉格子处点击“插入图片”按钮。

（2）选择背景图片，将“自动缩放背景图”打钩，点击“确定”，即可将企业 Logo 插入页眉（图 10.3.1）。

（3）在页眉设置的右侧输入文字，设置字体和显示大小即可。

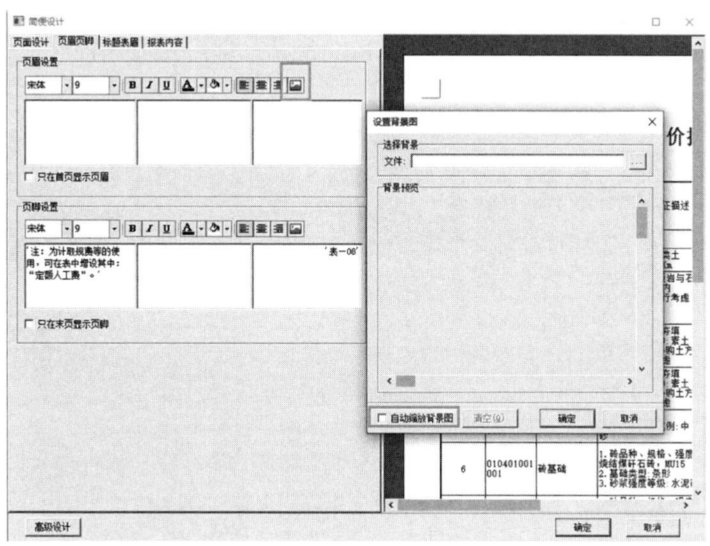

图 10.3.1　设置企业 Logo 与 Slogan

注意：如果图片无法在报表中显示，则表示无法支持此图片格式，可以尝试将图片调整为 bmp 格式再进行载入。Logo 大小可在高级设计中进行调整，配合其他单元格功能调整效果更佳。

10.3.2 添加水印

如果需要在报表上添加水印，也可以通过报表设计完成，具体操作步骤如下（图 10.3.2）：

（1）在报表预览页面，点击工具栏“水印”。

（2）在弹出的设置水印窗口中可以设置两种水印：图片水印和文字水印。

（3）设置图形样式、倾斜角度、透明度等，点击“确定”即可。

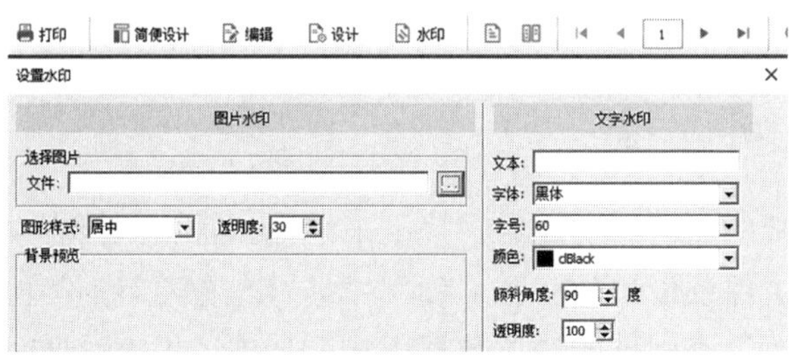

图 10.3.2 添加水印

10.3.3 编制说明设计

如果需要在编制说明中体现工程相关信息，并且要设置为统一报表模板，可以使用“宏”进行报表设计，后续不同工程中可以自动关联工程信息，无须多次设计，如图 10.3.3 所示。

操作步骤如下：

（1）切换到编制界面的项目信息，点击“编辑”，在下方的空白区域手动输入或复制已有模板。

（2）在涉及工程信息的位置，单击鼠标右键“插入宏代码”，选择要插入的内容。宏代码会以大括号的方式显示。编辑完成后点击“预览”即可完成保存。

（3）切换到报表界面，内容自动联动。

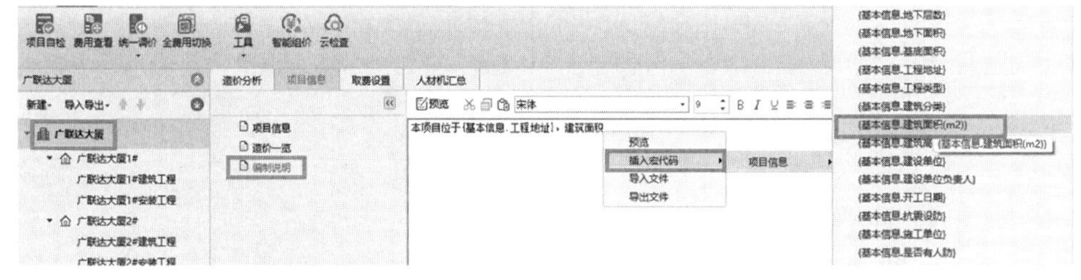

图 10.3.3 编制说明

10.3.4 工程造价显示为整数

如果招标文件中要求，投标报价的扉页工程造价显示为整数，也可以直接在报表设计中完成，具体操作步骤如下：

（1）选中“投标总价”报表，单击鼠标右键“设计”。

（2）在“投标总价（小写）”的单元格位置，单击鼠标右键选择“插入宏变量”，选择“造价分析 / 工程总造价取整（小写）”，如图 10.3.4 所示。

（3）大写的总造价操作同上，操作完成后保存即可。

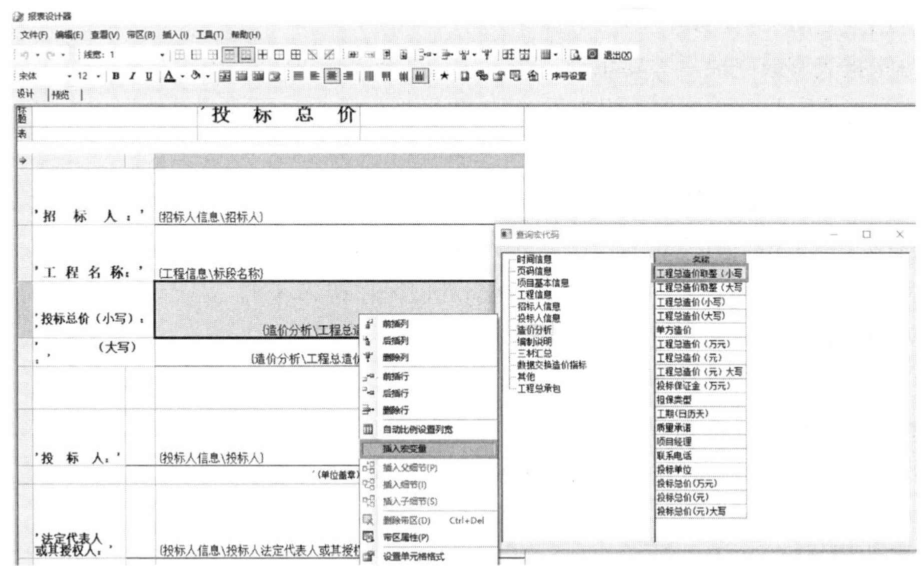

图 10.3.4　工程造价显示为整数

10.3.5　综合单价分析表自动换页

综合单价分析表中，软件默认每条清单显示为一页。如果工程比较大，报表量会非常庞大，导出和打印页数会很多。在满足招标文件要求的前提下，可以对报表显示进行修改。

（1）在综合单价分析表中点击“高级设计”。

（2）选择清单行所在字段，单击鼠标右键“带区属性”。

（3）将换页方式修改为“自动换页（默认）”或“结束后换新页”，保存后即可应用到当前工程，如图 10.3.5 所示。

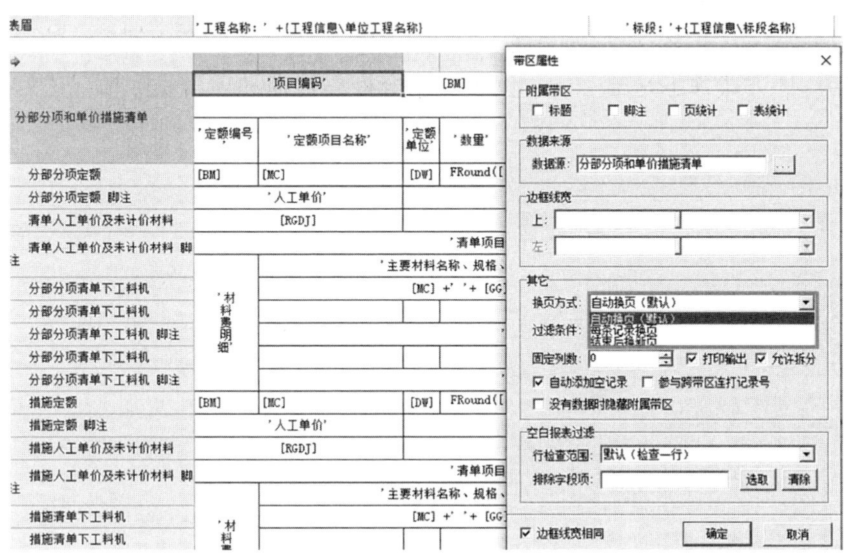

图 10.3.5　综合单价分析表自动换页

10.4 报表保存与应用

报表修改完成后，想要将当前修改内容保存，后续直接调用，应该如何操作呢？

1. 应用到当前项目的其他单位工程

某一张报表修改完成后，要想把这张报表应用到当前项目工程的其他单位工程，可以点击“统一替换”与“应用当前报表设置”，将设计好的内容应用到其他报表。

2. 应用到其他工程

将设计好的报表应用到其他工程，可以点击“保存报表”，将当前报表保存到桌面，再打开新的工程点击“载入报表”将这张报表载入；如果设计和修改了多张报表，也可以使用“保存 / 载入报表方案”将当前报表方案进行保存和载入。

3. 应用到后续的所有工程

可以点击“设置为默认报表方案”，这样后续新建的所有工程默认都会按照当前设计好的报表进行显示。要注意的是，软件重新安装后会恢复默认，需要重新载入，建议将常用的报表或报表方案进行保存，方便后续复用（图 10.4.1）。

图 10.4.1　报表保存与应用

报表设计总结：

（1）名词解释：页面设计、宏、带区属性。

（2）功能介绍：简便设计、高级设计。

（3）报表设计案例：设置企业 Logo 与 Slogan、添加水印、编制说明设计、工程造价显示为整数、综合单价分析表自动换页。

（4）报表保存与应用：应用到当前工程、应用到其他工程、应用到后续的所有工程。

报表的设计方式并不是唯一的，读者可结合操作习惯和项目实际情况进行灵活变通，举一反三。

第 11 章　外地工程计价攻略

在日常造价工作中，经常需要编制外地计价文件，但是由于各地定额及政策文件的影响，导致编制难度增加。此时，应如何快速准确地完成外地计价工程编制呢?

11.1　查看费用构成

在编制计价文件前，首先需要了解当地现行计价依据及计价依据中的费用组成，可以通过计价软件在新建界面的计价依据选项进行初步了解，再通过软件中内置的说明信息进行详细了解。

1. 了解现行计价依据

下载当地的计价软件并打开，点击“新建”，选择计价模式为清单工程 / 定额工程，在清单库及定额库的下拉框选项中即可查看当地近年来所用全部计价依据，如图 11.1.1 所示。

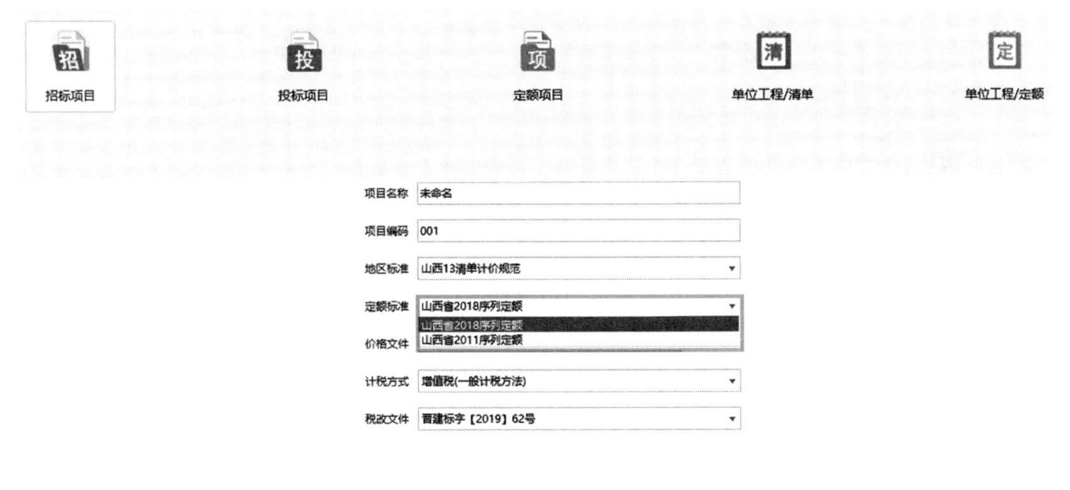

图 11.1.1　查看计价依据

2. 查看费用构成

新建一个计价工程，在单位工程界面点击菜单栏“？”中的“政策文件说明”按钮下的定额序列名称（各地界面可能不同，具体位置以当地计价软件为主），即可进入“文档说明及文件汇编”界面，如图 11.1.2、图 11.1.3 所示。

图 11.1.2　政策文件说明

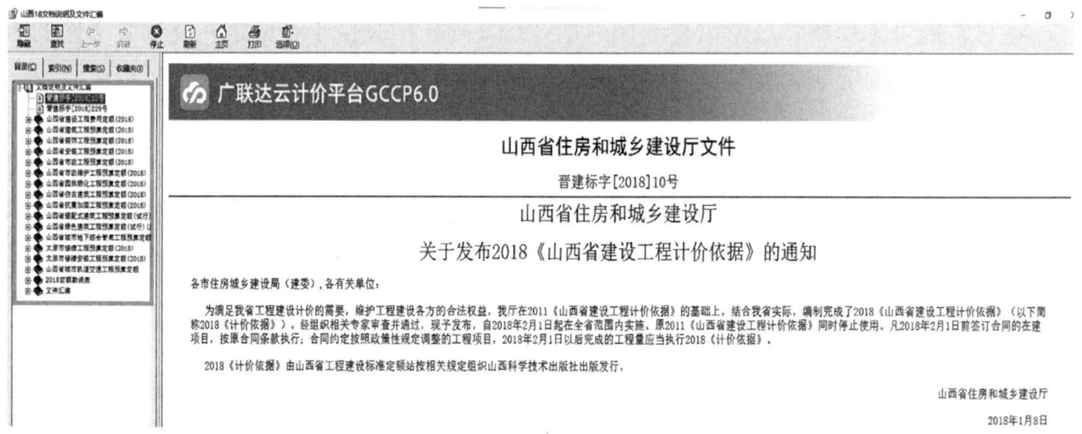

山西省住房和城乡建设厅文件

晋建标字[2018]10号

山西省住房和城乡建设厅

关于发布2018《山西省建设工程计价依据》的通知

各市住房城乡建设局（建委），各有关单位：

为满足我省工程建设计价的需要，维护工程建设各方的合法权益，我厅在2011《山西省建设工程计价依据》的基础上，结合我省实际，编制完成了2018《山西省建设工程计价依据》（以下简称2018《计价依据》），经组织相关专家审查并通过，现予发布，自2018年2月1日起在全省范围内实施。原2011《山西省建设工程计价依据》同时停止使用。凡2018年2月1日前签订合同的在建项目，按原合同条款执行；合同约定按照政策性规定调整的工程项目，2018年2月1日以后完成的工程量应当执行2018《计价依据》。

2018《计价依据》由山西省工程建设标准定额站按相关规定组织山西科学技术出版社出版发行。

山西省住房和城乡建设厅

2018年1月8日

图 11.1.3　文档说明及文件汇编

切换至“××× 费用定额”中对应章节，即可查看当地费用定额构成情况，如图 11.1.4 所示。

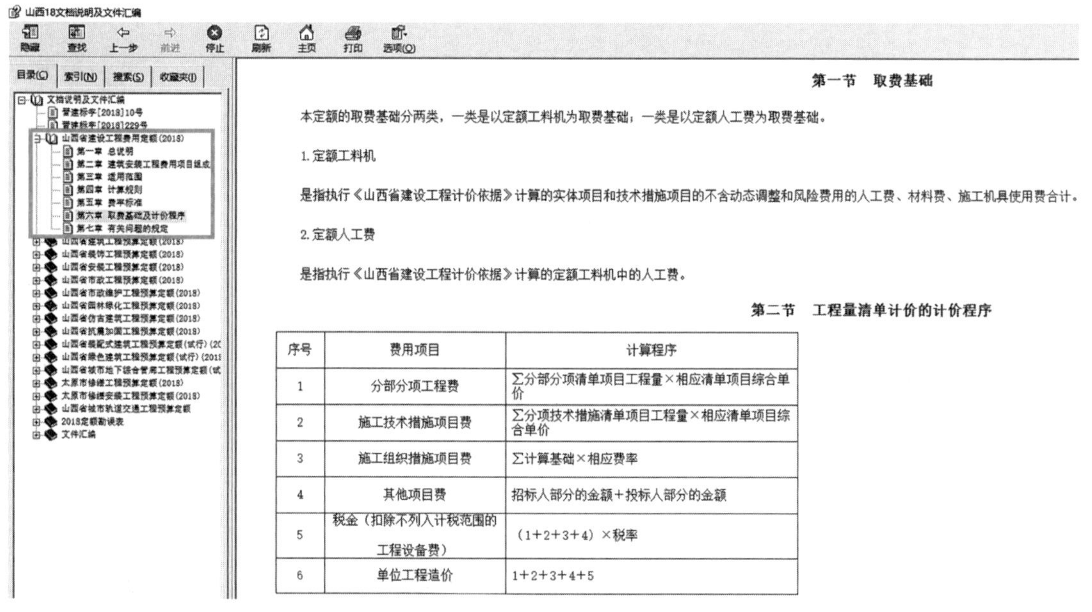

第一节　取费基础

本定额的取费基础分两类，一类是以定额工料机为取费基础；一类是以定额人工费为取费基础。

1. 定额工料机

是指执行《山西省建设工程计价依据》计算的实体项目和技术措施项目的不含动态调整和风险费用的人工费、材料费、施工机具使用费合计。

2. 定额人工费

是指执行《山西省建设工程计价依据》计算的定额工料机中的人工费。

第二节　工程量清单计价的计价程序

序号	费用项目	计算程序
1	分部分项工程费	Σ分部分项清单项目工程量×相应清单项目综合单价
2	施工技术措施项目费	Σ分项技术措施清单项目工程量×相应清单项目综合单价
3	施工组织措施项目费	Σ计算基础×相应费率
4	其他项目费	招标人部分的金额＋投标人部分的金额
5	税金（扣除不列入计税范围的工程设备费）	（1+2+3+4）×税率
6	单位工程造价	1+2+3+4+5

图 11.1.4　费用定额

3. 查看章节说明

在计价依据的章节说明中，会详细阐述本章的特殊要求，如计算规则、换算条件及方式等。这部分内容也可以在“文档说明及文件汇编”中查看，如图 11.1.5 所示。

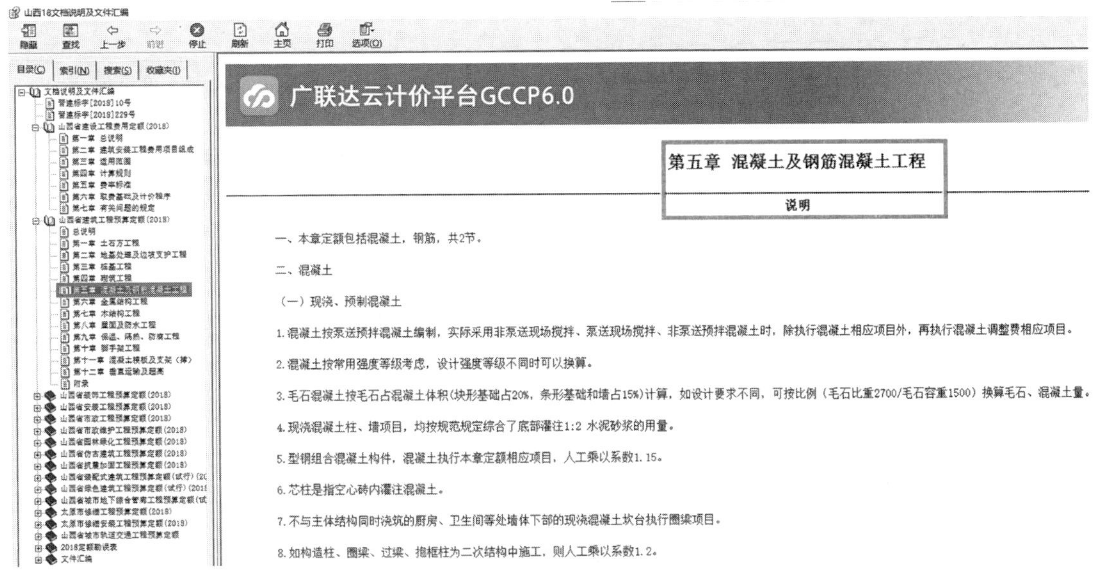

第五章 混凝土及钢筋混凝土工程

说明

一、本章定额包括混凝土，钢筋，共2节。

二、混凝土

（一）现浇、预制混凝土

1.混凝土按泵送预拌混凝土编制，实际采用非泵送现场搅拌、泵送现场搅拌、非泵送预拌混凝土时，除执行混凝土相应项目外，再执行混凝土调整费相应项目。

2.混凝土按常用强度等级考虑，设计强度等级不同时可以换算。

3.毛石混凝土按毛石占混凝土体积(块形基础占20%，条形基础和墙占15%)计算，如设计要求不同，可按比例（毛石比重2700/毛石容重1500）换算毛石、混凝土量。

4.现浇混凝土柱、墙项目，均按规范规定综合了底部灌注1:2 水泥砂浆的用量。

5.型钢组合混凝土构件，混凝土执行本章定额相应项目，人工乘以系数1.15。

6.芯柱是指空心砖内灌注混凝土。

7.不与主体结构同时浇筑的厨房、卫生间等处墙体下部的现浇混凝土坎台执行圈梁项目。

8.如构造柱、圈梁、过梁、抱框柱为二次结构中施工，则人工乘以系数1.2。

图 11.1.5 章节说明

11.2 查看政策文件

由于计价依据的时效性，各地会在计价依据发布后的几年内陆续发布计价依据调整文件，这部分内容也是编制外地计价工程时需要重点关注的内容。对于政策文件，可以在 × × 省住房和城乡建设厅官方网站查询，也可以在计价软件中进行查阅（仅提供部分对工程造价有影响的政策文件），具体可通过以下三种方式查询：

1. 在“文档说明及文件汇编”中查询

可以直接在“文档说明及文件汇编”中查询当地政策文件，如图 11.2.1 所示。

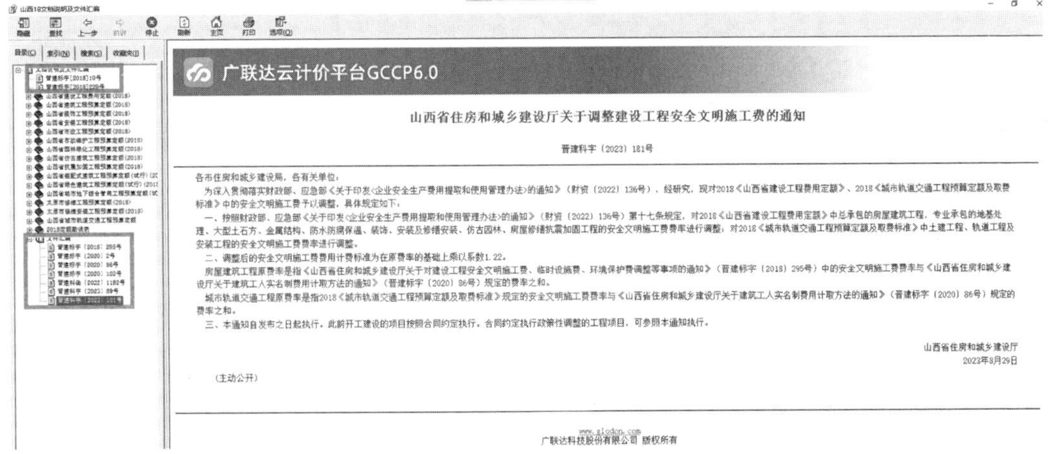

山西省住房和城乡建设厅关于调整建设工程安全文明施工费的通知

晋建科字〔2023〕181号

各市住房和城乡建设局，各有关单位：

为深入贯彻落实财政部、应急部《关于印发〈企业安全生产费用提取和使用管理办法〉的通知》（财资〔2022〕136号），经研究，现对2018《山西省建设工程费用定额》、2018《城市轨道交通工程预算定额及取费标准》中的安全文明施工费予以调整，具体规定如下：

一、按照财政部、应急部《关于印发〈企业安全生产费用提取和使用管理办法〉的通知》（财资〔2022〕136号）第十七条规定，对2018《山西省建设工程费用定额》中总承包的房屋建筑工程，专业承包的地基处理、大型土石方、金属结构、防水防腐保温、装饰、安装及修缮安装、仿古园林、房屋修缮抗震加固工程的安全文明施工费费率进行调整；对2018《城市轨道交通工程预算定额及取费标准》中土建工程、轨道工程及安装工程的安全文明施工费费率进行调整。

二、调整后的安全文明施工费费用计费标准为在原费率的基础上乘以系数1.22。

房屋建筑工程原费率是指《山西省住房和城乡建设厅关于对建设工程安全文明施工费、临时设施费、环境保护费调整等事项的通知》（晋建标字〔2018〕295号）中的安全文明施工费费率与《山西省住房和城乡建设厅关于建筑工人实名制费用计取方法的通知》（晋建标字〔2020〕86号）规定的费率之和。

城市轨道交通工程原费率是指2018《城市轨道交通工程预算定额及取费标准》规定的安全文明施工费费率与《山西省住房和城乡建设厅关于建筑工人实名制费用计取方法的通知》（晋建标字〔2020〕86号）规定的费率之和。

三、本通知自发布之日起执行。此前开工建设的项目按照合同约定执行。合同约定执行政策性调整的工程项目，可参照本通知执行。

山西省住房和城乡建设厅

2023年8月29日

（主动公开）

图 11.2.1 查看政策文件

2. 在取费设置中查询

取费设置中会定期更新与各项费用费率相关的政策文件，可在此界面进行快速查询，如图 11.2.2 所示。

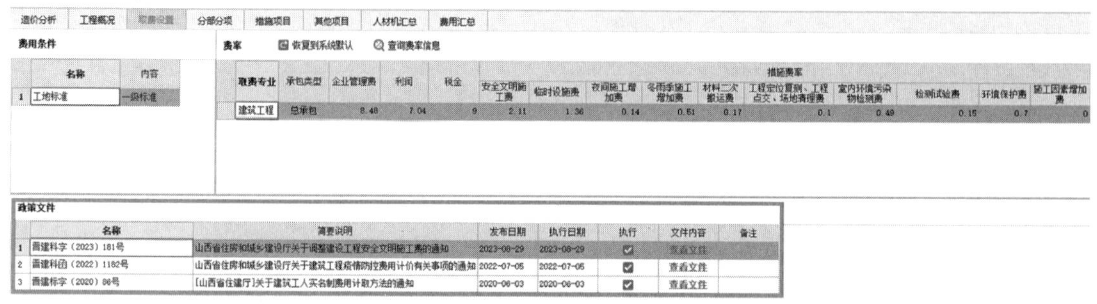

图 11.2.2 取费设置

3. 在指标网中查询

如果没有打开计价软件，想要快速查询各地政策文件，还可在指标网筛选地区后进行查询，如图 11.2.3 所示。

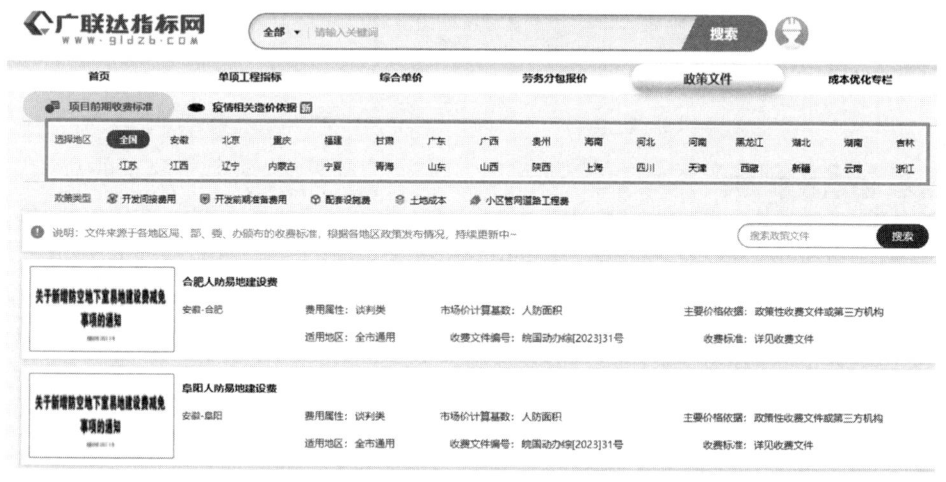

图 11.2.3 广联达指标网

11.3 编制计价工程

了解当地的费用构成及政策文件后，即可进入计价文件编制阶段。接下来以山西省 2018 序列定额为例，帮助大家理解外地计价工程编制流程。

11.3.1 查看当地费用构成

1. 了解现行计价依据

通过计价软件中的相关信息，了解到山西地区现行计价依据为“2018 序列定额”。

2. 查看费用构成

通过“文档说明及文件汇编”中“山西 18 文档说明及文件汇编”查看当地费用构成。

（1）建筑安装工程费按照工程造价形成，由分部分项工程费、措施项目费、其他项目费、税金组成。

（2）建筑安装工程费按照费用构成要素划分，由人工费、材料费、施工机具使用费、企业管理费、利润和税金组成。

通过费用构成说明，了解到山西省 2018 序列定额费用构成中无“规费”（此费用包含在人工费中），各费用明细不再赘述。

3. 查看章节说明

查看山西省《建筑工程预算定额（2018）》“总说明”，了解计价工程编制过程中需要调整的内容。以第 6.5 条为例，如图 11.3.1 所示。

六、材料消耗量及价格的确定如下。

1. 本定额采用的材料（包括构配件、零件、半成品、成品）均为综合国家质量标准和相应设计要求的合格产品。

2. 本定额的材料包括施工中消耗的主要材料、辅助材料、周转材料和其他材料。凡能计量的材料、成品、半成品，均按品种、规格逐一列出数量，对于用量少、低值易耗的零星材料未一一列出，均包括在其他材料费内。

3. 材料消耗量包括净用量和损耗量。本定额中已包括材料、成品、半成品的场内运输损耗和施工操作损耗。

4. 混凝土、砌筑砂浆、抹灰砂浆及各种胶泥等半成品消耗量以体积“m^3” 表示，其配合比是按现行规范规定计算的。实际配合比含量与定额不符时，除“配合比定额”说明中允许换算者外，均不得换算。设计要求采用的品种、强度等级与定额列项不同时，可以换算。

5. 混凝土（不包括耐酸防腐）按预拌泵送混凝土考虑，砂浆按现场搅拌考虑。实际使用的混凝土或砂浆与定额不同时，可按以下方法进行调整：

（1）使用现场搅拌泵送混凝土、现场搅拌非泵送混凝土、预拌非泵送混凝土时，按混凝土章节的相应项目进行换算。

（2）使用干混预拌砂浆的，将定额中的现拌砂浆调换为干混预拌砂浆，灰浆搅拌机调换为干混砂浆罐式搅拌机，同时按定额中每立方米砂浆减少0.4工日，干混砂浆罐式搅拌机的台班数量调整为每立方米砂浆0.1台班。

（3）使用湿拌预拌砂浆的，将定额中的现拌砂浆调换为湿拌预拌砂浆，并扣除灰浆搅拌机台班，同时按定额中每立方米砂浆减少0.6工日。

6. 材料价格是以《太原市建设工程材料预算价格》(2018)为依据，结合全省情况综合取定的。

7. 本定额所采用的材料、半成品、成品的品种、规格型号与设计不符时，可按各章节规定调整换算。本定额各章说明允许换算的材料，其换入的价格应为预算价格，可参与记取各项费用。

图 11.3.1　山西省《建筑工程预算定额（2018）》第六章章节说明

通过本条说明，定额中混凝土（不包括耐酸防腐）是按预拌泵送混凝土考虑，砂浆按现场搅拌考虑。在计价文件编制过程中，实际使用的混凝土或砂浆与定额不同时，需要按照本条说明进行调整。

如实际工程中使用砂浆为干混预拌砂浆，可点击工具栏“砂浆换算”，软件自动筛选可进行换算的定额材料，选择需要换算的砂浆材料，点击“执行换算”进行快速换算，如图 11.3.2 所示。

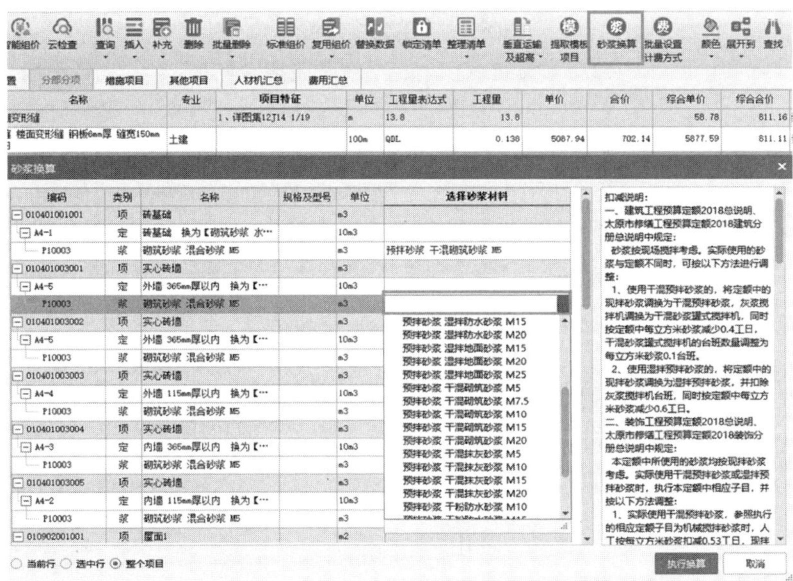

图 11.3.2　砂浆换算

换算完成后，查看“换算信息”，发现软件已经按照定额说明中的换算要求对材料内容及含量进行了调整，如图 11.3.3 所示。

6	⊟ 010401001001	项	砖基础		1. 砖品种、规格、强度等级：烧结煤矸石砖，MU15 2. 基础类型：条形 3. 砂浆强度等级：水泥砂浆M10	m3	389.05	389.05
	A4-1	换	砖基础　换为【砌筑砂浆 水泥砂浆 M10】　换为【预拌砂浆 干混砌筑砂浆 M5】	土建		10m3	QDL	38.905
7	⊟ 010401003001	项	实心砖墙		1. 砖品种、规格、强度等级：烧结煤矸石砖，MU10 2. 墙体类型：外墙，370厚 3. 砂浆强度等级、配合比：混合砂浆M10	m3	332.8	332.8

工料机显示　单价构成　标准换算　换算信息　特征及内容　组价方案　工程量明细　反查图形工程量　说明信息

	换算串	说明	来源
1	HP10003 P12016	把人材机P10003(砌筑砂浆 混合砂浆 M5)替换为人材机P12016(预拌砂浆 干混砌筑砂浆 M5)(含量不变)	其他换算
2	LR00001 9.762	人材机R00001(综合工日)的含量改为9.762	工料机显示
3	H990610010 990611010	把人材机990610010(灰浆搅拌机拌筒容量(L)200)替换为人材机990611010(干混砂浆罐式搅拌机公称储量(L)20000)(含量不变)	其他换算
4	L990611010 0.242	人材机990611010(干混砂浆罐式搅拌机公称储量(L)20000)的含量改为0.242	工料机显示
5	L230201001 2.125	人材机230201001(工程用水)的含量改为2.125	工料机显示

图 11.3.3　换算信息

11.3.2　查看政策文件

查看“文档说明及文件汇编”及“取费设置”，了解当地单价及费率等调整文件，以《山西省住房和城乡建设厅关于调整建设工程安全文明施工费的通知》（晋建科字〔2023〕181 号）为例，文件中说明了 2018《山西省建设工程费用定额》、2018《城市轨道交通工程预算定额及取费标准》中的安全文明施工费调整原则，如图 11.3.4 所示。

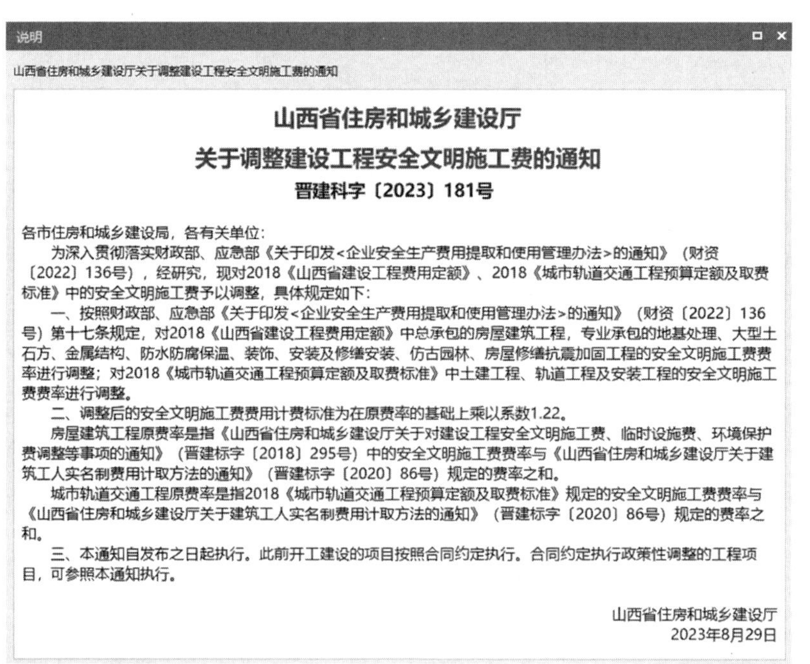

说明

山西省住房和城乡建设厅关于调整建设工程安全文明施工费的通知

山西省住房和城乡建设厅

关于调整建设工程安全文明施工费的通知

晋建科字〔2023〕181号

各市住房和城乡建设局，各有关单位：

为深入贯彻落实财政部、应急部《关于印发<企业安全生产费用提取和使用管理办法>的通知》（财资〔2022〕136号），经研究，现对2018《山西省建设工程费用定额》、2018《城市轨道交通工程预算定额及取费标准》中的安全文明施工费予以调整，具体规定如下：

一、按照财政部、应急部《关于印发<企业安全生产费用提取和使用管理办法>的通知》（财资〔2022〕136号）第十七条规定，对2018《山西省建设工程费用定额》中总承包的房屋建筑工程，专业承包的地基处理、大型土石方、金属结构、防水防腐保温、装饰、安装及修缮安装、仿古园林、房屋修缮抗震加固工程的安全文明施工费费率进行调整；对2018《城市轨道交通工程预算定额及取费标准》中土建工程、轨道工程及安装工程的安全文明施工费费率进行调整。

二、调整后的安全文明施工费费用计费标准为在原费率的基础上乘以系数1.22。

房屋建筑工程原费率是指《山西省住房和城乡建设厅关于对建设工程安全文明施工费、临时设施费、环境保护费调整等事项的通知》（晋建标字〔2018〕295号）中的安全文明施工费费率与《山西省住房和城乡建设厅关于建筑工人实名制费用计取方法的通知》（晋建标字〔2020〕86号）规定的费率之和。

城市轨道交通工程原费率是指2018《城市轨道交通工程预算定额及取费标准》规定的安全文明施工费费率与《山西省住房和城乡建设厅关于建筑工人实名制费用计取方法的通知》（晋建标字〔2020〕86号）规定的费率之和。

三、本通知自发布之日起执行。此前开工建设的项目按照合同约定执行。合同约定执行政策性调整的工程项目，可参照本通知执行。

山西省住房和城乡建设厅

2023年8月29日

图 11.3.4　查看政策文件

如果需要编制的计价工程属于本政策文件的执行范围，则需要执行此文件。在广联达云计价平台中，可在“取费设置”中本政策文件后“执行”处打钩，即可自动调整，如图 11.3.5 所示。

政策文件

	名称	简要说明	发布日期	执行日期	执行	文件内容	备注
1	晋建科字（2023）181号	山西省住房和城乡建设厅关于调整建设工程安全文明施工费的通知	2023-08-29	2023-08-29	☑	查看文件	
2	晋建科函（2022）1182号	山西省住房和城乡建设厅关于建筑工程疫情防控费用计价有关事项的通知	2022-07-05	2022-07-05	☑	查看文件	
3	晋建标字（2020）86号	[山西省住建厅]关于建筑工人实名制费用计取方法的通知	2020-06-03	2020-06-03	☑	查看文件	

图 11.3.5　执行文件

以上为外地计价工程编制思路，具体操作流程与步骤应结合个人习惯与项目实际情况进行调整。

外地工程计价攻略总结：

在编制外地计价文件时，首先可以通过广联达云计价平台内置计价依据说明查看当地计价依据中的费用构成及章节说明，对当地计价依据进行初步了解，然后可以通过广联达云计价平台、指标网、当地官方网站等方式了解当地政策文件。结合费用构成、政策文件等在广联达云计价平台中进行价格及费率的调整，保障计价文件的准确性。

附录　计价常见问题

1. 广联达云计价平台中的帮助 / 定额章节说明在软件中的什么位置?

注：部分地区（例如，云南、河北、新疆、青海 16/20 定额等）因版权问题，不允许在软件中内置，只能查看纸质版文件或者互联网上查询。其他地区如果是项目工程，在项目上不能查看，必须点到单位工程上查看。

场景一：进入单位工程，左上角有帮助

方法：点击单位工程的左上角“帮助”，点击“政策文件说明”查看，如图 2 所示。

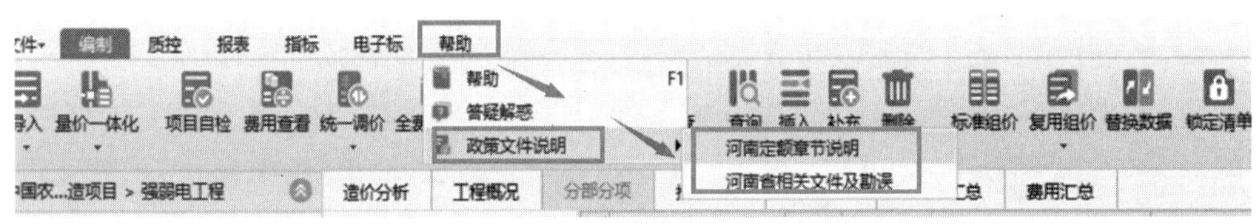

图 2　左上角有帮助文件

场景二：进入单位工程，左上角没有帮助

方法：先进入单位工程（项目工程和单项工程没有），在单位工程界面点击软件右上角“？”下的章节说明即可，如图 3 所示。

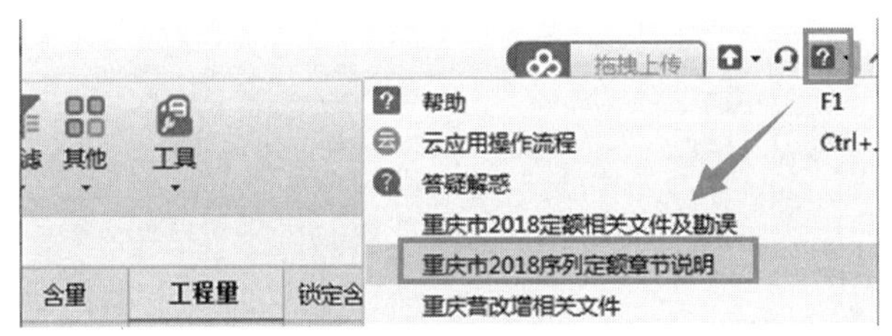

图 3　左上角没有帮助

场景三：上海地区章节说明的位置（图 4）

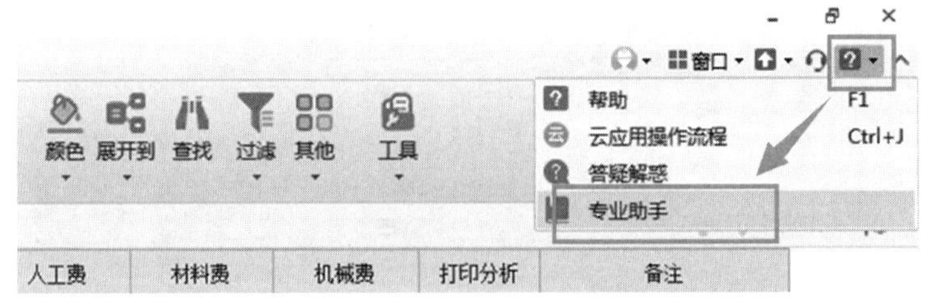

图 4　上海地区章节说明位置

2. 广联达云计价平台如何将清单计价转换成定额计价？

注：项目工程不能一次性转换，需要将单位工程导出（图 5）。新建定额计价的项目工程，导入清单计价的单位工程。

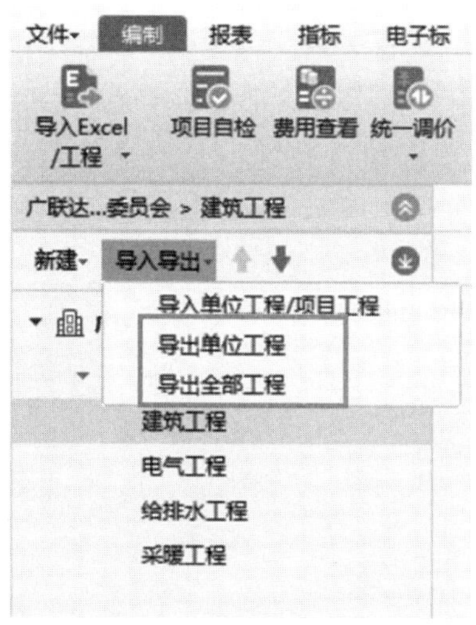

图 5 导出单位工程

方法：先关闭清单计价的工程→新建与原清单计价工程一样定额库的定额计价工程→在单位工程里面点左上方的“导入”→导入清单计价工程→选择清单计价的工程→如果清单工程措施项目界面之前自行套取的单价措施，可以给“导入措施项目”打钩就会一起导入，如图 6 所示。

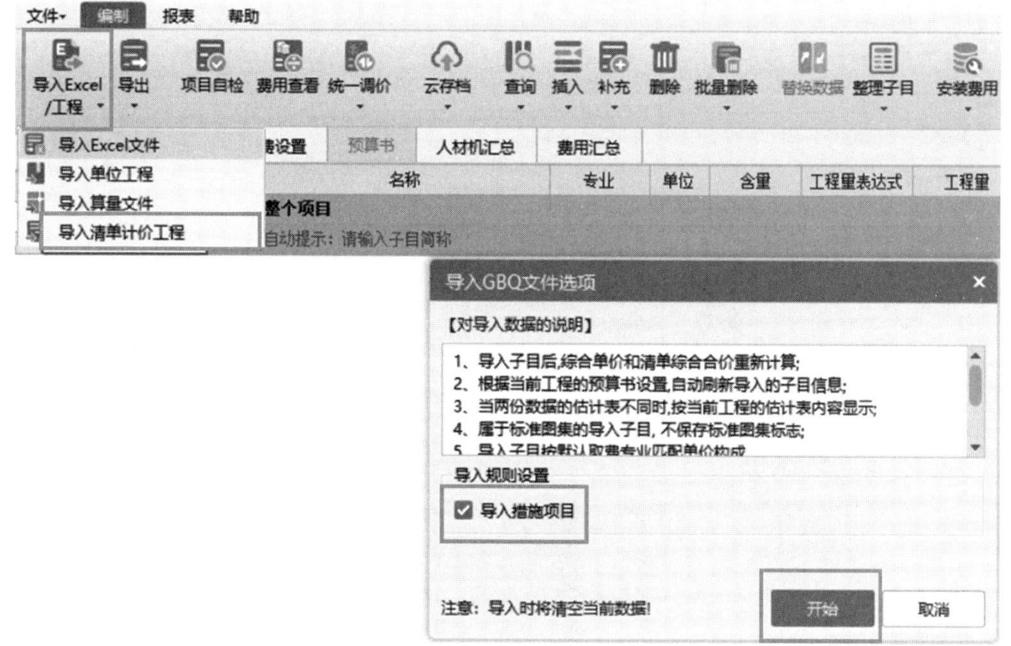

图 6 导入清单计价工程

备注：

（1）如果工程调整过工程类别、纳税地区或者计取过特殊费用（比如超高降效、安装费用）等，需转换完成后重新调整和计取。

（2）如果清单计价工程中有分部，转入定额后需要重新插入分部。

3. 广联达云计价平台在哪里查看清单计算规则 / 清单工程量计算规则？

注：有些地区不能查看清单计算规则，比如辽宁地区。

方法一：在分部分项界面单击鼠标右键→页面显示列设置→勾选工程量清单计算规则→确定后即可看到这一列，如图 7 所示。

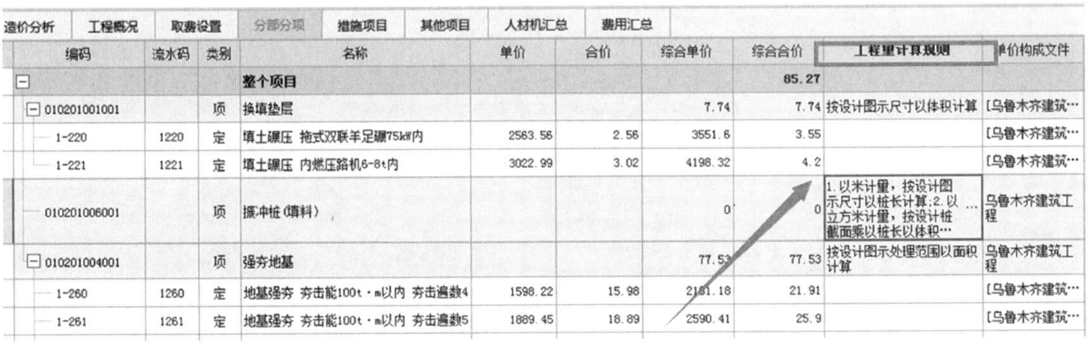

造价分析　工程概况　取费设置　分部分项　措施项目　其他项目　人材机汇总　费用汇总

编码	流水码	类别	名称	单价	合价	综合单价	综合合价	工程量计算规则	单价构成文件
⊟			整个项目				85.27		
⊟ 010201001001		项	换填垫层			7.74	7.74	按设计图示尺寸以体积计算	[乌鲁木齐建筑…
1-220	1220	定	填土碾压 拖式双联羊足碾75kW内	2563.56	2.56	3551.6	3.55		[乌鲁木齐建筑…
1-221	1221	定	填土碾压 内燃压路机6-8t内	3022.99	3.02	4198.32	4.2		[乌鲁木齐建筑…
010201006001		项	振冲桩(填料)			0	0	1.以米计量，按设计图示尺寸以桩长计算;2.以立方米计量，按设计桩截面乘以桩长以体积…	乌鲁木齐建筑工程
⊟ 010201004001		项	强夯地基			77.53	77.53	按设计图示处理范围以面积计算	乌鲁木齐建筑工程
1-260	1260	定	地基强夯 夯击能100t·m以内 夯击遍数4	1598.22	15.98	2181.18	21.91		[乌鲁木齐建筑…
1-261	1261	定	地基强夯 夯击能100t·m以内 夯击遍数5	1889.45	18.89	2590.41	25.9		[乌鲁木齐建筑…

图 7　工程量计算规则列中显示

方法二：选中清单项→在软件下方属性窗口“说明信息”中可以查看清单的注释和清单的计算规则，如图 8 所示。

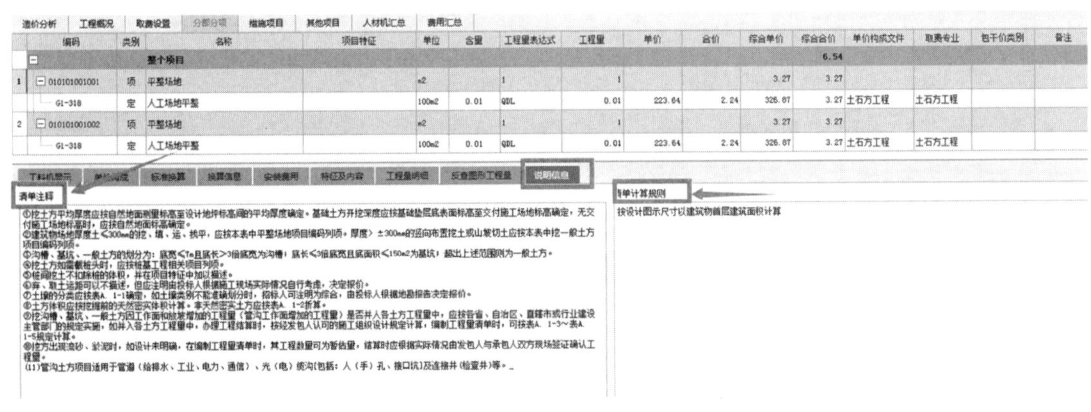

图 8　说明信息中显示

4. 如何计取安装费用？

注：安装费用需要在单位工程界面计取，项目和单项工程不能计取，且只有安装专业能自动计取。

安装费用包括超高增加费、高层建筑增加费、安装与生产同时增加费、有害环境增加费、脚手架搭拆费、系统调试费等。

场景一：建筑专业计取的方法

方法：土建工程套的安装子目，因为土建没有计取安装费用的按钮，可以新建一个安装专业工程，将安装子目复制粘贴过去，通过软件计取完成后，在原工程照着补充一项安装费用即可。

场景二：安装专业计取的方法

步骤一：在分部分项界面或者预算书界面点击工具栏中的“安装费用”→“计取安装费用”→在安装费用列表中勾选需要计取的安装费用项目，如图 9 所示。

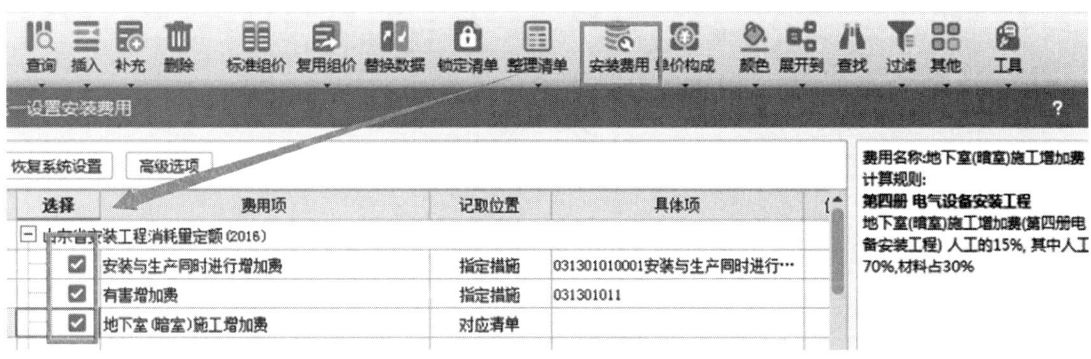

图 9　计取安装费用

步骤二：点击规则说明下的“更多”，选择计取规则（比如超高费选择高度），如图 10 所示。

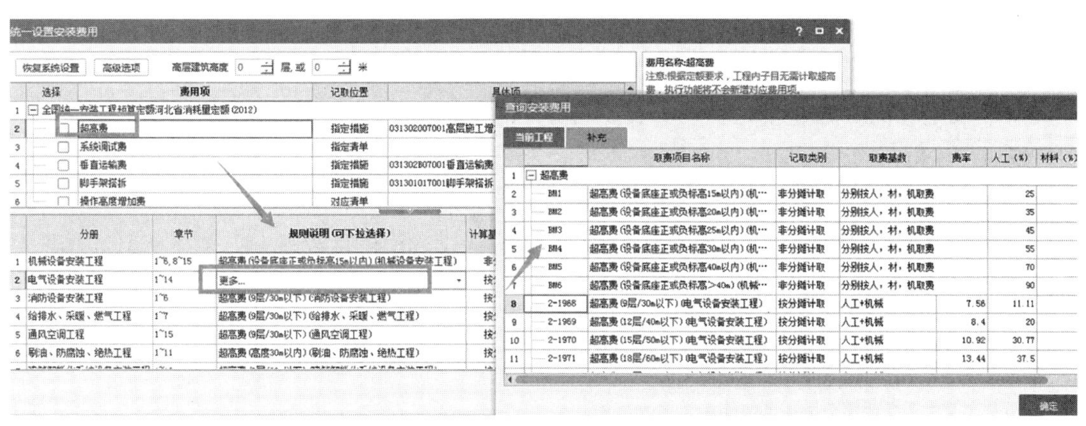

图 10　选择计取规则

步骤三：选择计取类型（子目费用 / 清单费用 / 措施费用）和计取位置（子目费用不需要计取位置），在下方的计取方式中选择相应的计算规则即可，如图 11 所示。

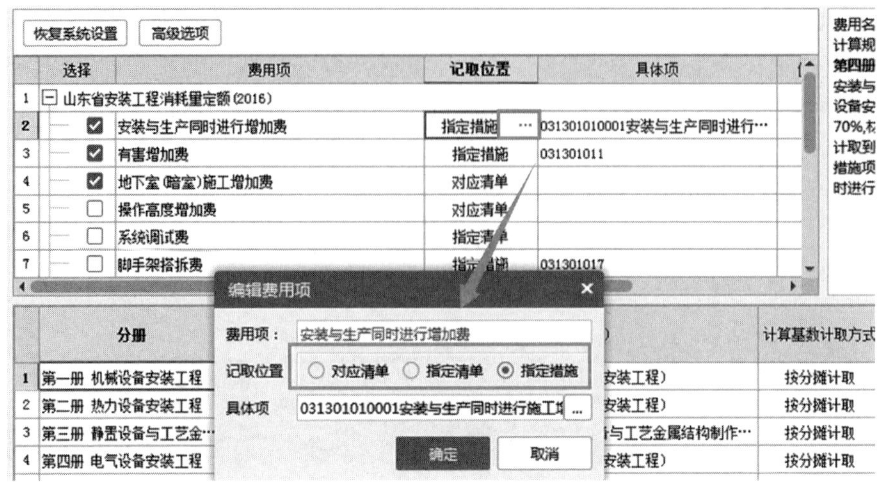

图 11　安装费用计取位置

备注：如果不想要软件计取出来的安装费用的话，可以手动补充定额子目，直接合计金额。

5. 广联达云计价平台含量、工程量、数量、原始含量之间有什么关系？如何计算？

场景一：含量

在软件中含量分为定额含量和工料机含量。

定额含量 = 定额工程量 / 清单工程量

工料机含量是软件根据定额录入进来的，定额中的人材机的含量是定额站（或造价站）在一定标准环境下测定出来的结果和标准。

场景二：工程量

清单或定额的工程量都是自行根据实际工程输入的。

场景三：数量

工料机数量 = 工料机含量 × 定额工程量

举例：水的含量是 3，定额子目工程量是 0.8，因此水的数量 =3 × 0.8=2.4，如图 12 所示。

010501003001	项	独立基础		m3	5254		5254
2-7	换	地基处理 填料加固 填铺 石屑		10m3	8	0.0001523	0.8
0407012101	主	石屑		m3		11.526	9.2208
5-69	换	预制混凝土构件接头灌缝 组合屋架（有拼装）		10m3	QDL	0.1	525.4
6-1-5	借	温度控制器		支	1	0.0001903	1
	定	自动提示：请输入子目简称					0
	项	自动提示：请输入清单简称			1		1

工料机显示 | 单价构成 | 标准换算 | 换算信息 | 特征及内容 | 工程量明细 | 反查图形工程量 | 说明信息 | 组价方案

编码	类别	名称	规格及型号	单位	损耗率	含量	数量	定额价	市场价	合价	是否暂估	锁定数量
00010101	人	普工		工日		0.878	0.7024	87.1	90	61.18		☐
00010102	人	一般技工		工日		1.756	1.4048	134	134	188.24		☐
00010103	人	高级技工		工日		0.293	0.2344	201	201	47.11		☐
0407012101	主	石屑		m3	0	11.526	9.2208	72.5	72.5	668.51	☐	☐
34110117	材	水		m3		3	2.4	5.13	5.13	12.31	☑	☐
990123010	机	电动夯实机	夯击能量2…	台班		0.167	0.1336	25.49	25.49	3.41		☐

图 12　工料机数量计算

场景四：原始含量

原始含量不能修改，只是软件的一个显示，在没有修改过定额含量时，定额含量 = 原始含量；如果修改过定额含量，要想恢复到初始值，可以照着原始含量修改。

6. 广联达云计价平台如何查看是非全费用还是全费用，以及都包含什么费用？

场景一：非全费用和全费用包含的费用

非全费用 / 普通模板的综合单价 / 单价构成只是包含人材机、管理费、利润。

全费用的综合单价 / 单价构成中，除了人材机、管理费、利润外，还包含措施费、规费和税金，具体需要查看单价构成中包含的费用。

场景二：查看是否是非全费用 / 全费用

方法：在分部分项界面查看单价构成，单价构成中只有“人材机管利”则不是全费用。如图 13 所示。

单价构成中除“人材机管利”外，还包括措施费、规费、税金等费用的是全费用。全费用格式在软件中的体现如图 14 所示。

造价分析　工程概况　取费设置　分部分项　措施项目　其他项目　人材机汇总　费用汇总

	编码	类别	名称	专业	项目特征	单位	含量	工程量表达式	工程量
1	010101001001	项	平整场地	建筑工程		m2		1	
	A1-0395	定	机械平整场地 推土机75kW	土建		1000m2	0.001	QDL	0

工料机显示　单价构成　标准换算　换算信息　安装费用　特征及内容　组价方案　工程量明细　反查图形工程量　说明信息

	序号	费用代号	名称	计算基数	基数说明	费率(%)	单价	合价	费用类别
1	1	A	分项直接工程费	A1+A2+A3+A4	人工费+材料费+机械费+主材设备费		852.61	0.85	直接费
2	1.1	A1	人工费	RGF+RGJC+A1_1	人工费+人工费价差+人工风险费		152.8	0.15	人工费
3	1.1.1	A1_1	人工风险费	RGF+RGJC	人工费+人工费价差	0	0	0	人工风险费
4	1.2	A2	材料费	CLF+CLJC+A2_1	材料费+材料费价差+材料风险费		0	0	材料费
5	1.2.1	A2_1	材料风险费	CLF+CLJC+ZCF+ZCJC+SBF+SBJC	材料费+材料费价差+主材费+主材费价差+设备费+设备费价差	0	0	0	材料风险费
6	1.3	A3	机械费	JXF*JXXS+JXJC+A3_1	机械费*机械费调整系数+机械费价差+机械风险费		699.81	0.7	机械费
7	1.3.1	A3_1	机械风险费	JXF*JXXS+JXJC	机械费*机械费调整系数+机械费价差	0	0	0	机械风险费
8	1.4	A4	主材设备费	A4_1+A4_2	主材费+设备费		0	0	
9	1.4.1	A4_1	主材费	ZCF+ZCJC	主材费+主材费价差		0	0	主材费
10	1.4.2	A4_2	设备费	SBF+SBJC	设备费+设备费价差		0	0	设备费
11	2	B	企业管理费	RGF+JXF	人工费+机械费	18.72	142.34	0.14	企业管理费
12	3	C	利润	RGF	人工费	20	24.83	0.02	利润
13			综合成本合计	A+B+C	分项直接工程费+企业管理费+利润		1019.78	1.02	工程造价

图 13　非全费用单价构成

造价分析 | 工程概况 | 取费设置 | 分部分项 | 措施项目 | 其他项目 | 人材机汇总 | 费用汇总

工料机显示 | 单价构成 | 标准换算 | 换算信息 | 安装费用 | 特征及内容 | 组价方案 | 工程量明细 | 反查图形工程量 | 说明信息

	序号	费用代号	名称	计算基数	基数说明	费率(%)
1	1	A	分项直接工程费	A1+A2+A3+A4	人工费+材料费+机械费+主材设备费	
2	1.1	A1	人工费	RGF+RGJC+A1_1	人工费+人工费价差+人工风险费	
3	1.1.1	A1_1	人工风险费	RGF+RGJC	人工费+人工费价差	0
4	1.2	A2	材料费	CLF+CLJC+A2_1	材料费+材料费价差+材料风险费	
5	1.2.1	A2_1	材料风险费	CLF+CLJC+ZCF+ZCJC+SBF+SBJC	材料费+材料费价差+主材费+主材费价差+设备费+设备费价差	0
6	1.3	A3	机械费	JXF*JXXS+JXJC+A3_1	机械费*机械费调整系数+机械费价差+机械风险费	
7	1.3.1	A3_1	机械风险费	JXF*JXXS+JXJC	机械费*机械费调整系数+机械费价差	0
8	1.4	A4	主材设备费	A4_1+A4_2	主材费+设备费	
9	1.4.1	A4_1	主材费	ZCF+ZCJC	主材费+主材费价差	
10	1.4.2	A4_2	设备费	SBF+SBJC	设备费+设备费价差	
11	2	B	企业管理费	RGF+JXF	人工费+机械费	18.72
12	3	C	利润	RGF	人工费	20
13	4	D	措施费	D1+D2+D3+D4+D5+D6	安全文明施工费合计+二次搬运费+雨季施工费+冬季施工费+工程定位复测费+新冠疫情常态化防控费	
14	4.1	D1	安全文明施工费合计	D1_1+D1_2	安全文明施工费+建筑工地安装远程监控和实名考勤打卡机设备	
15	4.1.1	D1_1	安全文明施工费	RGF+JXF	人工费+机械费	17.32
16	4.1.2	D1_2	建筑工地安装远程监控和实名考勤打卡机设备	RGF	人工费	1.68
17	4.2	D2	二次搬运费	RGF	人工费	0.51
18	4.3	D3	雨季施工费	RGF	人工费	0.59
19	4.4	D4	冬季施工费	DJRGFYSJ	冬季人工预算价	150
20	4.5	D5	工程定位复测费	RGF+JXF	人工费+机械费	1.75
21	4.6	D6	新冠疫情常态化防控费	RGF	人工费	3
22	5	E	规费	E1 + E2 + E3 + E4	社会保险费+残疾人就业保障金+防洪基础设施建设资金+其他规费	
23	5.1	E1	社会保险费	RGF	人工费	12.01
24	5.2	E2	残疾人就业保障金	RGF	人工费	0.48
25	5.3	E3	防洪基础设施建设资金	RGF	人工费	0.48
26	5.4	E4	其他规费			
27	6	F	税金	A+B+C+D+E	分项直接工程费+企业管理费+利润+措施费+规费	9
28			综合成本合计	A + B + C + D + E + F	分项直接工程费+企业管理费+利润+措施费+规费+税金	

图 14 全费用单价构成

7. 广联达云计价平台如何给清单 / 定额的工程量批量乘系数?

注：只针对单位工程，项目上不能批量设置乘系数。

步骤一：在单位工程中拉框选中要调整的清单或者定额（也可以按住 Ctrl 键间隔点选）→点击工具栏“其他”→“工程量批量乘系数”，如图 15 所示。

图 15 工程量批量乘系数一

步骤二：在设置系数的弹框里输入系数→在下面选择清单 / 子目乘系数→点击“确定”即可，如图 16 所示。

工程量批量乘系数

工程量乘系数：1

清单 子目

子目单位为整数的子目不参与调整

是否保留系数

确定 取消

图 16 工程量批量乘系数二

备注：工程量批量乘的系数是没有办法直接取消的，所以在乘之前一定要备份工程。

8. 广联达云计价平台如何设置其他项目界面的费用不计取税金 / 规费，如暂列金额、专业暂估价？

场景一：其他项目界面所有费用不计取规费税金

举例：其他项目费都不计取税金或规费

方法：单位工程费用汇总界面中，在税金或销项税额的计算基数一列点开倒三角→在里面找到其他项目合计的代码双击→将【+】号改成【-】号即可，如图 17 所示。

造价分析 | 工程概况 | 取费设置 | 分部分项 | 措施项目 | 其他项目 | 人材机汇总 | 费用汇总

	序号	费用代号	名称	计算基数	基数说明
16	4.4	D4	残疾人就业保障金	RGF+JSCS_RGF-BQF_RGFYSJ	分部分项人工费+技术措施项目人工费-不取费子目预算价人工费
17	4.5	D5	其他规费		
18	5	E	优质优价增加费	A+B+C+D	分部分项工程+措施项目+其他项目+规费
19	6	F	税金	A+B+C+D+E-QTXMHJ	分部分项工程+措施项目+其他项目+规费+优质优价增加费-其他项目合计
20	7	G	含税工程造价	A + B + C + D + E + F	分部分项工程+措施项目+其他项目+规费+优质优价增加费+税金

查询费用代码 | 查询费率信息

费用代码
- 分部分项
- 措施项目
- 其他项目
- 人材机
- 不取费项目
- 变量表

	费用代码	费用名称	费用金额
1	QTXMHJ	其他项目合计	0
2	暂列金额	暂列金额	0
3	专业工程暂估价	专业工程暂估价	0
4	计日工	计日工	0
5	索赔与现场签证	索赔与现场签证	0
6	总承包服务费	总承包服务费	0

图 17 其他项目不计税金

场景二：其他项目中的某一笔金额不计取税金和规费

举例：其他项目中在暂列金额不计取税金或规费的方法

方法：单位工程费用汇总界面中，在税金或销项税额的计算基数一列点开倒三角→在里面找到暂列金额的代码双击→将【+】号改成【-】号即可，如图 18 所示。

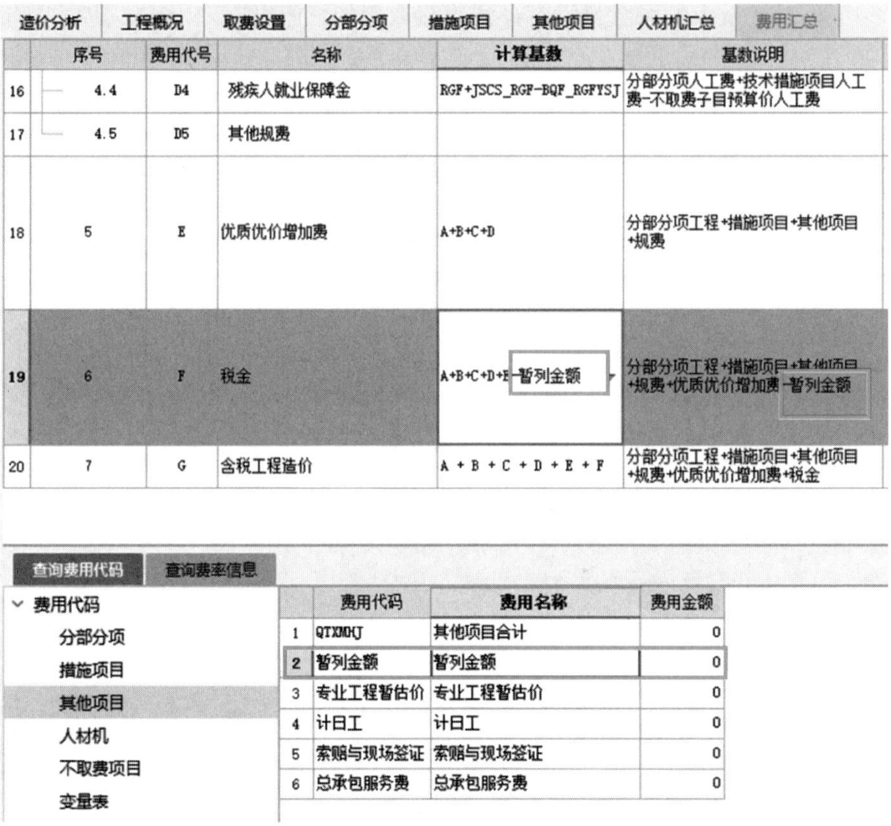

造价分析	工程概况	取费设置	分部分项	措施项目	其他项目	人材机汇总	费用汇总

	序号	费用代号	名称	计算基数	基数说明
16	4.4	D4	残疾人就业保障金	RGF+JSCS_RGF-BQF_RGFYSJ	分部分项人工费+技术措施项目人工费-不取费子目预算价人工费
17	4.5	D5	其他规费		
18	5	E	优质优价增加费	A+B+C+D	分部分项工程+措施项目+其他项目+规费
19	6	F	税金	A+B+C+D+E-暂列金额	分部分项工程+措施项目+其他项目+规费+优质优价增加费-暂列金额
20	7	G	含税工程造价	A + B + C + D + E + F	分部分项工程+措施项目+其他项目+规费+优质优价增加费+税金

查询费用代码 查询费率信息

- 费用代码
  - 分部分项
  - 措施项目
  - 其他项目
  - 人材机
  - 不取费项目
  - 变量表

	费用代码	费用名称	费用金额
1	QTXMHJ	其他项目合计	0
2	暂列金额	暂列金额	0
3	专业工程暂估价	专业工程暂估价	0
4	计日工	计日工	0
5	索赔与现场签证	索赔与现场签证	0
6	总承包服务费	总承包服务费	0

图 18 暂列金额不计税金

后 记

有人说造价是项目的灵魂，它贯穿整个项目的始终，每个工程从前期策划到工程竣工都需要造价人员全程参与，城市中的每一栋建筑都凝聚了造价人的汗水，每一张造价单，每一个数据，都记录了造价人的辛勤付出。所以我想，每一名造价人都应为自己的工作感到骄傲和自豪。

我也算是一名造价人，在十几年的工作中也见证了非常多的造价人从新手到高手的蜕变。我常常在想，自己能为同路人做些什么呢？回想刚刚踏足这个行业，最早要学习和掌握的知识，也是最基础的工作就是算量和计价了。万事开头难，基础要筑牢！在这样的信念下，我们的《工程造价人员必备工具书系列》与大家见面了，先见面的是算量系列丛书，丛书出版后，我们欣喜地收到了读者们的认可和鼓励，也得到了很多宝贵的建议。让我印象深刻的是，有读者说，“算量比较容易理解，真正难入门的是计价工作”。所以经过编制组的努力，《广联达计价应用宝典——基础篇》也终于要跟大家见面了，本书集合了造价基础知识及广联达云计价软件操作，涵盖概算、招标投标、结算、审核全流程。我们尽量描述每一个操作步骤，并配图展示，让大家可以在编制计价文件时有一个得力的助手。

在大家入行经历第一阶段的迷茫时，希望有这本书陪伴您，能给您带来一些温暖和助力。谨以此书献给每一名光荣而又辛勤的造价人，衷心祝愿大家身体健康，工作顺利！

——李玺

作为一个纯理科生很难写出瑰丽的文字，就从以下三个方面表达一下真情实感吧！

1. 我们的初衷

现在这个互联网鼎盛的时代，每个人想要获取知识的途径有很多，可以通过视频学习，也可以通过搜索引擎进行搜索，我们为什么还要写书呢？首先，碎片化的知识很难形成系统化的知识，让我们真正掌握其精髓，但书籍可以做到；其次，纸质书籍可以做到随手翻阅、快速查找定位。

广联达课程委员会创始人梁丽萍老师的原话是希望这套丛书就像用户的朋友，陪伴用户成长，需要的时候就能看到它，我们时刻都在，这也是我们的初衷。

2. 书籍的精髓

从 2018 年委员会成立至今，我们举办了上百场的培训，制作了上几十个精品课程内容，这些课程内容均围绕着广联达培训课程体系。为什么不能一堂课就把这些内容讲完呢？实际上我们所处的阶段不同，需求是不同的。例如，没有接触产品的时候，只想认识一下软件，了解产品核心价值；但有了软件后，就想使用软件，掌握软件应用流程；会用软件后，就想把软件应用得快精准，进而融会贯通。这就是委员会最初设立并不断验证成功的课程体系，也是本系列书籍的精髓，本书亦是从入门到精通，分为认识系列、玩转系列、高手系列三个篇章。

3. 作者的期望

最后希望我们的系列书籍真正能够陪伴用户朋友们的成长，需要它的时候，我们时刻都在，不忘初心，砥砺前行。

——石莹

软件行业的极速发展让算量和计价工作越来越简单高效，但是在享受科技红利的同时，也要警惕不要成为代替性极强的“工具人”。要学会掌控工具，而不只是掌握工具。

人之于软件，最大的优势是思考力。软件存在的意义不只是代替原有工作，而是要应用软件去解决工作难题，这也是我们编写本书籍的原因之一。本书基于造价业务，深剖软件原理，梳理出一套完整的知识体系，为造价业务各阶段业务需求提供最便捷、最详尽的解决方案。希望本书籍能帮助广大造价人员厘清业务流程，灵活掌握软件功能，提升综合业务能力和业务实战能力。

——张丹

加入广联达已经十余年，一直从事培训相关的工作。机缘巧合之下，加入了广联达课程委员会，结识了一群志同道合的朋友，在梁老师的带领下，我们从最开始的编课、录课、讲课，到课程体系的搭建，再到书籍的出版，每一次迭代和突破，都是知识的沉淀和升华。

书籍的出版，对于我们而言意义非凡。书籍是对知识更系统的梳理，要将每一个知识点、每一行文字描述、每一张图片，甚至每个标点符号都通过精雕细琢才能与大家见面。自广联达算量应用宝典—土建篇、土建案例篇和安装篇出版以来，深受广大造价朋友的好评，这也成为我们不断前进的动力。未来，我们也将继续完善工程造价系列丛书中的不同专业、不同层级，希望本系列丛书能够帮助更多的造价从业工作者提升专业技能，成为大家随手翻阅的备查手册，在日新月异的行业变化中提升职业竞争力！

——徐方姿